亲亲小·宝贝

——新手父母第一本最应该读的书

［西］阿尔曼多·塞拉德尔·卡波拉　主编

吴秀如　翻译

山东科学技术出版社

给父母的一封信

对所有夫妻来说，孩子的诞生是一个重要的里程碑。这无疑是最令人动容同时也是让他们最担心的事情之一。随着分娩时刻的临近，他们心中就会有许多的疑问浮现出来。这些疑问不只是宝宝的诞生，更关乎父母在未来给予宝宝的全面照顾。

当新手父母了解了自然生产的过程以及可能出现的难点时，便能让他们以平静的心态面对分娩。而平静的态度不仅使整个分娩过程更加顺畅，更能让他们对未来怀抱梦想，甚至有助于日后对宝宝的照顾。婴儿是柔弱、毫无防御能力的，必须完全依赖外来的照顾，因此，这绝对是一项重大的责任。必须喂养他、帮他更换尿布、帮他洗澡、帮他更衣，以及在他哭的时候给予安抚。但是，也不像想象的那么困难。父母只要认识并把握几个基本的应变原则以及若干儿童养育的相关基本原则，就足以照顾好自己的宝宝了。

所有专家都认为，知识和信息的缺乏正是新手父母的最大敌人之一，同时也是造成疑惑的真正来源。而具备正确及充足的信息，将使新手父母平静、安全、愉悦地度过如此特别时光的关键。这正是本书即将提供给新手父母的重要信息。

阿尔曼多·塞拉德尔·卡波拉医师及其团队

目录

1 分娩的开始   1
怀孕的最后 1 个月   2
产兆   4
正常孕期   6
我快生了吗   8
综合医院或产科医院   10
争议性话题   12
医师诊疗室   14
实例   16

2 自然分娩   17
入院   18
正常生产   20
开口期   22
医疗监测胎儿状态   24
胎儿产出   26
产后期   28
医师诊疗室   30
实例   32

3 生产的医疗协助   33
引产   34
止痛   36
臀位生产   38
双胞胎生产   40
偶发性的问题   42
产程停滞   44
医师诊疗室   46
实例   48

4 生产问题   49
胎儿窘迫   50
有什么疾病会对我造成影响?   52
生产过程的并发症   54
急产   56
以器械协助生产   58
剖宫产   60
医师诊疗室   62
实例   64

5 产后   65
与宝宝的第一次接触   66
身体恢复正常   68
产后并发症   70
产后检查   72
复原运动   74
心埋异常   76
医师诊疗室   78
实例   80

6 新生儿   81
产房内   82
新生儿的外观   84
成熟度与体重   86
新生儿筛检   88
早产儿   90
特殊个案   92
医师诊疗室   94
实例   96

7 宝宝喂食   97
食物需求   98
母乳及其好处   100
配方奶   102
其他食物   104
食物制成品   106
点心与饮料   108
医师诊疗室   110
实例   112

8 哺喂母乳   113
母乳流出   114
乳房护理   116
喝奶的时刻与时间长短   118
喂奶技巧   120
母亲的膳食   122
哺乳最常见的异状   124
医师诊疗室   126
实例   128

9 婴儿配方奶喂食   129
优点与缺点   130
婴儿配方奶哺喂器具   132
冲泡奶粉   134
哺喂配方奶的技巧   136
混合哺喂   138
清洁与消毒   140
医师诊疗室   142
实例   144

10 婴儿常见的消化问题   145
溢奶与呕吐   146
腹泻与便秘   148
过敏与不耐   150
肠绞痛   152
体重控制   154
体重没有增加的幼儿   156
医师诊疗室   158
实例   160

11 3个月后的饮食   161
断奶   162
加入新食物   164
水果、蔬菜、谷物和乳制品   166
6个月以后的菜单   168
9个月以后的菜单   170
家庭用餐   172
医师诊疗室   174
实例   176

12 宝宝居家环境   177
适应家庭   178
婴儿房   180
婴儿床   182
香甜的梦乡   184
宝宝清洁用具   186
更换尿布用品   188
医师诊疗室   190
实例   192

13 宝宝的清洁与衣着   193
宝宝的清洁   194
宝宝洗澡   196
补充清洁   198
更换尿布   200
宝宝用品   202
穿戴完成的宝宝   204
医师诊疗室   206
实例   208

14 宝宝的健康   209
奶嘴   210
宝宝按摩和体操   212
游戏和玩具   214
宝宝散步   216
旅行和度假   218
如果父母都上班   220
医师诊疗室   222
实例   224

15 宝宝第一年的发展   225
0~2个月的宝宝   226
3~4个月的宝宝   228
5~6个月的宝宝   230
7~8个月的宝宝   232
9~10个月的宝宝   234
11~12个月的宝宝   236
医师诊疗室   238
实例   240

参考指南   241
后记   272

分娩的开始

如果情况顺利的话，第9个月将是孕期的最后一个月。此时，孕妇身体的改变会更为明显，尤其是子宫颈的变化，而且产兆也会很快出现。所以在这个时候，应该已经选好是要到医院或诊所分娩了。至于分娩地点，则不建议居家分娩。选择分娩地点时，应该考量许多因素，包括医疗团队所能提供的照护，以及医疗院所的技术、资质等。因此，孕妇应该全盘掌握与自身相关的所有事务并加以评估，这样才能在问题发生时从容应变，并清楚地知道自己何时即将分娩。

正常孕期

产兆

怀孕的最后一个月

争议性话题

综合医院或产科医院

我快生了吗？

怀孕的最后一个月

　　从受孕的那一刻起，女人的身体为了准备整个分娩的过程，开始经历一连串的改变。但是，身体的变化要到怀孕的最后几个星期才会比较明显。胎儿的位置和活动，以及孕妇整个身体都会出现一些变化。因此，最后一个月的产检将更为频繁。

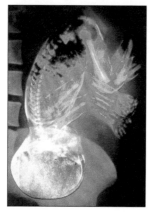

▲ 在怀孕的最后一个月，宝宝会采取一种蹲踞的姿势，并将头放置在母亲的骨盆腔里。

▲ 为了平衡腹部过多的重量，孕妇通常会身体向后倾斜，形成弓背状态。这也是她们常会背痛的原因。

胎儿姿势的变化

　　怀孕到了第36周，宝宝已有相当的大小，而他的活动空间也就相对缩小了。为了让自己更舒服，胎儿会采取弯曲度最高的姿势。在大多数的情况之下，胎儿都是以头部支撑在子宫下方的位置。由于早期收缩与重力的因素，胎儿会把头伸入骨盆腔。当他超过骨盆腔的最上端时，就是所谓的"胎头下降"。

胎儿活动的变化

　　发现胎儿活动的变化是很正常的现象，他们不像前几个星期那么活跃，扭弯的动作变多，而踢的动作变少了。当胎儿的神经系统成熟了之后，正常的睡眠周期就会延长。他们通常会有大约半小时的固定循环，但是，也可能超过周期时间没有任何活动，不会有不舒服的感觉。

　　不过，如果在数小时之内，胎儿完全没有动静，那又是另外一回事了。如果胎儿有氧合困难的问题，那么他的活动将减少到最低，而胎儿的动作也会完全消失。如果孕妇明显感受到胎儿长时间处在没有活动的状态，那么最好就医。医师将透过听诊或超声波监控胎儿的状况。

孕妇整体的变化

　　孕期即将结束之时，子宫占了腹腔相当多的空间，所有在腹腔内的器官都会受到挤压而移动位置，因此会有数种情形产生。

　　消化器官运作缓慢，饱足感、消化不良与胃酸的情况变得频繁。胎儿头部对于膀胱的压迫促使其容量变小，因此会比以前更为尿频，常会因咳嗽或用力而有少量漏尿。另外，也会对腹大静脉造成某种程度的挤压，使得回流到心脏的血液速度变得迟缓。这也就是为什么有这种倾向的妇女会出现双腿静脉曲张，甚至外阴部静脉曲张的现象。

　　当组织囤积液体，并且脚部和脚踝因重力积水，而出现不痛的软性肿胀现象时，即称为水肿。在怀孕后期有轻微水肿是正常的现象，这与造成静脉曲张的原因相同。

最后几次产检

最后一个月的产检次数会增加，通常在第 36 周、第 38 周，以及第 38 周之后固定每周做一次检查。医师将于这几次的产检当中检查体重、血压，并以试纸检查尿液中的白蛋白含量。检测项目包括子宫触摸与测量、胎儿听诊，以及以内诊的方式做产检。这样的检查曾因会造成不舒服的感觉而受到许多病人的排斥。但即使如此，它仍是重要的检验方式，因为它可以直接提供若干无法以其他方式取得的重要分娩信息。首先是确认胎位，也就是胎儿朝向骨盆的部位，这将是第一个下降的部位。再者是子宫颈的状态、坚硬性，以及压缩与扩张的程度。产科医师同时触摸形成骨盆环的外

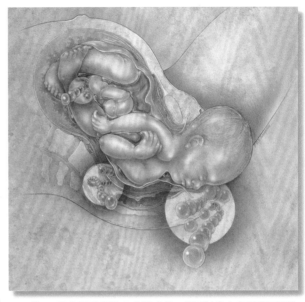

▲ 第 36 周在阴道检验无乳链球菌，将可以抗生素预防可能的感染现象，同时避免败血症的风险。

缘，以评估骨盆腔出口，以及自然产的难易程度。在第 36 周的产检当中，会对阴道和肛门做采样，以检查是否有一种对于新生儿具有潜在性危险性的病毒，称为乙型链球菌。一旦发现这种病毒的存在，即于分娩时使用抗生素，以防胎儿感染，并且根除新生儿感染的风险。

⚠ 仰卧低血压症候群

当子宫体积变大时，另一个出现的症状是仰卧低血压症候群。仰卧低血压症候群的症状是某些孕妇在仰卧时会有眩晕的感觉，这是由于子宫重量压迫下腔静脉所产生的，因此回流到心脏的血液量减少，在接下来的几次心跳当中，心脏将在未完全充血的情况之下收缩，进而出现血压下降和眩晕的情形。这个时候，如果孕妇侧躺，便可快速恢复。因而产科医师建议孕妇以侧躺姿势休息，最好是左侧躺。

◀在所有国家当中，劳工法给予数个月的产假，妇女必须决定何时想要享受这个假期。最理想的方式是在生产过后休假，以在婴儿出生后的前几个月给予其必要的照顾。

产兆

　　在生产之前，孕妇可能会感受到一连串预告性的感觉。通常是隐约的不适感，几乎不会影响她的正常生活。但是，这些感觉有时候也可能让孕妇非常不舒服，特别是新的感觉出现的时候，也会引起恐慌和疑惑。孕妇必须要对这些症状有所认知，才是承受及区别可能的孕期危险症状的最佳方式。

子宫收缩

　　子宫是一个肌肉相当发达的器官，会在怀孕时变形。它是最后生产的推动力，因为当子宫收缩的时候，就会将胎儿往下推挤。到了怀孕第9个月的时候，子宫肌肉纤维开始活跃。最初是若干微弱且不规则的收缩，接着会逐渐增加强度。这些所谓的无痛子宫收缩是子宫为分娩所做的正常预备活动。这些活动都是有益的，因为一方面可以训练子宫肌肉，另一方面可促进子宫形态的改变，使其下部或是"子宫颈"可以逐渐扩大张开，并且形成漏斗颈的形状。子宫这个部位的形成是扩张所需的第一个变化。

▲ 怀孕到第9个月常会有无痛子宫收缩的情形，这些都是正常的现象，因为这样可以训练子宫肌肉，对胎儿无害，不会导致早产。

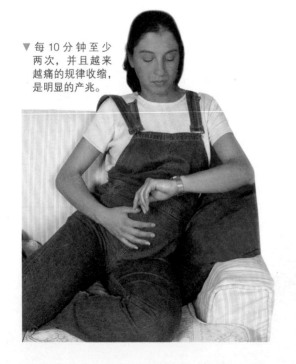

▼ 每10分钟至少两次，并且越来越痛的规律收缩，是明显的产兆。

ℹ️ 分娩时间预测

　　孕妇最常向医师询问，也是最合逻辑的问题之一，就是什么时候会生。但是除非已进行引产，否则无法准确回答这个问题。在最后几次的产检当中，产科医师可能会察觉若干生产预备征兆，也就是胎儿的先露部进入骨盆腔，以及子宫颈变软、变短和扩张。

　　但是，如果症状只维持了几个小时，或是一个星期，则非产兆。反之，子宫颈没有变化亦不表示产兆出现的时间点延后了。重点是子宫颈的软化、缩短与扩张现象可能会缓慢进行，或是在数个星期内持续出现。甚至可能在几个小时之内就完成。

　　另外，许多人认为月球周期或若干大气变化容易影响产兆。关于这一点，至今仍未获得证实。对于即将为人母的孕妇而言，唯一能做的就是安心待产了。

子宫颈的变化

子宫出口，也就是子宫颈，会开始改变本身的特性。之前只有3～4厘米宽的狭窄通道，现在开始变软、变短和扩张了。所有这些过程都是为分娩时刻所谓的产道做准备，包括宝宝即将通过的子宫颈、阴道与外阴部。或许您会惊奇产道居然有让胎儿通过的足够空间；然而，由于怀孕期间激素变化的影响，这些组织也变得很有弹性。

黏液栓子排出

有些孕妇会发现从阴道流出红色或深色黏性物质，称为黏液栓子。人们普遍认为黏液栓子会在分娩前48小时排出，但不应把它当成是既定规则，因为时常会有延迟分娩或是未曾有黏液栓子排出的情形发生。黏液栓子不过是阻塞子宫颈中心通道的浓稠黏液，它会在子宫颈一开始变短的时候脱离。

▶建议存有一个方便联络医师或助产士的方式，以便让他们随时掌握目前的状况以及出现的产兆。

生产前的心情

对于所有孕妇而言，生产所代表的意义是极其重要的，但也让她们心中五味杂陈。由于她们内心同时有正面和负面的情绪，因此时常会感到疑惑。到了接近生产的时候，她们会有临盆前的解脱感，同时也显得焦躁不安。除了不安全感之外，她们对于疼痛与可能发生的意外状况亦感到恐惧。期待能够看到和摸到自己即将出生的孩子，却也同时担忧孩子可能会有所不测，也因再怎么爱护这个孩子，还无法将他视为一个独立个体而有陌生感受。

孕妇有时会因内心的不确定感而不被周围的人了解，因为他们多半期望看到的是一个快乐和放松的孕妇。比较活跃的孕妇会希望维持正常的活动，但是，随着肚子一天一天的变大，她会感觉受到限制，有些孕妇甚至会有挫折感。而比较被动的孕妇则可能转而依赖家人，当她感受不到所期望的家人之支持时，可能会感觉受挫。多数的孕妇不论看起来多么坚强，都不讳言生产前的几个星期是其心理平衡的最大挑战。

▶临盆前的期待会形成孕妇一种特殊的心理状态与情结。这个时候，如果可以提供她爱的支持，而不以可能让她喘不过气来的过度专制态度对待她，那将会是很重要的一点。

正常孕期

40 周的正常孕期可确认不会有早产的情形，基于这个概念，可推算出预产期与过期妊娠的期限。从某个时间点开始，就会认为孕期拖延过久了，此时医师群将决定采取什么样的措施来启动分娩。

正常孕期

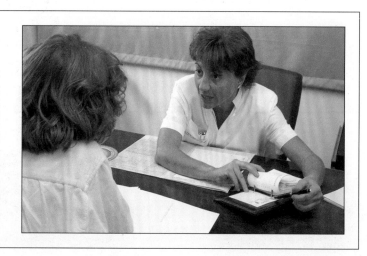

每一种哺乳类动物的孕期长短与其体型大小有关。所以，大象的孕期是 600 天，而雌虎孕期约 100 天。人类的平均孕期是 280 天，相当于 10 个朔望月（280 天）、40 周，或是从最后一次月经的第一天算起的 9 个月之后。如果知道受孕的日期，那么预产期就是 266 天之后（38 周）。但是，通常会从最后一次月经的第一天开始以完整周数计算。即使如此，仍有多种不同的计算方式，介于 38 ~ 42 周之间的孕期都属正常，而在这个期限内出生的宝宝称为足月婴儿。

▲一旦确定怀孕，妇女内心就会充满期待。在接下来的 9 个月当中，她的内心会满怀喜悦，有时也会有些紧张。

如何推算预产期

如果知道最后一次月经的日期，而且月经周期都是固定的，那就容易推算预产期了。如果不记得最后一次月经的日期，那可以透过超声波显示的胎儿大小推算日期，但是，最准确的估算方式仍是以第一次的超声波为主，因为随着怀孕天数的增加，失误率也会随之提高。而到了第 9 个月，更可能有大约两周的错误估算。通过超声波检查推算的预产期与根据最后一次月经所推算的预产期相比，通常会有 1 ~ 2 周的差距。

ℹ️ 可能生产的日期

最可能生产的日期是在最后一次月经的第一天算起第 280 天，但并不是一定得在那天分娩，有 85% 的孕妇是在预产期的前后一个星期分娩。一般认为满 37 周（259 天）就不是早产，因为胎儿在满 37 周之后，就已经做好离开子宫生活的准备了。

过期妊娠

　　怀孕超过 42 周称为过期妊娠，如果宝宝在 42 周之前仍然毫无动静，仍属正常范围，因为这与正常的变化值有关。因此，超过预产期的说法没有任何异常的含义，应该保持镇静。42 周过后，最可能发生的状况是胎儿已经发育完整了，只是要再等候一点点的时间，让分娩结果令人满意。但是，有时候胎盘的老化与羊水量的减少，可能会让宝宝的状况变得危险，因此必须借助超声波与胎心音的监测来排除这个问题。当这样的情形发生时，有些医师宁可用人工催生的方式处理。

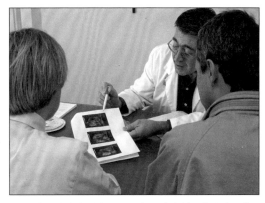

▲ 通过超声波的检查，可以相当准确地预知生产日期，而生产日期正是孕妇期望确认的部分，特别是在待产时间拖延的时候。

产兆机制

　　关于启动分娩的信息，对于大多数人来说，至今仍是个未知数。我们知道，在分娩之前子宫肌层与子宫颈都必须先达到成熟的状态，而唯有子宫颈成熟之后，才能转变成为扩张的过程。这些都是事前的必要变化，但是，我们仍然不清楚究竟什么是启动分娩收缩的因子。

　　当孕妇即将临盆的时候，刺激收缩的催产素会大量且呈渐近式的分泌。在那之前，会有胎衣的前列腺素合成素分泌，这似乎是启动生产工作的首要机制。前列腺素合成素完全启动子宫肌层，并使它对于催产素的作用产生敏感的反应。一般来说，当发生破水或羊膜腔感染的情形时，会分泌前列腺素合成素以开始收缩的动作。这也就是为什么在这样的情况下，会发生早产的原因。

　　在正常的条件之下，普遍认为生产过程启动的因素来自胎儿。对于许多哺乳类动物而言，胎儿的信号是可的松的增加，而可的松会在宝宝的肾上腺成熟的时候开始分泌。以人类来说，这个信号的出处仍不可知，但是，所有的说法都指向胎儿的成熟度。

◀ 怀孕和其他自然发生过程一样，都没有一个确定的时程。因此，最正确的态度是保持最佳的镇静度，以等待分娩时刻的到来。

> **ℹ 内格勒方式**
>
> 　　产科医师内格勒针对人类的正常怀孕期做研究，并于 1778 年发表同名的预产期估算方式。这种计算方法很简单，就是最后一次正常月经的日期加 7，再将月份减 3，例如，如果一名孕妇最后一次月经是在 2001 年 8 月 7 日，那她的预产期就可能在 2002 年 5 月 14 日了。

我快生了吗

除了预产期之外，有时候还会出现不怎么明显的迹象，让孕妇怀疑本身的真实状况。所以，如果可以准备一张表单，记录最常见的事件，以及每一种状况的处理方式，那将是比较理想的做法。如果破水发生（也就是羊膜内的液体流出），通常是即将临盆的最明显信号，但这样的情形也可能是早产的迹象，因此可能导致严重的后果。最好能够对这个问题有所了解，才能事先预防。

早期破水

患者会感觉到由生殖器渗出透明液体，但不可将它与许多孕妇都曾经历过的漏尿混淆了。破水通常是大量的，会让衣服完全湿透，但是，有时候初期的羊膜腔破裂状况并不严重，流出的液体量很少。一有疑问，应与产科医师联络，医师可经诊断加以区分。

早期破水并发症

如果羊水流失，胎儿将面临一连串的危机。当子宫内部的羊水一滴不剩时，可能会引发脐带受压迫的情形，进而威胁宝宝的生命安全。如果刚刚破水，不需担心，因为还会有

▲分娩前几个征兆可能不是很明显，许多孕妇会因到底是否快生了而惊吓不已。

剩余的液体量可缓和压缩的力量。但有另一个问题是感染；一旦失去了羊膜的抗菌屏障，胎儿随即可能遭受来自阴道的可能性病菌入侵。风险在于羊膜腔的感染，也就是绒毛膜羊膜炎，可能对胎儿和母亲造成严重的影响。感染的风险并非立即性的，而是在羊膜破裂的 24 小时之后开始发生。

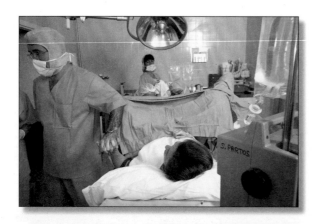

▲早期羊膜破裂的 24 小时之后，医师会因有感染的风险而建议催生。除了这层考量之外，医师也可能基于其他因素而决定催生，这样的决定不应使孕妇惊慌。

早期羊膜破裂的诊断

如果怀疑有这样的问题，而流出的液体又不是很明显，那么有若干程序可以帮你确定。由于羊水是碱性的，如果用试纸提取阴道分泌物，可观察到其 pH 值的改变。如果将羊水放置在一片玻璃上至干燥，并移至显微镜下观察，可能会形成一种特殊的结晶体。也可以分析出纤维连接蛋白，这是只有在羊水中才有的物质。最后，如果还是无法解除疑惑，可经腹部穿刺子宫与羊膜囊，并且滴入一种蓝色素，以观察羊水是否从阴道渗出。

早期羊膜破裂的治疗

　　早期羊膜破裂的治疗方法视孕期而有所不同。如果是发生在 34 周之前，由于胎儿有不成熟的高度风险，可以使用抑制收缩的药物、抗感染的抗生素，以及加速胎儿肺部成熟的可的松来拖延分娩的进程。如果是在接近足月时发生，基于子宫内部感染的风险高于早产的内在风险，那么会让生产自然启动。如果时间超过 24 小时，仍未自发启动生产机制，则要进行催生，或是根据子宫颈扩张的程度进行剖宫手术。

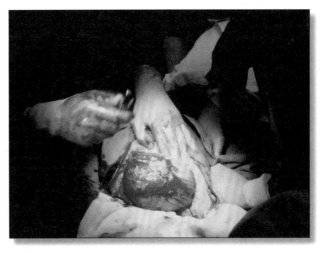

▲ 第二产程是漫长分娩过程的最后时刻。从一开始的阵痛开始计算，大概会持续 6 个小时，而有足够的时间可赶赴医院生产。

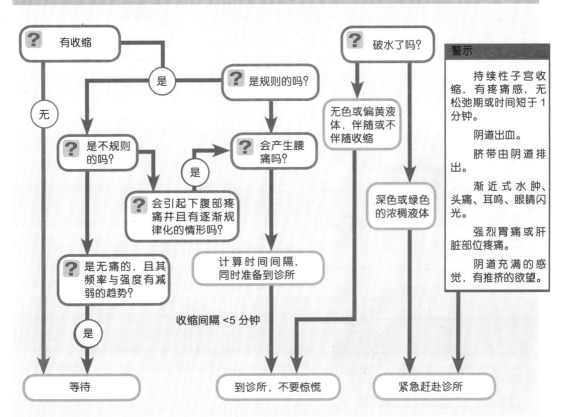

一有产兆，应该如何应变？

- ？ 有收缩
- 无
- 是
- ？ 是规则的吗？
- ？ 是不规则的吗？
- 是
- ？ 会产生腰痛吗？
- ？ 会引起下腹部疼痛并且有逐渐规律化的情形吗？
- ？ 是无痛的，且其频率与强度有减弱的趋势？
- 计算时间间隔，同时准备到诊所
- 收缩间隔 <5 分钟
- 是
- ？ 破水了吗？
- 无色或偏黄液体，伴随或不伴随收缩
- 深色或绿色的浓稠液体
- 等待
- 到诊所，不要惊慌
- 紧急赶赴诊所

警示

　　持续性子宫收缩，有疼痛感，无松弛期或时间短于 1 分钟。

　　阴道出血。

　　脐带由阴道排出。

　　渐近式水肿、头痛、耳鸣、眼睛闪光。

　　强烈胃痛或肝脏部位疼痛。

　　阴道充满的感觉，有推挤的欲望。

综合医院或产科医院

孕妇希望在一个理想的环境当中，由完全信任的专业人士协助分娩，这是完全合理的。而在这样的理念之下，绝大多数的产妇是在综合医院（以下称医院）当中，由平常帮她做产检的妇产科医师帮她接生。但是，现在有越来越多的孕妇做出其他的选择，包括居家分娩，或是在非医疗性质的专业产科医院（以下称产院）生产。

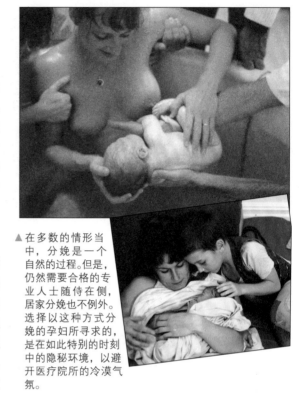

▲ 在多数的情形当中，分娩是一个自然的过程。但是，仍然需要合格的专业人士随侍在侧，居家分娩也不例外。选择以这种方式分娩的孕妇所寻求的，是在如此特别的时刻中的隐秘环境，以避开医疗院所的冷漠气氛。

居家分娩

基于分娩是一个自然的过程，而非一种病态，因此，把自家当成是一个迎接新生儿到来的理想场所，即具有意义了。持有这种看法的人士提出分娩"去医药化"的基本论点；对他们来说，以任何医疗丁预来控制或主导生产机制的缺点和危险性，要比其优点来得多和高。他们表示，几十年前，在家生产是最正常不过的现象；但是，即便生产是一个自然的过程，对于母亲和胎儿来说，仍然具有潜在性的危险。就算是风险度最低的怀孕，也可能在毫无预警的情况之下发生威胁的状态。居家分娩并不能完全察觉胎儿的疾病。如果是在非医疗院所发生产后血崩的严重问题，也可能造成产妇的生命危险。因此，我们并不建议采取居家分娩的方式。

ℹ 产科医院

在医院生产与居家分娩之间，有些专业人士，特别是助产士，提出来了在产院分娩的概念，产院指的是孕妇在出现产兆的时候，可以在助产士的协助之下进行生产协作的非医疗院所。相较于医院的无菌处理，产院所营造的气氛则较为人性化和温馨。产院所提倡的是一种自然的分娩协助，也就是不进行麻醉、没有现代化的胎儿监测方法，同时很少有外力的介入。在某些产院，甚至提供水中分娩的选择性。由于产院不具备处理紧急事件的物力与人力资源。因此无法全面推广，但却有可快速将产妇移至医院的系统，此为产院的其中一项优点。

荷兰经验

大多数的工业化国家自 20 世纪 50 年代开始,在产院分娩的风气就很普通。唯一的例外是荷兰,荷兰人从 20 世纪 50 年代开始,就一直保持居家分娩的习惯。在 20 世纪 90 年代之间,有接近六成的荷兰孕妇决定倚赖助产士的协助,进行居家分娩。有若干专业人士是经验很老到的,具备察觉并发症并且即刻应变的能力。但只有低怀孕风险的孕妇才可以进行居家分娩,而完善的荷兰体制可在必要时刻派遣医疗用救护车至家中,快速将产妇移往医院。即便如此,荷兰的新生儿致死率(于分娩中或分娩后即刻死亡的新生儿)在相同面积的地区,仍比其他国家高(荷兰的新生儿致死率是 9.6‰,德国是 6.5‰,而西班牙则是 0.7‰),是西欧国家中所占比例最高的。

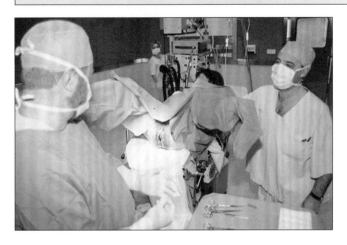

▲ 医院分娩有助于降低具怀孕风险的新生儿死亡率,但是,过多的技术层面不应忽略了人性的一面。

民营医院或国营医院

在许多国家都有双重选择性:一般的公共医疗系统,或是通过相互关系或与医生及诊所直接签约而取得个别协助。每一个选择都各有其优缺点。

民营医院通常隐秘性较好、病房较宽敞、舒适性较高。然而,许多民营医院缺乏国营医院所具备的先进技术资源。即便如此,私人体制有一个很大的优点,那就是客户订制化的协助:产检的妇产科医师就是接生的医师,将使孕妇更镇静和安心。不管选择如何,皆会彼此学习优点,同时减少缺点。越来越多的产科医院具备医院特有的资源,而综合医院则越来越重视人性化与舒适待遇的提供。

生产中心应该评估的面向

不要被生产中心的外观所迷惑了。除了舒适性之外,应该评估计划分娩之生产中心的若干适合性目标条件:

1. 最新的产科服务、具有执照的专业医疗团队、24 小时轮班的妇产科住院医师。
2. 新生儿服务。早产儿中心,或至少具备能够即刻将有问题的新生儿有效率送往其他医疗院所的系统。
3. 具有足够设备的优良产房,以及紧急手术室。
4. 血库及产妇加护病房。

争议性话题

生产医疗照护，以及新生儿科的先进技术与医疗条件的改善，已促使20世纪中叶以后的产妇难产死亡率大大降低。除了这个客观因素之外，在过去几年当中，自然分娩的趋向已达到高峰。其中一个原因，是许多妇女对整体计划与某些传统医学恣意施加的行为不满。

生产过程中过多的技术应用

过多的技术应用意味着产妇的不舒服，因为她们常常必须躺在手术台上，身上因接满了电线和软管而无法动弹，更有甚者，被屏幕团团围住。有些专业人士已经忽略了孕妇在这么特别的时刻所需的精神支持与亲切的对待。或许技术性的服务是完美的，然而，生产时的愉悦却因此被冲淡了。此外，运用较多的资源与更多的医疗介入，不一定代表会有更好的结果。仅仅通过观察部分地区过多的剖宫产手术，有些甚至是完全不必要的，就可以略知一二。

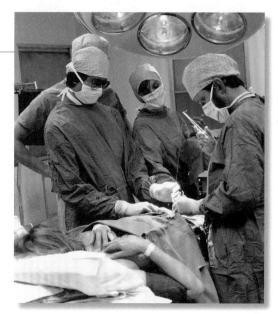

▲ 医疗中心内给予产妇的精神支柱与亲切的态度，都是将分娩转换成为难忘且没有恐惧经验的重要元素。

非必要的干预

有些普遍运用的技术可能会引起不舒服的感觉，而某些极为严谨的研究也显示其非必要性，刮除阴毛就是一个很好的例子。刮除阴毛之后，感染的概率并未因此降低，甚至会造成产妇的困扰。分娩前灌肠也没有任何的好处，除非是体内有大量的粪便囤积。用以提高收缩频率和强度的程序运用很普遍。如果事先没有自然破水的话，在经过这些程序之后，将迫使羊膜囊破裂。另外，也可能用点滴方式注射收缩激素—催产素。这些都是不正常分娩过程当中极为有用的程序，但是，绝不可像有些生产中心一样的随意运用。除非有特殊风险存在，否则没有必要要求产妇在床上躺着不动，同时持续监听胎儿的心跳。经证实，在开口期（子宫颈扩张期）时，产妇散步与采取最舒服的姿势是有益于生产的。会阴切开术，也就是切开会阴，以方便胎儿产出的技术，不应被当成是一种系统性的处置。虽然对于许多初产妇而言，这种技术有助于防止撕裂伤与方便胎儿产出，却不是完全必要的。

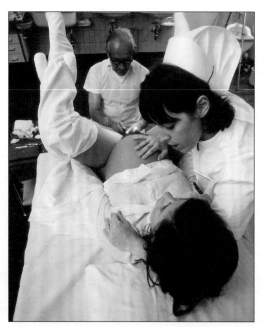

◀ 某些国家的剖宫产频率呈现过多的趋势，其中有些并不具备正当理由，也不对母亲或胎儿有改善的意义。

▲ 自然生产的捍卫者反对改变分娩自发性过程的程序。他们不麻醉、不做会阴切开术，也不会持续监看胎儿。

自然生产

根据这个趋势，自然生产自始至终都是一个自然的过程，只有在有并发症出现时，才能介入。若干重要的助产士协会，以及以分娩医疗为主要导向的少数妇产科团体，都大力捍卫这个理念。受这个选择所启发的孕妇接受产前特别课程，在自然生产的过程当中不实施麻醉，通过放松技巧让产妇放松。不进行羊膜切开术（人工破水），亦不注射子宫收缩促进剂，而是维持子宫自然的收缩频率。

胎儿的监控是通过不连续的听诊，不使用任何的电子监视系统。到了第二产程时，产妇是以本身最舒服的姿势把胎儿推挤而出，通常是采取蹲姿或坐在生产椅上。不施行会阴切开术，同时等候娩出期（产出胎盘）的自然到来。

ℹ️ 水中生产

在去医疗化的阵营当中，20世纪70年代末叶出现了水中生产。水中生产源自法国欧登医师，他认为如果让产妇浸泡在装有温水的浴缸当中，将可让开口期加速完成，也可以减轻疼痛感。无重力漂浮带来舒服又放松的感觉，并且有助于第二产程的推进。宝宝一出生就浸泡在水中，这是他熟悉的环境，因为在子宫里面的时候，就是浸泡在羊水当中。即便有这些理论优势存在，但因缺乏专家的检查，故仍有若干严重并发症爆发的可能性。当进入第二产程时，在水中协助生产的工作是很难进行的，因此可能提高胎儿伤害、母体裂伤与出血的风险。然而，我们必须承认温水在开口期能达到镇静与止痛的效果。在英国的医院，水中生产即是很稀松平常的生产方式。

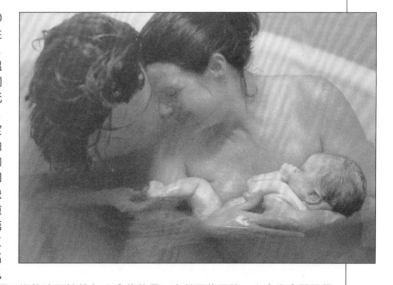

医师诊疗室
分娩的开始

我正准备迎接我的第一个宝宝。在整个怀孕期感觉都很好,宝宝也很健康。我想在自家分娩,可是医生跟我说可能会有危险。他是否有点夸张?

居家分娩不是一个荒谬的选择,可是必须仔细评估。在整个怀孕过程当中,必须没有特殊风险的存在,胎儿的胎位必须是头产式,而且也要有相当的骨盆容量才行。病人必须具备能够忍受无麻醉分娩的能力,最重要的是她必须随时保持镇定。居家分娩明显不代表在毫无适当协助之下生产,应该要有一位具备能察觉危险状况,并能应变的受过训练的专业人士(医师或助产士)。最后,手上一定要有一家医疗院所的联络方式,并且事先想好移送的方式才行。

在上产前卫生教育课时,被告知当开始出现产兆的时候,产妇不可以维持不动,甚至要走一走,据说对产妇是有帮助的。如此频繁地走动不会对宝宝有害吗?

绝对不会。走动对于生产的前几个阶段是有帮助的,有助于放松和提高收缩疼痛的耐受度。站着可加深呼吸动作,提高含氧量。此外,重力可缩短胎头下降至骨盆腔的速度。

虽然我还有1个月才生,全部的人却一直给我压力,叫我要准备好去医院生产的所有物品。他们说,初产妇都会提早分娩。

尽早准备好要带去医院的行李是很好的点子,需要备妥新生儿和母亲的衣物,因为等到生产时间一到,那种紧张和压力会让人忘记带某些实用的物品。但是,初产妇并不一定都会提早生产。初产妇和经产妇的平均怀孕期都是280天,都可能会提前或延后两个星期。

要分娩的时候,我怎么知道哪种疼痛感来自收缩呢?阵痛是什么感觉?

阵痛的表现方式有一个加强、最高疼痛点与减缓的循环过程,大约是一分钟,接下来会有疼痛完全消失的中止时间。真正的生产收缩具有持续增强的稳定周期,有别于生产前不规则与频率较低的收缩。疼痛强度是很多变的,但是,生产收缩的特色是会感觉到腰部的疼痛感。

听说有些妇女产前不会破水,有可能吗?

不仅有可能,甚至羊膜常常会到开口期的后段,甚至是第二产程才破裂。这样的情形不会构成任何问题，甚至更好，因为保有了羊膜的抗菌屏障功能。

老婆和我都很担心，因为她说，随着生产时间的逼近，越来越感觉不到宝宝的动作了。产检的时候，医师又保证一点问题也没有、一切正常。会不会是医师诊断有误呢？

随着怀孕天数的增加，胎儿的活动形态也会跟着改变。他的动作变少了，而且扭弯的动作比踢踏的动作还多，这是由两个因素所引起的正常现象。第一个因素是子宫内部空间缩小，限制了胎儿的行动；至于第二个因素，也是最重要的因素，是胎儿神经发育成熟，进而发展出比较稳定且时间较长的日夜循环。因此，胎儿可能会连续半个小时没有动静，此为完全正常的现象。

是否经过证实，多数婴儿都是在夜间出生呢？

经过对大多数人种研究，结果显示夜间的出生率并不是多么高。此外，出生率也不能与季节、大气变化或月亮周期做任何的联想。

我 3 天前就已超过预产期了，可是，医师认为现在还不适合催生。如果产兆没有自然出现，那么应该等待多久的时间？这样对宝宝是否有影响？

预产期是一种计算天数的表达方式，就孕妇健康而言，并没有实质上的意义。当怀孕超过 280 天时，并没有特殊的变化，因为第 270 天生产和第 290 天生产都是正常的。而孕妇产生焦躁情绪是合理的现象，但应该要了解，产兆有可能会延迟两周出现，而且一点风险也没有。虽然有些医生偏好于 42 周的时候催生，不过只要胎儿状况良好，已有越来越多人选择等待产兆自然出现了。

我读过一篇有关怀孕的文章，当中提到许多产前的准备工作，例如刮除阴毛是没有必要的。我可以拒绝吗？

是的。根据最近一份汇集所有相关研究的书面报告显示，刮除阴毛并不保证能够预防会阴切开术的感染或其他并发症的发生。事实上我们知道，如果因为刮胡子而在皮肤上留下小擦伤，那么这些伤口可能会演变成为细菌特别滋生处。如果必须施行会阴切开术的话，那么，其风险绝对比刮除阴唇上的阴毛要来得高了。

实例
分娩的开始

丽丽无法休息

丽丽怀孕的时候，没有丝毫不舒服的感觉。她发现自己比从前更容易饿，也更有睡意。她的胃口很好，食物让她感觉很舒服，睡眠状况也很好。但到了怀孕第 4 个月，当她躺在床上时，总会有强烈的眩晕感。在第 5 个月整整 1 个月，那种眩晕感变得更难以忍受了，当她从床上起来的时候，那种感觉会减轻，但是仍无法休息。

医师诊断其为仰卧低血压症候群，这个名称听来专业又复杂，其实状况很简单。医师向她解释，有些怀孕妇女会有这样的症状，这是很正常的。随着子宫的变大与变重，当孕妇平躺的时候，子宫会压迫下腔静脉，而引起血流量减少、血压降低，并且出现眩晕的感觉。丽丽表示自己从小就习惯仰睡，她认为如果以别种姿势睡觉，应该会很不舒服。但是，医师鼓励她侧睡，并且尝试着左侧躺。从那时候开始，丽丽就都侧卧睡了。事实上，这个习惯的改变没有增添她任何的不适感。她之前曾经为了自己的眩晕担心，可是，仅仅是改变姿势，就解决了她怀孕数个月的极大不适感。

华安和娜娜迎接即将出生的宝宝

在晚餐后看电视时，我开始阵痛了。华安和我之前上过产前卫生教育的课程，我们知道从现在开始将会发生什么样的事。到了怀孕最后 1 个月，我感觉很笨重，迫不及待想要见到我的宝宝，并且恢复我之前苗条的身材。可是，我开始变得很紧张。每一次的阵痛，比不上我心中对未知事情的恐惧。我一直以为自己很坚强，能够掌握状况。可是，事实并非如此，我开始想象可能会有不好的事情将要发生。华安试着稳定我的情绪，他说一切都会没事，等到收缩变得有规律且持续时，我们就到医院去。

我生气了。我一方面希望这一切都结束，可是另一方面又觉得自己还没有做好准备。我不知道当时负面的感受为什么充斥了我的心。到了医院，在长达 7 个小时的阵痛之后，我还是很疑惑。助产士的亲切态度和华安不间断的温和神色对我的帮助很大，我的焦虑逐渐平缓，开始能够掌握自己的情况了。当我进入产房时，一切都很正常。在我开始有推挤的感觉时，一切的疑虑都烟消云散了。就好像由我来掌控所有的生产过程，成为用积极的态度来参与。我的儿子平安地诞生了，感谢华安一直陪伴在我的身边。

自然分娩

2

　　分娩几乎都是在正常的情况下完成的，它是怀孕的最终时刻，产程的长短不一，从预告临盆的子宫收缩开始至入院后一连串的过程，包含数个阶段：开口期（子宫颈扩张期）、娩出期（产出期）与产后期。整个生产过程中持续性的医疗协助及胎儿状况监控，均为预防并发症且即时处理所不可或缺的步骤。新生命愉悦的到来，很快就能让人遗忘曾经历的不愉快。

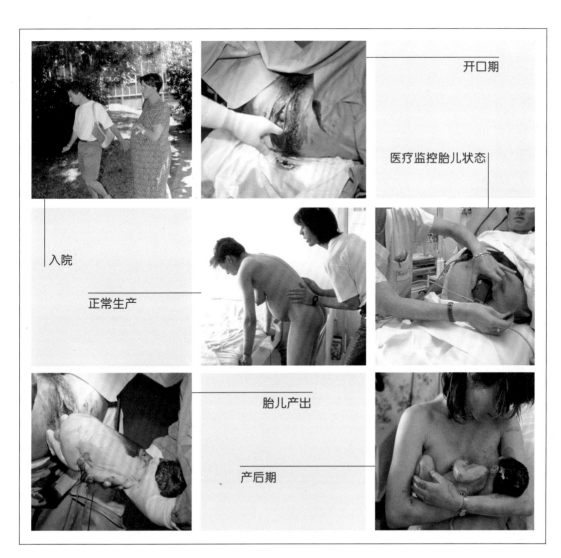

开口期

医疗监控胎儿状态

入院

正常生产

胎儿产出

产后期

入 院

当紧张的时刻或至少看起来像是紧张的时刻到来时，最后几个星期的疑虑与恐慌将更为强烈。所有的准妈妈到了这个时候，都会因不知是否为假警报而担惊受怕，这是合理的现象，因为产兆常常都不明显也不明确，而是以一种渐进的方式缓慢进行，而且节奏因每个孕妇而有所不同。最好能够了解产兆，以避免突如其来的不正常现象而紧张害怕，并且寻求必要的医疗协助。同时也别忘了，生产是人类已准备面对的正常过程。因此，在入院的时候，最好的建议是随时保持镇静。

▶ 建议预先准备好要带去医院的行李以及初生婴儿的衣物。如此一来，即可避免遗忘可能会很有用处的物品。

分娩的医学定义

分娩是一个渐进式的过程，所以无法建立一个确切的极限。但是，最好还是能建立一个产兆的医学定义，以做医疗协助的计划。一般来说，当子宫出现规律性、渐进式的疼痛、10分钟内至少收缩两次、子宫颈变薄幅度超过一半，并且开口达2厘米时，即进入产程。这些都是妇产科医师用来认定生产已进入活跃期，并且应该让孕妇入院的标准，因此它所代表的意义是已经进入产兆了，产程将不会产生自发性停止的状况。但是，可能会有若干明显的不同点；有些孕妇，特别是有生产经验者，可能收缩次数会渐少，而且从好几个星期之前，子宫颈就已经开了3～4厘米了。反之，有些孕妇，特别是初产妇，可能会发生经常性的剧烈收缩，但子宫颈却一点变化也没有。而无论如何，只有病患自己能感觉是否有规则性的子宫收缩，并且进入产程了。

真正生产的症状

收缩强度的提高将预告生产的开始。有时候改变是很明显的，没有让人怀疑的余地；但是，产程的进展常常是极缓慢的，让人不易察觉。某些收缩的特性会帮助产妇学会如何区分：收缩会变得更剧烈，维持时间也更长，收缩频率从每20分钟一次提高到每5分钟一次，特色是间隔时间有规律，而且间距会慢慢缩短。疼痛感充斥整个腹部，并且延伸到下背部。阴道常会有带血丝分泌物，15%的个案会在一开始阵痛时就破水。

假性生产的症状

出现不规律的收缩，次数和强度都没有增加，疼痛感只会出现在下腹部，背部不会疼痛。此情况有时候是因胎儿的动作所引起的，通常会在散步或改变姿势之后消失。因此，没有入院的必要，但是最好通知医师。

▶ 必须奔跑到医院的情况是很少见的。如果一切都正常，那么最好避免慌张的情绪，而镇定平静地到医院生产。

建议

　　新手父母普遍的焦虑不应造成慌张的情形。产程通常维持数个小时的收缩，才会进入娩出期。必须匆忙赶赴医院的情况是极少见的，因此，除非出现警示信号，否则最好平静地做好准备、洗好澡、带着行李到医院去，以避免任何疏失的发生。

▼ 产房必须具备所有协助生产、为新生儿急救，以及处理可能的并发症的所有设备。

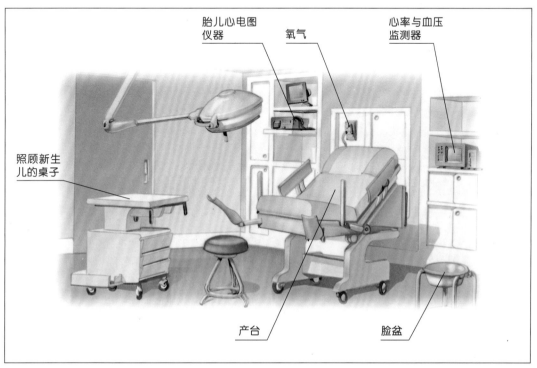

胎儿心电图仪器　氧气　心率与血压监测器

照顾新生儿的桌子

产台　脸盆

正常生产

正常生产也称为顺产，是一个将正常胎儿、胎盘及羊膜自发性推出体外的过程。欲了解生产的机制，应同时将产道、骨盆直径，以及胎儿的位置、动作和通过产道的过程等因素列入考量。生产可分为三个阶段或主要时期。

产道

产道是由骨盆与柔软的组织组成。支撑女性子宫之骨盆带的结构正适合胎儿通过。产道在最高部位的入口称为骨盆入口，有一个具有较大横向直径的椭圆形结构，而其出口处，也就是下方的狭窄处，在水平轴的部位较为宽大。在入口与出口之间，有一个骨盆腔，适合胎儿下降，并具有向前弯曲的特点。这个骨通道里面有尿道、阴道，以及肌肉和通过骨盆横隔膜的直肠。产道会扩张，以在最后一个产程当中，将胎儿通过外阴道产出。

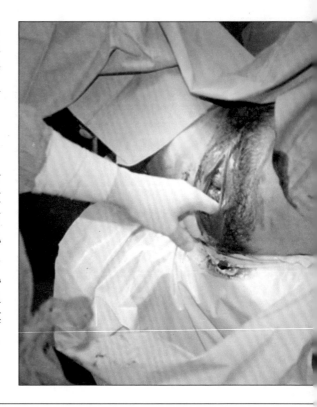

最后产程的不同时刻

1. 适应产道

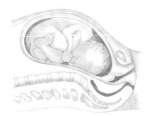

2. 头部嵌入与下降

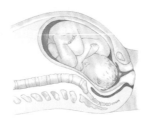

4. 头部出现

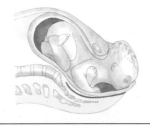

5. 胎儿外转

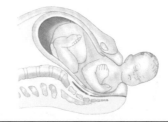

骨盆外形塑造

当怀孕的时候，特别是在生产时，骨盆骨骼会有小幅度的分离，以便于加宽直径。虽然开口很小，却有其存在的必要性，因为在胎儿产出的时候，它是连1厘米都不算多余的。耻骨分开约4厘米，尾骨向后倾，使骨盆加宽。当产妇身体伸直，甚至是蹲踞时，髋部大腿的屈曲姿势将可让子宫入口的直径大大地加宽。

胎儿的先露部位、姿势及调整

头是胎儿最庞大的部位，通常也是最早产出的部分。宝宝的身体会尽可能地弯曲，下巴紧贴着胸部，以迁就产道。因此，他的头顶是最先下降到骨盆的部位。这是最理想的胎位，因为当宝宝以这种姿势通过母亲的骨盆时，所需的直径宽度是最窄的。此外，由于胎儿的头骨并不完全僵硬，因此使得头部的骨骼具有相当的柔软度，有助于通过产道。

◀ 在整个怀孕的过程当中，会产生一连串的变化，以方便产道做好让宝宝通过的准备。

3. 头部内转

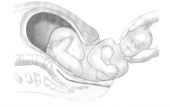

6. 胎儿完全产出

产程

共分成三个阶段：开口期、娩出期、产后期。开口期是最冗长的阶段，包含一开始的生产活跃阶段，一直到子宫颈全开的10厘米。这个时候的头位已经通过子宫颈了，接着进入娩出期，一直到胎儿产出为止。产后期指的是从宝宝产出到胎盘和羊膜产出之间的过程。

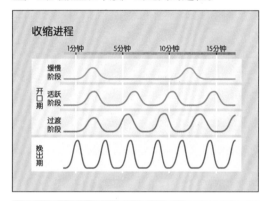

ℹ 胎儿的动作

- **适应及下降到骨盆入口**：胎头通过外径进入横向入口的骨盆当中。宝宝这时候是面向母亲身体两侧的其中一边。

- **骨盆内下降与翻转**：在头部下降到骨盆并进入骨盆腔的同时，胎儿会做螺旋状旋转，以面向母亲的后背，头顶向前。肩膀同时利用横长进入骨盆。

- **脱离**：头顶开始从会阴部产出。当胎儿产出比例足够时，开始屈身，将后头背靠在母亲的耻骨部位，并将它当成是"轴承"。当胎儿与母体分离时，其额头、眼睑会陆续从阴唇系带（最后面的部位）出现，最后产出的是下巴，也因此完成头部产出的部分。

- **肩膀生产**：头部产出之后，生产就会加快许多。宝宝此时面向母亲的臀部，他会再做一次90度的翻转，使两肩之间的距离成为后轴而露出身躯。宝宝再次侧身，与在产道内的方向一致。第一个肩膀先从尿道下方露出来，后一个肩膀才从阴唇系带脱离。

  肩膀产出之后，身体其他部位由于比较狭小，因此可以轻轻松松产出了。

开口期

开口期包括所谓的潜伏期，这是产前的第一个阶段。紧接着是从生产的临床条件（开口2厘米与子宫颈变薄），一直到全开（10厘米）的扩张活跃期。此时子宫收缩比较强、时间长且频率高。这样的收缩状况会将胎儿向下挤压，引起楔效应（黏性液体因流入楔形间隙而产生压力的效应），于是子宫颈会逐渐开启。

分娩

分娩指的是以放松期（将胎儿逐渐推出的作用）为间隙的子宫收缩的一连串过程。开口期时的子宫收缩是每3～4分钟发生一次，每一次都维持30～60秒钟。子宫肌肉在体内发挥很大的挤压力量，其压强超出100厘米水柱，相当于一个成人用双手以最大的力气拍球。通过触摸腹部，可以清楚地感受到这些收缩，因为将会发现坚硬的木头状组织。如果之前还没有破水，那么就可能会在这个时候发生。

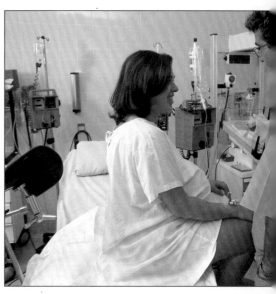

▲在开口期时，产妇的另一半会让产妇感受到支持、爱与安全感。

开口期的协助

当产妇进入生产中心时，就会先为她做一些检查，包括量血压、脉搏和体温、触摸腹部、测胎心音及内诊，以确认扩张的程度。通常会进行静脉点滴注射，这是欲进行硬脊膜外麻醉前的必要程序。通过这样的麻醉方式，产妇的下半身感觉将受到影响。反之，可能会等到娩出期才进行静脉点滴注射。即便如此，许多医师仍然选择先进行静脉点滴注射作为安全措施，以防必须进行紧急医疗处理。此外，还会依据宝宝的状态及可能的并发症，而持续性或间歇性监测胎儿。

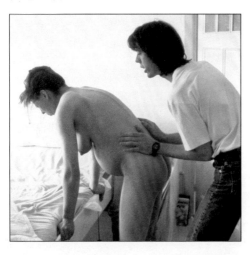

◀如果开口期冗长，可以使用另外的房间，让产妇得到另一半的协助。

ℹ 呼吸练习

收缩时的呼吸控制非常重要，一来将改善母亲的充氧作用，进而改善胎儿的充氧作用；再者可提高对收缩的耐受度、减低疼痛，同时加强自我控制力。最常用的方式是布拉德莱分娩法，在另一半的陪伴之下，进行腹部深层与缓慢的呼吸。产妇将注意力集中在自己身上，她不会试着分散注意力与驱散疼痛，而是感受自己身体的反应，并且加以控制。

开口期的症状

　　这个时候的收缩会引起疼痛。产妇感受到腹部全面性的收缩，并且向背部延伸。绝对不要以为疼痛是无法忍受的，其疼痛不是持续性的，在每次的收缩之间，都会有几个一点都不会不舒服的松弛期。此外，收缩的强度会逐渐提高，一直到最高点，之后再慢慢减缓，直到子宫松弛的最低点。

　　在经过数小时之后，如果产妇觉得越来越疲劳，那是正常的现象，因为开口期的代表症状就是用力过度。产妇可能会觉得不舒服，有时候还会有恶心、双脚抽筋和发抖的现象，这些都是完全正常的。产妇在情绪上可能会开始

> ### ℹ 对产妇的建议
>
> 　　开口期最重要的就是以积极的态度放松，并与医疗团队合作。待产室应该让两人处于放松的空间并保有隐秘性，因此，柔和的灯光和音乐将有助于放松。温度通常是舒服的，以便穿着舒适的宽松衣物。最好试着排便，以清空肠道和经常排尿，至少每个小时排尿一次。灌肠有时候也有帮助，但不是强制性的。在生产当中，不建议进食，不过可以喝清淡的饮料，除非医师因有全身性的考量而加以禁止。不限制产妇的行动，建议改变姿势。当没有连接监测器时，如果可以在另一半的陪伴之下散个步，或是洗个热水澡，都将有助于放松。

不安，认为过程比自己想象的还要长，担心自己无法忍受。这时应给她最多的精神支持。因此，另一半陪产几乎已成惯例。另一半的陪伴除了可以提供安慰之外，更是日后愉快的回忆。但是，孩子的父亲最好要做好心理准备，才不会变成产房里的累赘。

开口期的正常过程

　　开口期的长短依个人的状况而有所不同,通常初产妇的开口期较为冗长。对于初产妇而言，开口期可能长达 12 个小时，而经产妇的时间则缩短到 8 个小时。这些都是极限，因为最常见的状况是子宫颈以每小时 1 ~ 2 厘米的速度开启，并在 6 个小时之内完全打开。

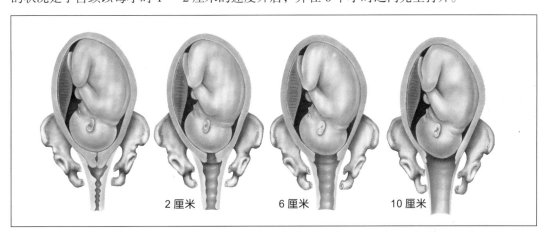

2 厘米　　　6 厘米　　　10 厘米

▲▶ 当子宫颈口打开 10 厘米，也就是可让胎头通过的直径时，就已达全开的程度了。助产士经由内诊评估开口的进程。

2 厘米　4 厘米　6 厘米　8 厘米　10 厘米

医疗监测胎儿状态

据说，下降至产道的短短几分钟是人类一生中最长也最重要的旅程。对于胎儿来说，绝非一段轻松的距离，因为他必须承受收缩的挤压力道，以及与骨盆之间的摩擦。除了这些机制上的问题之外，碍于收缩效应的限制，胎儿所接收到的氧气量成了医疗监测最重要的议题。

监测胎儿状态的必要性

健康的胎儿已做好承受生产压力的准备，但是，万一有生长迟缓或胎盘功能不足的情况，那么生产收缩则可能引发缺氧，而造成胎儿窘迫的情况。此外，即便是低风险的生产，也可能产生意外，而使胎儿情况危急，例如脐带绕颈或子宫收缩过强等。

监测胎儿状态的优点与缺点

在多数的个案当中，有一些方式可以预先察觉缺氧的情形，也因此得以应变，以将胎儿紧急产出。胎儿监测方法的运用得以大大降低了围产期死亡率与因缺氧而造成的可怕脑性麻痹的发生率。但是，这些方法也有一些缺点；可能会造成不舒服的感觉，同时有碍生产的自然过程。有些方式也会对胎儿造成若干侵略性

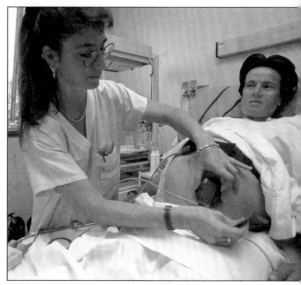

▲生产期间的胎儿监测已是现代产科最重要的进展之一，因为将可大大降低胎儿缺氧与严重后果的风险。

的效果。然而，其主要的缺点在于监测结果的错误解读，而采取不必要的干预行为。无论如何，如果运用得当，还是值得推荐的。

胎儿心率记录器

胎儿心率记录器是生产期间最基本的胎儿监测方式。其运用在于以同步接收心跳频率的图表，持续记录胎儿心律，也就是每分钟的心跳数与子宫收缩程度。

因此，图表上会出现两条线，医师经分析之后，会决定胎儿的状态。如果在连续几次的收缩当中发现有心跳减慢的情形，那就是一种警示了。胎儿心率记录方式共分为两种：通过阴道在胎儿头骨皮肤插入电极的体内记录器，以及在母亲腹部上装置传感器的体外记录器，后者由于较不具侵略性，所以使用情况也最普遍。

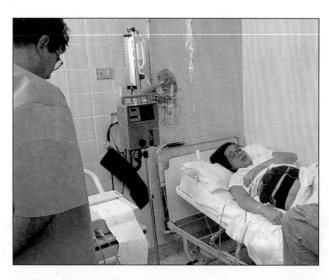

◀使用装置在母亲腹部上的电子传感器，以接收胎儿心律与子宫收缩的频率和强度。

▶血液气体分析可用来量测血液的酸度，血液酸度的提高与氧气量成反比。

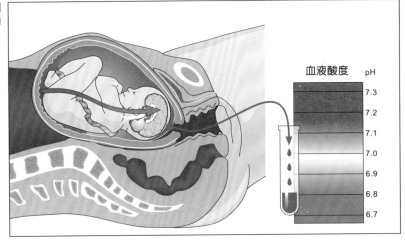

胎儿血液气体分析

　　心律模式可让人提高警戒，而胎儿血液分析可提供可靠的胎儿氧合作用信息。当开口程度足够时，可以通过插在阴道的试管，也就是羊膜镜检来连接胎儿的头皮，在胎儿头皮做一个小小的切割伤口，集取几滴血液以进行分析。血液浓度，特别是血液酸性度，可以帮助我们了解宝宝承受生产压力的程度。整个过程极少引起不适感，而宝宝的并发症也仅限于头顶皮肤上的小伤口而已。

脉动测氧器

　　脉动测氧器是最新采纳的方式。它有助于决定微血管血液的氧合作用，以通过连接到胎儿脸颊的电子传感器监测胎儿的状态，不会造成胎儿任何的伤口。这套高科技系统的普遍运用目前仍在试验阶段。

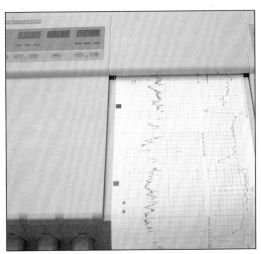

▲在生产当中持续性的胎儿心率图有助于确认胎儿的安全性。

ℹ **分娩时的胎盘功能**

　　胎儿需要母亲经由胎盘提供给他持续性氧气的来源。胎盘是一个大约20厘米宽、2.5厘米厚的海绵肉块，其重量介于400～600克之间。胎盘是连接母亲与胎儿的重要器官，并这在9个月当中，取代胎儿肺部、消化器官、肾脏与肝脏的功能。

　　母体循环的血液经过子宫动脉的分枝传送到胎盘内部，胎儿经两条脐动脉将血液送达胎盘，并且经过脐静脉接收氧化血液及养分。它们是脐带内循环的三大血管。当收缩时，送到胎盘的血液氧合作用会因通过子宫肌肉的动脉压而减少。一般来说，这样的情形不会对宝宝产生任何不良影响，因为宝宝已准备好承受较低的氧气量了。但是，有些比较虚弱的宝宝可能会出现缺氧的状况。

胎儿产出

当子宫颈打开到最大程度时，就开始第二产程了。现在胎儿已经完成下降、翻转和脱离的动作，即将产出。在正常的情况之下，这个阶段的时间长度为 30 ~ 45 分钟。这个阶段需要母亲更大的专注力与更大的力气才能完成。

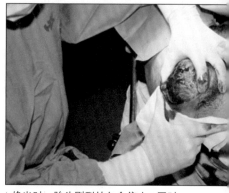

▲ 娩出时，胎头剧烈转向会停止，同时保护会阴，以避免撕裂伤的产生。

◀ 胎儿的头顶露出，阴唇半开。助产士轻轻按摩阴唇，以帮助其打开。

第二产程的推挤

当胎头下降时，产妇会感觉到会阴部的压迫，而引起推挤的迫切需求，称之为"强烈推挤"，这是一种因肛门挤压而引起的反射反应，促使孕妇用力挤压腹部肌肉，帮助子宫将胎儿推出。这时候应该保持镇静，但是必须保有活力和效率。所以，生产准备动作是很有用处的。

推挤的有效技巧

推挤的技巧没有任何困难度，它其实是一种本能。基本上，就是配合收缩的时间用力。当开始收缩的时候，做深呼吸以增加含氧量。屏住气息以使横隔膜定住不动，同时腹部缓慢且持续性地用力挤压，尽量忍住，此时应暂时停止呼吸。这么做了之后，如果还是继续收缩，可以再快速呼吸数次，然后再用力推挤。比较有效率的秘诀在于尽量将所有力气集中在会阴，就像要解大便一样。助产士可以在旁指示推挤的开始和结束时间。父亲此时扮演一个重要的支持角色。如果他能够固定产妇的头部，以湿毛巾让她保持清凉，以及帮她搧风，将可大大地帮助生产。但是，最重要的是给予她在如此辛苦的时刻当中所需要的最大鼓励与爱。

第二产程的协助

当宝宝的头顶突出到会阴部时，医师或助产士已做好协助出生的准备了。最常运用的姿势称为妇科姿势，也就是产妇躺在床上，双脚分开放在脚凳上。虽然这并非推挤的理想姿势，却可让协助人员的工作进行得更顺利。目前有几款倾斜产椅，可让产妇维持一种比较自然的姿势，并有助于医师执行助产的工作。医护人员会以导管清空产妇的膀胱，因为到了这个时候，产妇通常无法解尿了。以无菌布隔离阴部，并加以消毒。妇产科医师此时会评估每一次挤压之后下降的情况，并且协助阴唇扩张。

保护会阴

当胎儿开始娩出时，阴唇会大幅度地膨胀。医师会根据阴唇的弹性，特别是是否有生产经验，以评估阴道容量。通常阴唇系带膨胀的情形会比较明显，在这个时候，医师或助产士将会稍微放慢胎头挤出的速度，以避免其突然转向。因为如果发生突然转向的情形，不只对胎儿本身有害，也会造成阴唇的撕裂。会阴切开术的进行正是为了避免撕裂的可能性。此外，为了避免并发症，虽然会阴切开术并不是完全必要的，但医师仍会做这样的处理。

会阴切开术

在许多情况之下，会阴切开术是有用的。它是在会阴中间或旁边切割，如此可使阴道出口加大，避免会阴的撕裂伤口延伸到肛门、尿道或是阴蒂。如果产妇没有接受硬膜外麻醉，则进行局部麻醉。大多数产妇几乎不需进行会阴切开术，但是，有一半以上的初产妇是需要做会阴切开术的。不用害怕，因为如果正确执行这道安全的程序，它是无痛的，会缩短第二产程，同时避免撕裂的风险。经仔细缝合伤口之后，将可使会阴部完全复原。

出生

母亲继续用力推挤，有时助产士会轻压子宫底，支撑产妇的上臂以从旁协助，此为所谓的胎儿压出法。如果力度控制得当，将有助于生产。助产者帮助胎儿做外翻转的动作，以调整手臂的姿势，并且轻轻向下拉，以帮助前一只手臂从骨盆脱离，之后再拉下另一只手臂，紧接着就是宝宝的全身。欢迎宝宝的降临！

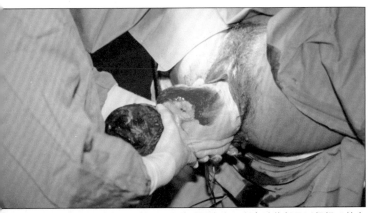

▲肩膀出来之后，宝宝的身体随即产出。所有动作都是以很轻柔的力道完成的。

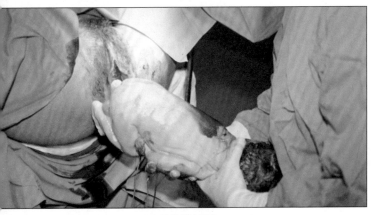

▲婴儿已经产出，现在就等推出胎盘了。

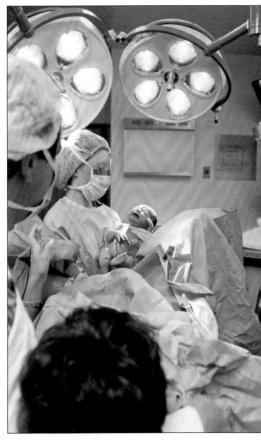

▲此时的神奇感受是不可言喻的。母亲见到宝贝的第一眼充满了欢喜。

产后期

产程尚未结束，因为紧接着还有产后期。从宝宝出生到胎盘和羊膜产出，都称为产后期。不过，产妇的工作已经做完了，因为接下来的过程是自然进行的。她现在的注意力全在刚出世的宝宝身上。终于出生了！医师将一个颤抖的小身体放在妈妈的手臂，此时的愉悦感是无可言喻的。疼痛已经消失了，不需再用力了，而疲倦又满足的新妈妈知道一切都值得了，而她的生命也因此多彩多姿了。

第一次的接触

许多医师选择不拖延这个时刻，于是在宝宝一出生，马上就把他放在母亲的腹部上，而剪断脐带和后续的动作都可以稍后完成。如果宝宝出生时没有胸部凹陷的情况，那么他将独自开始正常呼吸。最大的好处在于他的第一眼和第一次身体的接触都是留给妈妈的。

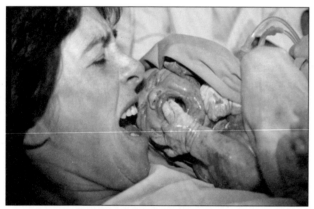

▲ 宝宝和母亲都经历了疲倦的数小时。他们需要一起相处，以传递热和爱。除非宝宝出生时发生了若干绝对必要处理的问题，否则第一次皮肤与皮肤的碰触是很重要的，不可延迟。

迎接宝宝

宝宝出生之后，医师会让他倒立，同时以棉花清洁其口中可能会有的分泌物。以两支夹子闭合脐带，并以剪刀将它切断。新生儿自行呼吸几次之后，随即放声大哭。有时候，这些状况并不会马上发生，因此医师会摩擦宝宝的背部或拍打脚掌来刺激他的反应。轻轻将他口鼻中的分泌物吸出，皮下注射维生素 K 以避免新生儿出血，以抗菌软膏擦拭他的眼睛，预防结膜炎。进行所谓的艾普格检查，以马上了解其产后状况，同时按压指纹，并在手上佩戴小手环，以避免不经意的婴儿调包事件，最后才将宝宝交还给父母亲。

▶ 在这次的生产当中，胎盘尚未剥离。这时，可能会有状况出现，但这些问题目前都可以掌握得很好。

胎盘剥离

在子宫急速排空之后，胎盘即开始自动剥离，而将会在子宫上形成血块（也就是血袋）。这样的血块会促使胎盘逐渐剥离，而胎盘也在强而持续的收缩当中，宝宝出生后的 5 ~ 10 分钟之内被排出。当医师见到暗色血块排出时，即证实胎盘已剥离，于是便可以开始按压耻骨上的子宫，以帮助胎盘娩出，此即为所谓的克莱台氏法。

协助娩出

医师确认胎盘已完全娩出，同时子宫也收缩正常。检查胎盘和羊膜，以确认是否完整。有些医师倾向于静脉内注射催产素以刺激娩出，此即为所谓的导向分娩。如果胎盘产出的时间延后、出血量过多，或是有部分胎盘留在体内，则进行人工分娩。在经过麻醉与适当消毒之后，将整只手穿入子宫以将胎盘剥离取出。如果子宫收缩力道不够强，则于产后几个小时给予静脉注射催产素，以避免因子宫收缩无力而引发血崩。

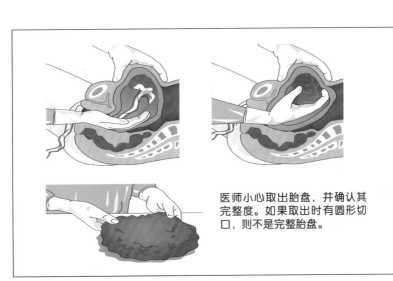

医师小心取出胎盘，并确认其完整度。如果取出时有圆形切口，则不是完整胎盘。

⚠ 产后出血

足月的子宫，也就是生产前的子宫会接收到从心脏送出的大约 1/5 的血液量，相当于每分钟 1 升以上。胎盘剥离时，子宫内部有部分流血的区块，如果再接收到血液，而子宫又未进行产后的收缩安全机制，则会引发大血崩。肌肉纤维会阻断通过的动脉，抑制出血。如果这个机制没有启动，可能会出现危险的血崩。

造成产后出血的三大主因是子宫收缩迟缓无力、胎盘滞留与子宫外翻。当子宫收缩迟缓无力时，子宫可能因疲软或松弛过度（例如双胎胎时），而无法适当收缩。而胎盘滞留则是胎盘无法排出，或只是部分剥离。至于子宫外翻，翻转的子宫底向外排出，就像袜子一样。幸运的是，目前有若干方法可以有效解决这些并发症。

医师诊疗室
自然分娩

有人告诉我,在开口期最好吃点东西。但是,我觉得那并没有意义,尤其是之后他们又必须帮我灌肠。

宝宝需要不间断地通过胎盘从母体吸收葡萄糖。即使是在未进食的情况之下,孕妇快速的新陈代谢亦可借助于消耗储存物质而持续进行这样的能量供应。但是,这些储存物质也有一个底限,一旦超过底限,孕妇就会开始消耗脂肪以维持能量的供应。而当开始消耗脂肪之后,便会造成血液当中丙酮的增加,最后可能导致血糖降低。因此,建议孕妇不要空腹过久。此外,在开口期的情形亦相同,因为收缩本身会加速消耗,尤其是能量的消耗更加明显。

我曾阅读过一篇报道,提到子宫颈最大可以打开 10 厘米,是所有妇女都是如此,或是依宝宝的大小或母亲臀部的宽度而有所不同呢?

子宫颈完全打开的程度刚好可让胎头通过,因此符合头围。足月时的胎头最大直径大约是 10 厘米,因此,恰好符合完全开口的 10 厘米。然而,这只是通过内诊所取得的大约测量数据。此外,如果胎儿小很多,例如早产儿,那么可能在子宫颈未完全打开前即产出。

最近我听人家说,出生时取得脐带血,其具有很重要的功用,而脐带血究竟有什么功能呢?

脐带血内有母亲的细胞,可以转换成各种人体的细胞。但是,目前最重要的部分是周围血液干细胞,也就是血液所有细胞元素的出处:红细胞、白细胞和血小板。其主要是治疗某些如白血病等血液疾病,取代传统的骨髓移植。脐带血的取得很简单,因为只需要收集部分的血液即可,而过去这些血液通常会随着胎盘被丢弃。取得的脐带血可以无限期保存在专门的银行当中,保持在最佳的冷冻状态,以便日后使用。如果脐带血可以在未来治疗宝宝的疾病,这样的应用就很特殊:因为通常是由 1 000 人中的一位将它运用来治疗白血病或其他等待相容血液捐赠的癌症患者。

助产士很重视我的丈夫在产房的陪伴,而且我也很想和丈夫分享这样的经验,可是,他是个性偏向忧郁的人,而且只要看到血就会头晕。我们该怎么办呢?

对于任何一位父亲来说,目睹孩子的诞生都是一个难忘的经验,所以不该剥夺他们的权利。此外,在如此重要的时刻,他们也将扮演情感支柱的重要角色。对于多愁善感的男人来说,这实在是一个大问题。但是,如果可以建立他们的信任感,并且向他们解释清楚整个流程,他们很可

能是第一个将平静传达给另一半的人。他们肯定不会后悔待在产房当中。总之，比较敏感的人可以坐在床头，从那里绝对看不到任何造成冲击的画面。不过，另一个很特别的状况是剖宫产；在手术室里，必须遵守一连串的消毒法则，医疗团队中的每个人都有确定的功能，因此必须要能够灵活动作。父亲在场只是一个累赘，对他来说，这也不会是愉快的体验。

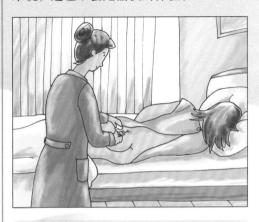

我曾读过一篇文章，提到在某些文化当中，产妇是蹲着生产的，这样的生产时间比较短，真的有一种比较好的生产姿势吗？

最好的生产姿势就是打开大腿，在腹部稍微弯曲，因为这样的姿势可以保持最佳的骨盆打开尺寸。此外，这种姿势可帮助产妇收缩腹部肌肉发力。蹲姿具备所有这些优点，普遍应用于许多技术落后的文化，例如撒哈拉沙漠以南的许多非洲地区。不过，其最大的缺点是，这种姿势无法在第二产程方便医师或助产士协助生产，因此不能保护会阴，可能比较容易导致撕裂伤。现在有些可横躺的生产椅，以帮助采取类似蹲踞的姿势，有助于医护人员触摸会阴部。

我的髋部很窄，当我生产时，是不是一定要剖宫呢？

髋部的外观并不一定与骨盆环的内容量相等，只有通过妇产科检查才能得知骨盆的特色。而且，除非是特别的窄，否则很难预测是否可进行阴道分娩，因为不只与容量有关，也要看胎儿的大小与姿势，以及收缩的效率而定。

邻居建议我不要做任何的麻醉，因为麻醉药也会传送到宝宝身上而影响他的健康。试问如果麻醉的话，宝宝也可能睡着出生吗？

硬脊膜外麻醉不会有这样的情形发生，因为麻醉药剂不可能输送到胎儿的血液当中。但是，如果使用静脉注射麻醉剂，以让患者在第二产程睡着，就可能会有胎儿睡着出生的情形发生。即使试着平衡剂量，将对宝宝的影响降到最低，他们出生时还是会比一般宝宝的睡意更浓，也因此比较难开始做头几次的呼吸。这类的麻醉剂已经不再使用于阴道生产了。如果能够正确运用硬脊膜外麻醉技术，绝不会对新生儿造成任何负面的影响。

我前一个儿子生产的时间很短，而当时的疼痛对我来说是完全能够忍受的。当我下一个宝宝出生时，会发生类似的情况吗？

最可能发生的状况是第二次的生产与前一次类似。除非两次怀孕的胎儿体重有很大的差异，否则第二次生产甚至会比第一次来得容易。有些产妇拥有良好的骨盆生理结构（有助于开口）与强而有力的腹部肌肉，这些因素都会造就很简单、顺利的生产过程。有了第一次的生产经验之后，您将成为这些顺产妇的其中之一。

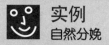

实例
自然分娩

呼吸运动与积极的准备

佳曼是两个孩子的母亲，大的 4 岁，小的才出生几天。第二次生产与第一次很不一样：卡门比较有经验了，且从产前卫教的课程中所学到的知识也对她帮助很大，呼吸练习尤其有效。两次生产的娩出期都很长，虽然到最后都没有任何并发症产生，但是，当她的第一个儿子牛牛出生的时候，她很疑惑，不知道会有什么样的事情发生。第二个儿子龙龙出生时，情形就很不一样，因为她已经能够很积极地参与了。当她用力产出宝宝时，她将注意力集中在整个节奏和本身呼吸的力道。她感觉自己正以意志引领儿子的身体脱离她的肚子。她所感受到的疼痛感没有那么强烈，因为她把所有的想法都集中在产前卫教中所教导的规律性呼吸了。佳曼感觉自己甚至没那么累，因为她推挤的节奏都与吸气和呼气配合默契。此外，呼吸运动也是与另一半沟通的一种方式。当他要她喘气，而她也专注将所有的力气做这样的动作时，他们所说的语言是相同的。

总而言之，她成功地将注意力集中在对生产有益的事物上，不理会疼痛的感受。她可以意识到身体的感觉，也很高兴能够掌控自己身体的机制。

丈夫在生产当中提供的帮助

当我太太怀孕的时候，我们做了约定，除非是最后一刻出现了阻碍，否则我一定全程陪产。虽然我一到了医院总是多愁善感，但我做了自我心理建设，希望将儿子出生这件事变成共同分享的一个经验。我也想参与生产，给予太太支持。

在开口期，我集中注意力在安抚她的情绪，按摩她的背部，以缓和她的疼痛。有时候她觉得我的抚摩很舒服，有时候又叫我不要碰她。因此，我趁机对她说些温柔安抚的话。我们已经到了最后的阶段，没有什么好害怕的。

到了产房，一切都进行得很快。当她开始推挤的时候，我帮她擦汗，鼓励她继续推挤。她半躺着，助产士递给我几个枕头，放在她的腰部下方。我感觉我们曾在同一个时间点喘气，我发现自己也在流汗和推挤。最后，当宝宝的头从会阴部露出来的时候，我拿镜子让她看儿子的样子。光是看宝宝一眼，就足以深深地鼓励她，重新让她有力气继续生产。宝宝的整个身体紧接着出现了。

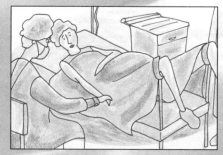

医师们把我们的儿子放在我太太的肚子上，还让我剪断脐带。那是一次难忘的经历，我也觉得自己很有用处，因为我与太太共同分享了儿子的诞生。

生产的医疗协助

　　某些情况可能需要特殊的协助，例如母亲或胎儿的数种疾病而造成引产的必要性。当多胞胎生产以及臀位、脐带、胎盘或是胎位异常时，通常会进行引产。最后，所谓的产程停滞，也就是产程进展不正常，需要医师特别的介入，而医师将决定处理的步骤。

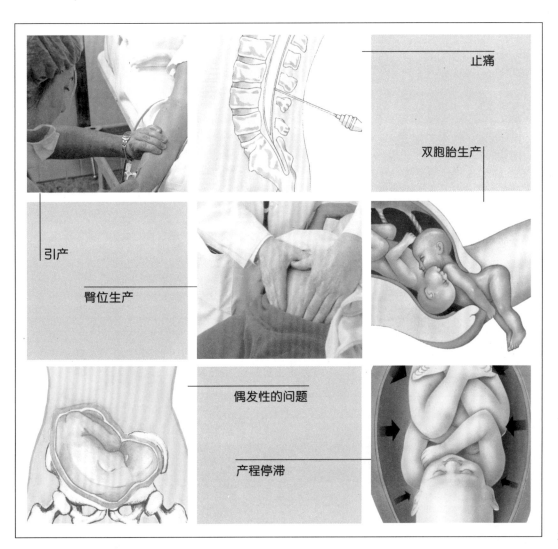

止痛

双胞胎生产

引产

臀位生产

偶发性的问题

产程停滞

引产

　　开始生产是一种自发性的现象，但是却常常必须以人工的方式启动。目前有若干安全有效的引产方式；然而，可能会有一些缺点。

妊娠终止象征

　　有时候当数种状况同时发生时，最好能在自然足月前就终止妊娠。这些问题皆与胎儿、母亲或二者有关；例如，可能会有胎儿畸形的状况，其最好是在母亲子宫外治疗，或是胎盘功能不足，影响胎儿接收氧气。有时候母亲也可能会有某些疾病因为怀孕而恶化，或诊断出前置胎盘，一流血就会危急母亲和孩子。

　　不论状况为何，终止妊娠的决定应该加以权衡，评估好处与风险，特别是当决定在胎儿成熟前即终止妊娠的时候。即便有新生儿科重要的进展，早产仍是一种高风险的情况。所以，引产的决定一定要有所根据，并以适当的方式告知准父母亲。

引产象征

　　在某些个案中，引产的动机可能出自考虑母亲或胎儿的健康出现危机而紧急进行，其中一例就是胎盘剥离。在这些状况之下，只需即刻取出胎儿，因此必须紧急剖宫。

　　有时候，例如严重的高血压或是提早破水，仍有足够时间进行终止妊娠。当这些情况发生时，可衡量阴道分娩的可能性。如果没有任何禁忌征象，而胎儿也能忍受收缩，即可考虑引产。通过检查确认子宫颈的成熟度（缩短与开口），以决定是否可成功引产，或是最好进行剖宫生产。

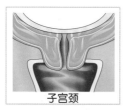

子宫颈

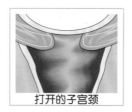

打开的子宫颈

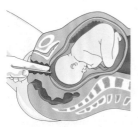

◀欲评估阴道生产的可能性，应该以内诊检视子宫颈的状况、了解期缩短与打开的程度。羊膜切开术，也就是直接穿刺羊膜囊，是最常运用的引产方法之一。

▲有些产妇因医疗因素，必须进行引产。如果曾经期待自然生产，那么这种状况可能会让人失望。但是，如果这是为顾全母亲与胎儿健康的最佳选择，那就应该接受事实。

引产程序

理想的程序应该要尽可能忠实于自然引发生产的机制。但是，由于这些程序仍然不够完全清楚，应该运用物理性或药理性的资源，以产生与自发性收缩类似的子宫收缩。

羊膜切开术是最古老的物理方式，其原理为以人工穿刺的方式破水。现今医师通常会选择药理解决方式；可通过静脉注射催产素（收缩激素），剂量逐渐增加，直到生产机制启动为止。前列腺素 E2 制剂是一种涂抹于子宫颈内部的胶状物，可以同时软化子宫颈与启动收缩。

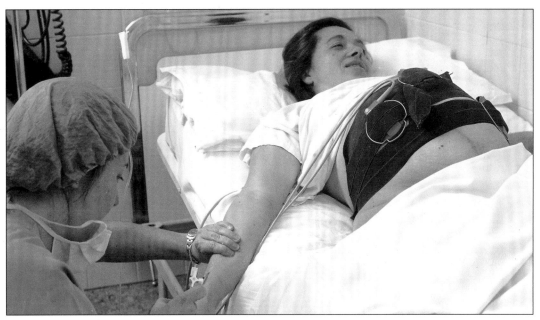

▲静脉内的催产素剂可引发子宫收缩，应该在监控之下以一种灌注系统进行，以避免剂量过高，而造成对胎儿有害的高张力（收缩过度）。

引产的风险与缺点

这些引产程序通常用处很大，但也不是完全没有引发并发症的可能。如果催产素或前列腺素剂量过高（剂量逐渐增加，直到达到期望的效果），子宫收缩过度，少了每次收缩之间的松弛，那么可能会造成胎儿窒息，甚至是子宫破裂。

当子宫颈未完全做好准备即启动收缩的话，将拉长开口期的时间，而造成母亲与胎儿的疲累。因此，只有在必要的时刻，才能进行引产。

⚠ 不当引产

有时候，子宫颈的成熟度足以进行引产，让母亲在计划下生产，并且避免惊吓与急产的风险。

只有在怀孕超过 38 周，且预知生产过程将快速简单的情况下，才能进行引产。然而，有些医师会受到产妇或其家人的期望，或者是不能坦诚的理由，例如摆脱产妇而去度假等动机，而进行不当引产。但是幸运的是，这类的医师已经越来越稀少了。如果不是基于医疗动机而计划进行自愿引产，那么应该为母亲着想。在这个前提之下，应该严守前述标准，并且应与产妇坦诚沟通之后才能决定是否引产。

止痛

当剖宫或手术生产时，外科程序上一定要进行麻醉。而即便是采取自然生产，仍旧会产生疼痛。最好是在不改变生产机制、亦不对新生儿造成危险的情况之下，提供产妇一个舒适的生产方式。此外，最理想的做法是让产妇醒着体验生产，以主动的方式合作，又不感受到疼痛。幸运的是，现今的局部麻醉技术，特别是硬脊膜外麻醉，已经能够提供上述所有的好处了。

▶吸入氧化亚氮是最古老的麻醉方式之一。

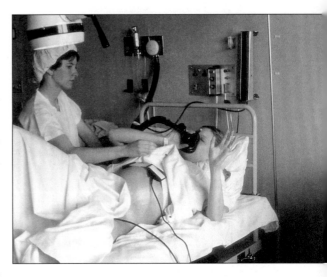

扩张初期的止痛剂

当进入生产活跃期，而收缩开始变得折磨人时，可施用具有全身性效果的止痛药减缓疼痛。不应使用消炎药，因为除了效果有限之外，还会影响子宫收缩功能，有时候还会导致血崩。应该使用短效的吗啡副产品，例如哌替啶。哌替啶通常会与一种称为易宁优锭的镇静剂共同使用，而易宁优锭还有止吐的效用。这些药物可有效止痛与镇静，不会影响到胎儿。

吸入性止痛药

氧化亚氮是一种止痛气体，内含 50% 的氧气，在收缩时以喉罩施用，除了可去除疼痛之外，同时能够暂时催眠，不会让母亲完全失去意识，亦不会对胎儿造成影响。

硬脊膜外麻醉的优点

硬脊膜外麻醉因其效率与安全性，而被认为是产科止痛的一大进步。其用法为将一根极细的小管子，也就是导管，经过穿刺脊椎，以插入腰椎的硬脊膜内部空间。药物可通过导管注入，所注射的通常是局部麻醉药，以阻断穿过硬脊膜以传输痛感至脊髓的神经。由于是局部作用，故所需剂量很低，没有全身性的副作用，亦不会改变意识的程度。由于未将导管拆除，故可以注射新的剂量，以延长所需的时间。

硬脊膜外麻醉的缺点

硬脊膜外麻醉的缺点不多；脊椎伤害或椎管出血的风险几乎是零，但是，如果患者有凝血的问题，那么就不可施用。当贯穿脑膜时，可能会造成产后头痛。由于同时对感觉神经和运动神经元产生影响，双脚会无力，而造成产妇移动困难。在第二产程时，由于产妇不会感觉到收缩，因此推挤的效果也会打折扣，而很有可能要使用产钳或真空吸引。

硬脊膜外麻醉的程序

硬脊膜外麻醉可在进入产程以及收缩有规律并且收缩强烈时施用。事先必须静脉注射至少 1 升的点滴，以避免在阻断自律神经之后造成血压降低。刺入时一点也不痛。首先以细针插入背部的皮肤，以做局部麻醉，并且通过这个麻醉的区块，以一支较大口径的针插入脊髓。患者必须维持不动，尽量弯曲背部，以利于麻醉的进行。

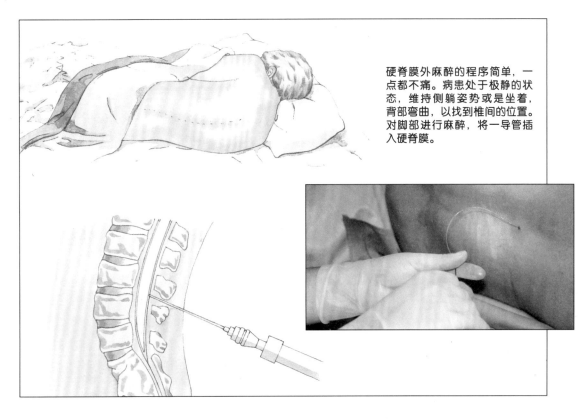

硬脊膜外麻醉的程序简单，一点都不痛。病患处于极静的状态，维持侧躺姿势或是坐着，背部弯曲，以找到椎间的位置。对脚部进行麻醉，将一导管插入硬脊膜。

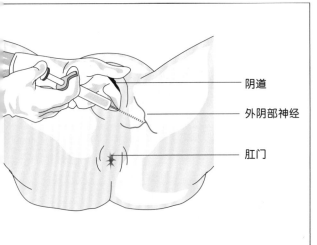

- 阴道
- 外阴部神经
- 肛门

▲ 如果无法做硬脊膜外麻醉，阻断阴部神经将是一个良好的选择，因为不只可麻醉外阴部，同时可松弛这个部位的肌肉。

其他局部麻醉程序

当无法做硬脊膜外麻醉时，亦可将局部麻醉剂从生殖器附近的阴部神经注入，以减缓疼痛。找到阴部神经的位置之后，即从阴道内部刺入。这种方式不会使阵痛消失，却可让外阴部和会阴大范围麻醉，这在第二产程时是很有用处的。另外，也可以在进行会阴切开术的部位灌注局部麻醉剂。

ℹ️ 硬脊膜外麻醉新知

最近的若干贡献已改善了硬脊膜外麻醉的效率与安全性了。所谓的"能行走的硬脊膜外止痛术"是一种未做动能阻断的麻醉技术。结合数种药物，可让病患散步和自由行动。自控式麻醉剂则是通过一套自动系统持续注射低剂量的麻醉剂，亦可让病患本身依需求自我注射额外的剂量。

臀位生产

　　臀位生产发生的概率介于 2% ~ 4%。通过阴道协助生产，具有引发一连串并发症的风险，少数可能会增加新生儿死亡的概率，以及神经性后遗症与脑性麻痹。这个事实导致医师的态度改变，有越来越多的医师倾向于选择以剖宫产解决大多数臀位的个案，但并非全然以相同的方式处理。

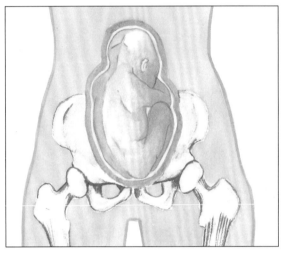

▲臀位胎儿坐在骨盆环上，这是一种早产儿的常见姿势。

原因

　　头位是最普遍的胎位，因为这是最适合胎儿在子宫内部空间的姿势；而臀位因双臀再加上双脚交叉则会占据子宫底较大的空间。然而，有若干因素因身体空间的关系，可能会让胎儿最后变成坐在骨盆上。

　　在这些因素当中，尤以子宫畸形、大纤维瘤（子宫良性瘤）、若干胎儿畸形，如水脑症或头部增大、前置胎盘（胎盘组织位置异常过低）或是子宫内部羊水过多等最为重要。

▼臀位生产的主要问题在于胎儿体积最大的头部将是最后产出的部位，因此在下降和产出的过程当中，可能引发严重的头部滞留现象。

◄医师以触摸腹部与内诊的方式检测臀位。如果仍有疑虑，则以超声波扫描。

臀位生产机制

胎儿臀部会嵌入、下降、翻转和脱离，就像在正常生产中头部的动作一样。这些动作对臀部来说相当容易，因为胎儿骨盆直径比头部小。胎儿腹部都已经产出了，可是也才刚开始而已，因为最困难的部分还在后头。肩膀以横径或斜角的直径进入骨盆，然后下降及脱离，而在这个时候头部常会卡住。

可能的并发症

变形幅度最小而体积最大的部分最后产出，其所代表的意义通常是最大的风险。嵌入的姿势不正，或者是偏离子宫颈都可能造成头部卡住。由于脐带受到挤压，供氧能力急速减弱。就另一方面而言，促进产出的动作可能使脊髓和子宫颈神经伸直，而产生极大副作用。

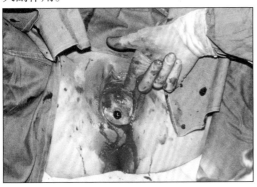

▲当决定通过阴道进行臀位生产时，一定要由经验丰富的医师在医疗院所协助，如此方可解决可能出现的突发事故。

臀位生产协助

在进入产程之前，医师经过触摸腹部与超声波检查，即可清楚了解胎位。当子宫颈已微开时，可通过内诊轻易诊断出臀位。到了这个时候，应该已经决定好生产的方式了。如果是初产妇，而胎儿比较大、骨盆中等或偏小，就一定要选择剖宫产。至于其他状况比较好的个案，有些医师还是会继续通过阴道做臀位生产，但是剖宫产已经越来越普遍了。如果进行阴道生产，一定要把风险考虑在内，而且一定要在医院中取得必要的协助。必须持续追踪胎儿的状况与产程、了解臀部与头部的位置。到了第二产程，一连串的胎儿位置矫正可帮助头部正确、轻柔地嵌入、下降与脱离，以避免受伤。会阴切开的面积一定要大一些，有时候还会在胎头上使用特殊的产钳。

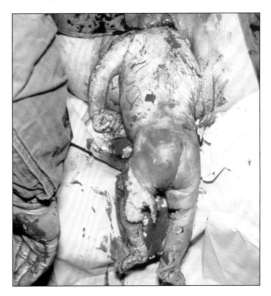

！臀位生产：我该担心吗？

有半数以上介于6～7个月之间较小的胎儿是处于臀位的姿势，这是因为他们还没有翻转。在最后一个月之前，都可能发生姿势的改变。所以，在那之前，都不须担心。自36周起，通常不会有自行翻转的可能性了。有一位医师提供了另一种选择性，那就是进行外翻转，也就是从子宫外部试图以一种特殊的按摩技巧翻转胎儿。如果使用得当，这种技巧经证实是安全又有效的。

双胞胎生产

随着不孕症治疗个案的不断增加，双胞胎甚至是三胞胎怀孕的数目也明显地提高了。这些疗法进行诱导排卵，因此常常不会如正常状况之下所形成的单一卵母细胞。这样的现象可能造成双受精作用与双胞胎怀孕。虽然胎儿比较小，但却比较容易早产。双胞胎生产集结了容易让胎儿遭受并发症的多个特性。

▼在最近几年当中，因不孕症治疗的大量化，而使得双胞胎怀孕的个案明显增加了。在这些个案当中，早产和体重不足的情况很多。

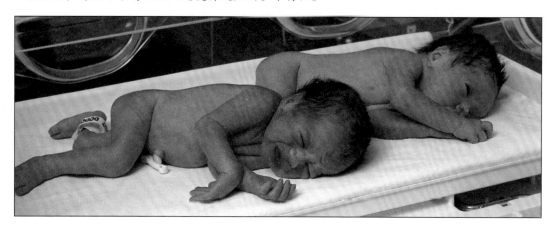

双胞胎生产的特性

多胞胎生产具有风险，因此必须以若干特殊方式监控。首先，双胞胎通常早产和体重不足；其对生产收缩的耐受度亦可能有所改变。而在生产当中，当生产节奏缓慢下来，或是在娩出期子宫过度扭曲，并不能完全执行如单胎怀孕那样有效率的收缩功能。根据不同的胎位，在他们之中可能存在着空间的冲突。此外，第二个胎儿的生产还会增加一些额外的风险。

胎儿的位置

双胞胎会在子宫内部尽可能地调整位置。在将近50％的个案当中，胎儿是呈现头部向下的姿势。而第一个呈现头位，第二个臀位或是横穿（横位）的例子也很常见。胎儿在怀孕后期的位置是决定生产方式的关键。通常是依据第一个胎儿的胎位，因此所有头位的个案都会暂不考量第二个胎儿的胎位，而尝试阴道生产。但是，如果第一个胎儿是臀位，那么最后头部要产出时，就可能因受到另一个胎儿身体的干扰而有危险。因此，在这样的情况之下，建议进行剖宫产。

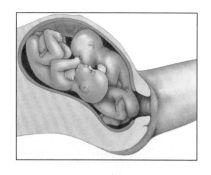

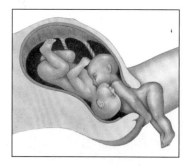

◀生产方式是依据胎位决定的。如果第一个胎儿是臀位，那么他的头部有可能因与另一个胎儿碰撞而无法产出，最后造成潜在性的危险。

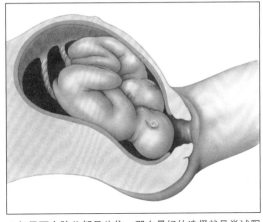

复杂的双胞胎生产

某些状况在一开始就迫使以剖宫产收尾，例如共享羊膜囊的三胞胎或双胞胎。有时候是因为第一个胎儿产出之后，第二个胎儿的身体变成了横位的姿势。医师的处理方式可能是进行外转术，也就是从外试着翻转胎儿，或是一种最古老、有效或复杂的手法，称为内转术及拉取术，也就是在麻醉的状态之下，将一只手伸入子宫当中抓住胎儿的脚，以拉扯的方式翻转，并将其完全拉出。如果无法这么处理的话，那么另一个选择性就是以剖宫方式取出第二个胎儿。

▲ 如果两个胎儿都是头位，那么最好的选择就是尝试阴道生产。在第一个胎儿产出之后，第二个胎儿通常就没什么问题了。

开口期与生产监控

由于常会有产程迟滞和胎盘功能不全的问题，因此在生产过程当中，必须对两个胎儿进行监测。然而，这样的方式是有其困难度的，因为必须分别纪录胎儿心律。开口进度通常会因收缩力量较弱而减缓。

第一个胎儿生产

与单胞胎生产的区别性不大，只是要留意另一个兄弟还在子宫里面而已。不可挤压子宫底，推挤的力量也应该加以控制。此外，应该监测收缩时的供氧能力是否正常。在第一个胎儿完全产出之后，夹住并切断脐带，让它悬挂着，因为在第二个胎儿产出之后，两个胎盘才会一起产出。

第二个胎儿生产

第二个胎儿具有比较多的并发症风险，他甚至必须在崁入骨盆之前，就承受其兄弟在第二产程时的收缩。在第一个胎儿产出之后，子宫通常会很松弛，收缩频率与力量也随之下降。医师确认第二个的位置，从外协助其头部崁入。做破水的动作，小心不让任何脐带圈排出母体外，同时注射催产素以刺激收缩。医生通常倾向于使用产钳以缩短双胞胎的产出时间。

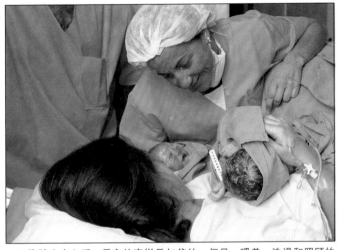

▲ 双胞胎生产之后，母亲的喜悦是加倍的。但是，喂养、洗澡和照顾的工作也是双倍的。所以，从生产的当下开始，她就需要获得所有可能的支持。

偶发性的问题

如果通过阴道进行臀位生产，将会有风险。当在怀孕期或胎儿、胎位和脐带出现异常状况时，即无法进行阴道生产了。在这些状况之下，几乎就只能采取剖宫生产。而我们也将于以下提供解释。

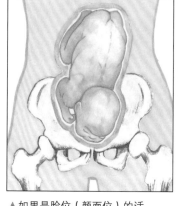

▲如果是脸位（颜面位）的话，只有在少数的情况下，才能进行阴道生产。

斜位及横位

当胎位是斜位或横位时，胎儿在子宫内是维持横向的姿势，那么就只能做剖宫生产，别无他法了。当有斜位或横位的情形发生时，胎头并未固定在子宫下方，这通常是因为产妇具有一种子宫良性肿瘤"子宫肌瘤"，或是子宫畸形或有前置胎盘的情况所造成的。也可能是因为具有多次生产经验的产妇，其子宫已松软变形了。

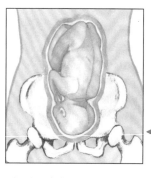

◀中间倾斜的胎头会形成额位，而无法进行阴道生产。

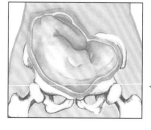

◀横位或是斜位完全无法以阴道生产，而必须即刻进行剖宫生产。

偏向胎位

有时候即使是头位，也会有弯曲姿势不正确的情形发生，也就是斜靠在身体上，而以多变的延伸角度进入骨盆。如果是处在中间位置，也就是额位，头部的直径比骨盆直径要来得大，那么就必须剖宫生产。如果弯曲的幅度已达极限，胎儿的最下方部位会是脸。当胎儿下巴位在前方，正处于耻骨下方，那么就可以耻骨为支撑点产出，而脸位（颜面位）生产就具有可行性。因弯曲而脱离：首先产出下巴，接着是嘴巴、鼻子、眼睛和额头，胎儿向上看。在这些状况之下，胎儿脸部红肿会非常明显；但是，那是暂时性的，不会留下任何外观上的后遗症。如果脸位是胎儿面向母亲的后背，会有产程中断的状况，于是必须通过剖宫产来解决问题。

前置胎盘

前置胎盘是胎盘与子宫的接触面位于子宫下方，完全或部分盖住子宫颈口。由于前置胎盘会造成出血，所以这个问题通常在孕期即可诊断出来，或是通过超声波发现。

前置胎盘不可能进行阴道生产，因为胎盘会将出口盖住。一旦最下方的部位脱离，就会因该部位丰沛的血液流量而引发血崩。一经证实有前置胎盘的问题，即不可内诊，因为可能会引发出血。

◀盖住子宫颈的前置胎盘会在子宫颈扩张时引发血崩。此为剖宫产的适应证。

脐带异常

有些异常短小的脐带在胎儿脱离的时候，可能会承受许多压力，因此造成血液循环不良。过长的脐带容易发生脐带绕颈的情况，称之为颈背带。脐带结是胎儿在子宫内动作过于夸张所造成的，通常不会有什么问题。但是，如果去挤压它，则会引发致命性的胎儿窘迫。幸运的是，这种意外很少见。

▶胎儿颈部或其他部位的颈背带极为常见，如果不是很紧的话，通常不会有什么问题。

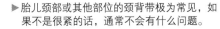

脐带脱垂

如果在破水之后，脐带先行从阴道滑出，那就称为脐带脱垂，可能会受到胎头的挤压，而造成脐带循环中断，危急胎儿的生命。脐带脱垂是产科的紧急事件，需要即刻进行剖宫生产。幸运的是，这种情形很少见，因为嵌入的胎头可避免脐带往前移动。但是，如果是臀位、斜位，或是在双胞胎生产时，第二个胎儿的羊膜囊破裂的话，就可能会发生脐带脱垂的情况。

◀脐带脱垂是一种产科紧急状况，必须即刻进行手术处理；否则，脐带血流一旦中断，将造成胎儿的死亡。幸运的是，这是一种不常见的并发症。

▼超声波可帮助研究胎儿的生理结构，并且针对胎盘、脐带与羊水进行评估。

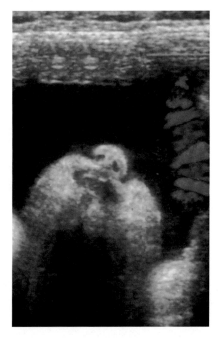

产程停滞

　　当产程停留在其中一个阶段时，就是所谓的产程停滞；在开口期或娩出期的任何时间点都可能发生。应该仔细分辨缓慢却正常的进展与真正的停滞之间的差别。一般而言，连续两个小时之内都没有开口进展，或是娩出期一个小时之中没有下降进展，就可以认定为产程停滞了。

当正常产程延长时，数小时的子宫收缩就可能对产妇的情绪造成影▶响。在这个时候，精神支柱就成了不可或缺的部分了。

骨盆与胎儿不对称

　　难产泛指所有改变正常产程的情况。骨盆带狭窄，或是产道比胎儿体积小都可能是难产的成因。但是，如果是当成一个相对性概念时，医师们会把它称为骨盆—胎儿不对称。其原因有很多：因软骨病、意外或某些畸形而收缩的骨盆。另外，子宫肌瘤或无法打开的坚硬子宫颈，通常会限制产道的空间。然而，即便一切看似正常，却可能因为胎儿体积无法通过骨盆而产生不对称的状况。这样的不对称会表现在产程停滞。一般来说，子宫颈会缓慢扩张，最后完全打开，但是胎儿却不下降，因为他的头无法通过骨盆入口。

▶母亲的骨盆带是由荐椎和两块髋骨所形成的。骨盆带是一个不具伸缩性的空间，而胎儿也必须从这个地方通过。因此，依据骨盆带的宽度与胎儿的大小，便可决定产程的长短了。

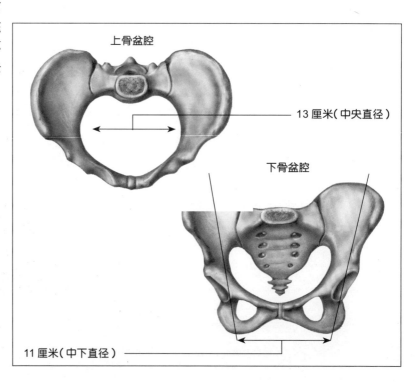

上骨盆腔

13 厘米（中央直径）

下骨盆腔

11 厘米（中下直径）

动态难产

　　另一个造成产程停滞的常见原因是收缩频率、强度或进度异常。一般来说，动态难产有可能是原发性的，由子宫虚弱或过度伸展引起；或是继发性的，因子宫在收缩数小时之后仍无进展的疲累所造成。如果问题只在于收缩强度或协调性不足，那么只要稍加使用催产素就能解决这个问题了。

▶ 动态难产指的是所有阻碍正常产程的任何收缩异常现象。有可能是收缩力量不够或次数不够多，或是不协调，而让开口的工作无法顺利进行。

ℹ️ 我可以做阴道生产吗?

　　有可能事先知道最后是可以阴道生产，或是会因产程停滞而剖腹生产吗? 除非是特别显著的骨盆狭窄或是胎儿巨大，否则，在进入产程之前即预知其过程，确实是会引起多重疑虑的。首先，骨盆的检查并不能很确定，除非是很极端的个例，否则它们之间的区别是很微小的。超声波可帮助了解胎儿大小，但其误差值却又很大。以超声波测量产道的大小是绝对没有用处的。骨盆 X 光是一种可测量骨盆直径的 X 光摄影，然而，它不仅未证实其真实的实用性，却又让胎儿暴露在辐射的毒害当中。所以，只有真正进入产程了，才能做出真实的预测。

翻转难产与下降难产

　　有时候产程停滞会在第二产程发生。在没有骨盆与胎儿不对称的情况之下，由于胎头正处于骨盆腔之内，故未能产生正常的翻转动作与在正常情况下的下降动作。轻度偏离的胎头下降一半时即卡住，面朝前或朝向其中一侧。这类难产有时会以产钳解决。

医师面对产程停滞时的态度

　　在过去，产程停滞所代表的意义是对胎儿和母亲的不确定预测状况。在数个小时的收缩之后，胎儿进入窘迫的阶段而最后死去。如果没有通过阴道将他取出，那么母亲的生命也将发生危险。在经过两三天的生产之后，疲惫脱水的母亲受到感染的概率很高，或有可能因永无休止的收缩而发生血崩的状况。幸运的是，这种现象已经成为产科的过去式了。在不对称的个案当中，理智应用剖宫产拯救了不少宝宝的性命，也不会为母亲增添任何风险。然而，当产程缓慢却正处于渐进时，只要是在正常的参数之下，绝不可因母亲或医生失去耐心而决定剖宫生产。

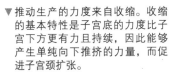

▼ 推动生产的力度来自收缩。收缩的基本特性是子宫底的力度比子宫下方更有力且持续，因此能够产生单纯向下推挤的力量，而促进子宫颈扩张。

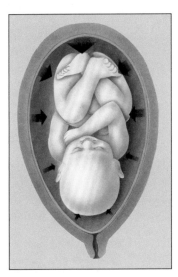

医师诊疗室
生产的医疗协助

经我的医师诊断，已确认我的胎盘功能不足，他计划为我进行剖宫生产，以避免胎儿窘迫。这表示我的生产具有风险吗？

所谓的"怀孕与生产风险"，指的是具有潜在性危险的不正常情况。不要把这些情况解读成令人惊恐的状态，因为即便如此，很可能最后会一切正常化。但是，应该开始进行若干胎儿监测动作，以预先了解宝宝可能遭受的健康困境。至于胎盘功能不足的部分，问题在于正常情况下可为宝宝提供生命支柱的氧气与养分传输功能改变。医师将使用胎儿监测系统，亦即定期监测胎心音，并做超声波扫描以研究胎儿与胎盘循环。医生们最后可能会认为让妊娠继续所造成的胎儿窘迫威胁将超越早产的风险，同时指示终止妊娠。在这些状况之下，唯一的解决方法就是在足月之前进行剖宫生产。

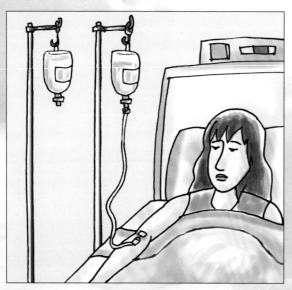

我曾读过一篇文章，提到有时候必须以产钳取出宝宝，可是我不是很清楚它的意思，它可能会对宝宝造成伤害吗？

产钳是一种可夹住胎儿头部两侧的夹子，以执行胎头在产道下降时之翻转与牵引的类似动作。如此一来，即可在必须快速取出胎儿的时刻，加速第二产程的进行。有时候当胎头位置异常时，亦可解决难产的问题。如果以不正确技巧使用这种工具，可能会对胎儿产生严重的伤害，因为会在其头骨上重力施压。但是，产钳的设计正可完全顺应宝宝的头部。如果放置得当，不仅不会造成任何伤害，甚至可以像安全帽一样保护胎儿的头部。

如果医师为了做引产，帮我注射麻醉药和止痛药，我还能积极参与生产吗？

硬脊膜外麻醉最大的优势之一，正是可让母亲积极参与生产。意识程度一点都不受到影响，因为所使用的药物并不对脑部造成伤害。产妇几乎感受不到阵痛，当助产士下达命令的时候，产妇仍能做推挤的动作。除了疼痛以外，母亲参与生产过程的经历仍是完整的。

我太太整个怀孕的过程都很顺利，医生也常说她将可做阴道生产，但是最后却是以剖宫产收场，怎么会这样呢？

进行剖宫生产的指示可能在任何

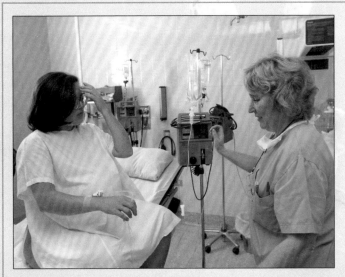

卵双胞胎（单卵的）。早期可在单一胚囊内清楚发现两个胚胎，两个胚胎各有其卵黄囊。

❓ 我曾听说胎儿有可能被脐带勒死，这种意外发生的概率高吗？

发生的概率一点都不高。脐带是胎儿和胎盘之间的联结，内有两条动脉与一条静脉，以双向循环血液，具有提供必要的氧气与养分，以及排出代谢残余物的功能。脐带循环中断可能让胎儿在短短几分钟内即死亡。如果在胎儿的颈部、胸腔或某一个肢体四周形成脐带紧圈，或是在头部和骨盆骨骼之间挤压，可能造成胎儿循环闭塞的情形。这种严重意外发生的概率比想象中要低很多。这是基于两大防护因素：就像床垫般的羊水与包覆脐带血管以预防挤压的氏胶。

的生产时刻提出，有时候是因为事先已经认为阴道生产并不可行，而做了剖宫生产的计划。另外，有时候一开始诊断可顺利进行阴道生产，但到了某一个时间点，却出现产程停滞的现象，有可能是在开口期或下降期，这可能是因为胎头在骨盆内的空间不足。也可能出现胎儿窘迫或胎盘剥离等危急的状况，因此必须即刻将宝宝取出。在这些情况之下，即便事前并未如此计划，也应该即刻做剖宫的决定。不要将它视为缺乏先见之明，因为没有任何方法可以预测诸如此类的并发症。

❓ 我曾经做过不孕症的治疗，医师们告诉我，有时候可能会产生三胞胎怀孕。何时可以知道我怀的不是单胞胎呢？

在最后一次经期过后六个星期（经期慢了两个星期之后），就可以通过阴道做第一次的超声波检查。如果是双胞胎，那时候就可能清楚看到子宫内部有两个胚囊，而每个胚囊里面各有一个胚胎，这就是不孕症治疗之后最常见的双胞胎怀孕。另外也有共享一个胎盘（同胎盘的）的同

❓ 我第一个儿子是臀位剖宫生产，我的第二个儿子也是臀位，可是医师却决定从阴道接生。决定剖宫生产或阴道生产的标准是什么？

不久之前，一般都还认为，只要没有因胎儿大小、骨盆狭小或胎头扭曲或可能引发的并发症，则应通过阴道进行阴道生产。但是，近来对这方面的态度已经改变了，其动机来自一篇刊登于国际知名医学期刊《The Lancet》的加拿大研究报告，内容提到消除所有疑虑，剖宫是臀位宝宝生产的最安全方式。根据这些结果，多数医师都倾向于以剖宫处理诸如此类的状况。

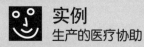

实例
生产的医疗协助

晓薇和脸位生产

　　当晓薇在产房时，医疗团队告诉她，她宝宝的胎位会造成某种程度的生产困难，也就是所谓的"脸位生产"，但又叫她不要担心。她问是否将进行剖宫产，医师告诉她没有必要，因为胎儿的下巴朝前，可以进行阴道生产。她很高兴，因为她想要在完全清醒的状态下体验生产。她只担心会很痛，可是她信任医师，全程听从医师的指示，并在注射硬脊膜外麻醉剂之后感到放松。

　　当宝宝产出的时候，她忍不住表现出高兴的神情，但却又因宝宝脸上明显的红肿而大吃一惊。实际上，宝宝的整体状况是良好的：艾普格检查的分数是8。晓薇很满意，可是却又担心儿子的脸上会留下不美观的后遗症，因为即使已经过了好几个小时，还是又红又肿。她把自己的疑虑告诉医师，医师再一次地安抚她。脸位生产时，宝宝的脸部红肿是正常的现象，但那只是暂时性的。因此，在几天之后，晓薇的宝宝和其他小朋友一样拥有健康的外观了。

阴道生产最后却以剖宫产收场

　　阿丹与荷芳期待生产的到来。他们看了许多书，也上了产前卫生教育的课程，做足了准备。此外，荷芳希望能自然产，不希望注射任何的麻醉剂。当荷芳处于开口期时，阿丹随侍在一旁；帮助她走路，收缩时帮她加油打气，两人很兴奋地进入了产房。事情如预期进行，可是娩出期时间却过于冗长。荷芳再怎么推挤宝宝，还是没有明显地下降。最后，产科医师告诉他们生产已经停止了，也就是所谓的产程停滞，必须进行剖宫生产，以避免胎儿窘迫和母体危险。医师们要求阿丹离开产房，因为如果他待在产房，将造成困扰。

　　当荷芳麻醉后醒来时，阿丹和宝宝已经在房内了，而宝宝的健康状况非常良好。她很快乐，因为可以拥抱宝宝了，但是紧接着却又感受到浓浓的悲戚，因为她并不清楚整个生产过程。她认为是自己做错了什么事，才会让产程停滞了。

　　但是，慢慢地，她发现听从医师的指示也是对儿子一种爱的表现。

生产问题

　　即使多数的生产都没有什么问题，却仍有若干因母亲或胎儿所引起的并发症，因此需要特殊的医疗干预。最严重的问题是因胎儿氧气不足所造成的胎儿窘迫。而有几种母亲的疾病，例如糖尿病，则需要确切的方式处理。剖宫产及产钳等器械的使用，都是很普遍的干预模式，其运用上绝对安全，可使新手妈妈放心。虽然居家生产的发生率不高，但最好能向孕妇解释整个流程。

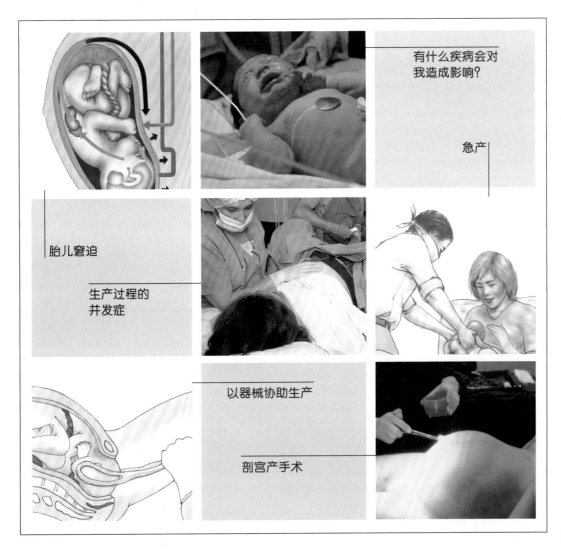

有什么疾病会对我造成影响？

急产

胎儿窘迫

生产过程的并发症

以器械协助生产

剖宫产手术

胎儿窘迫

对于宝宝来说，生产的过程或多或少会造成缺氧的现象。收缩会造成送至胎盘的血液循环中断，但是不需因此而担心，因为宝宝本身即拥有良好的防卫机制。不过当这些防卫机制超载时（还好并不常发生），将发生胎儿窘迫的情形。

胎儿窘迫的定义

胎儿窘迫是一个普通的概念，包含所有与胎儿血液及组织氧气缺乏的相关情况，也就是所谓的缺氧。根据缺氧的程度，比较敏感的器官，尤其是脑部，可能会因此遭受伤害。

胎儿窘迫的影响

脑部缺氧会改变神经元的运作，如果缺氧时间过长，神经元将逐渐死亡。在许多时候，问题仅限定在初生儿的神经症状，不具长期性的影响。但是，在某些很奇特的个案当中，却留下诸如耳聋或程度不同的肢体瘫痪等永久性的缺陷，这些都是脑部伤害留下的后遗症。而在某些极端的个案当中，则会造成痉挛性下肢无力，也就是腿部僵硬的部分瘫痪与程度不等的智能退化。后者常常不如病童说话及脸部表情困难等情况来得明显。

母亲脑垂体会分泌催产素，以刺激子宫收缩。这似乎是胎儿自身启动产程的，因为胎儿成熟的肾上腺会下达指令，以开始子宫的活动。▶

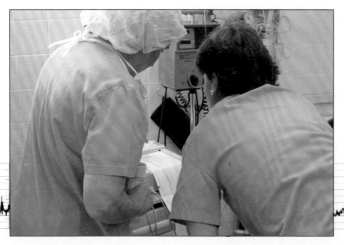

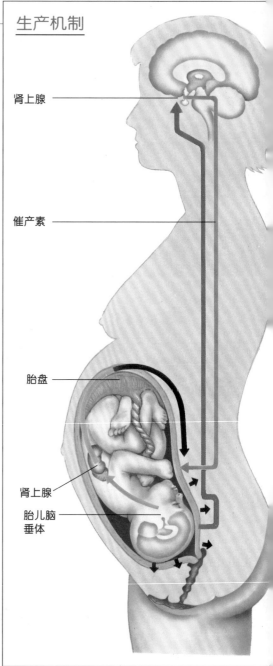

生产机制

肾上腺

催产素

胎盘

肾上腺

胎儿脑垂体

◀产科医生与助产士检查胎儿心跳的图表。图表分析可帮助决定宝宝氧化作用的程度。

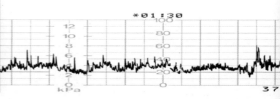

胎儿窘迫的原因

造成胎儿窘迫的原因，可能是胎盘机能不全的胎儿疾病，或是某些如胎盘剥离或脐带脱垂等并发症。收缩过度，也就是所谓的过度活化或是产程停滞的时间如果过长，都可能造成胎儿窘迫。

察觉胎儿窘迫

察觉缺氧状态的最有效程序为胎儿心跳监测，这是在医院生产的普遍做法。如果在显示屏的曲线上出现心律下降的情形，那就应该怀疑是否有胎儿窘迫的情形了。但是，只有在做了胎儿血液的气体定量分析之后，才能确认状况，因为心律的改变常常都只是假警报而已。

▶ 当监测仪上的曲线变得可疑时，院方将在胎儿头皮取一滴血，以做血液气体定量分析。

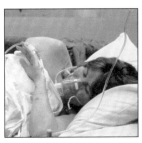

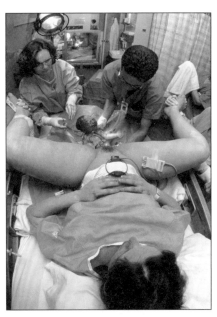

▲ 当有胎儿窘迫的征兆时，疗法则包括母体吸入氧气，以增加通过胎盘送至胎儿的氧气量。

> ### ℹ 胎儿对缺氧状态的适应
>
> 近来的研究已发现，胎儿具有自我保护的有效机制，以防范缺氧的情况发生。首先，胎儿血液中的血色素能够供应给组织的氧气量超过成人的血色素。胎儿心跳比成人快两倍，平均每分钟输送 30 倍之多的血液量，以使所有器官接收到更多的血液。此外，胎儿具有分配血液的能力，可输送较多的血液到最需要的部位，例如大脑，同时减少输送至较具抵抗力部位的血液量，例如肌肉或肠道。胎儿的机制与海豚或鲸鱼承受因长时间浸泡在水中而无法呼吸的机制类似。

经检测有窘迫情形时的应变措施

如果了解窘迫的原因，第一个动作就是补救。如果是因母亲血压降低，则矫正血压

的问题。当发生胎儿缺氧的概率极高，却又无法矫正起因时，例如胎盘剥离，那么剖宫即刻取出胎儿则是最适当的做法。当疑虑来自监测画面上明显的心律改变时，则进行所谓的子宫内复苏术，同时等待气体定量分析报告。子宫内复苏术包括改善胎儿的供氧量：母亲侧躺，以促进静脉循环，吸入氧气，并以药物抑制收缩，以改善子宫内膜血液灌流。

当胎儿分析的结果很不乐观时，最谨慎的态度就是以最快的方式取出胎儿，而这样的方式通常就是剖宫。反之，如果气体定量分析的结果是正常的，那么可以肯定的是，这些状况并不会造成缺氧。如果结果还在可接受的范围，那么最好等待 20～30 分钟，让子宫内复苏术产生作用，并且再做一次气体定量分析，以决定是否可让产程继续。

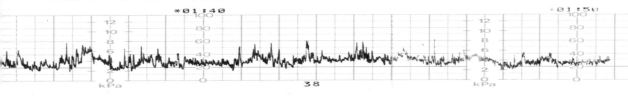

有什么疾病会对我造成影响？

　数十年前，医师们建议患有糖尿病或心脏、呼吸等疾病的妇女应避免受孕。但现今因怀孕与分娩时照护的进步，使得许多罹患类似疾病的妇女也可以快乐享受怀孕的喜悦了。

糖尿病

　　罹患糖尿病的妇女及其儿女会因葡萄糖不断攀升，而出现一连串的并发症。新陈代谢异常会影响胎儿，加速其生长，而且多半会体重超过4千克以上。这些胖宝宝会增加分娩时的困难度。此外，还会有代谢不良的问题，具有血糖降低的倾向。因此，糖尿病妇女怀孕与分娩时，都应该受到由产科医师、内分泌医学专家与小儿科所组成的医疗团队的严密监控。通过调节饮食与使用适当剂量的胰岛素使血糖浓度恢复正常，那么分娩过程就不会有严重的并发症了。

▼运用试纸检测孕妇尿液中的葡萄糖、蛋白素、丙酮及红细胞。这是一种评估新陈代谢与肾脏功能既快速又简便的方法。

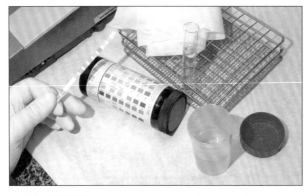

▲孕妇糖尿病的治疗重点是饮食、胰岛素及运动。通过选择适合孕妇的运动强度，以降低血糖浓度。

呼吸疾病

　　如果罹患呼吸疾病的病人处在代偿的临床阶段，那么这类疾病通常不会引发过于严重的问题，甚至气喘都时常能在孕期稳定或改善。无论如何，分娩时气喘的发作同样需要吸入器与氧气的治疗，如此才有迅速恢复的可能。

肾脏移植

　　现今有许多年轻妇女做过移植手术，尤其是肾脏移植。而这类的移植手术不属于任何怀孕的禁忌征兆，同时亦能确保分娩的安全性。事实上，在适当的医疗照护之下，并不会有严重的并发症产生。但由于做过肾脏移植手术的妇女在怀孕期间，其剩下唯一的一颗肾脏，常会有功能超载的状况，因此必须定期测量血压、尿蛋白流失量及肾功能。但是，通常会在怀孕结束时，肾脏的功能即可完全恢复正常。

心脏病

有些人会出现心脏瓣膜伤害的问题。他有时候会动手术，以人工瓣膜取代之。患有心脏病的女性可以生小孩，但需要若干特殊的照顾和护理。在怀孕最后几个月之中，总血液量会增加，造成心脏工作负荷过重。分娩时，如果没有事先做好预防措施，可能会引发心脏衰竭，所幸这些预防措施既简单又有效。通常会建议使用产钳缩短娩出期的时间，以避免用力过度。有二尖瓣缺陷的孕妇一定要在怀孕期间进行抗凝血治疗，并须在分娩时重做调整，以避免血崩。她们也需要抗生素，以防范这些人工瓣膜感染。

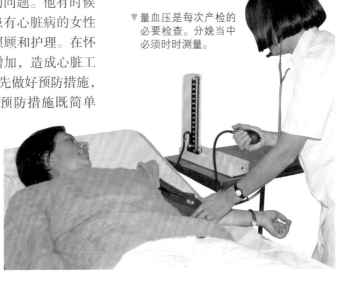

▼量血压是每次产检的必要检查。分娩当中必须时时测量。

脊髓损伤

依据脊髓损伤的程度，半瘫（双脚瘫痪）或全瘫（手脚瘫痪）的孕妇可能会下半身丧失知觉，所以感受不到收缩。这样的情形可能会造成不自觉产程的启动，而在抵达医院之前即惊慌失措。这些孕妇因腹部肌肉无力，所以不可在第二产程推挤，故应以产钳或真空吸引器帮助生产。

癫痫

若干癫痫患者在怀孕和分娩时的危险性会提高，但可以调整她们过去服用的抗癫痫药物剂量。分娩时没有什么特别的问题，但是一定要在做好准备的医院生产，以便在痉挛突然发作时处理。

❗ 艾滋病及其他垂直感染病

母亲在怀孕和分娩时传染给宝宝若干特定疾病的情形，称为垂直感染。除了梅毒及弓虫症之外，尤其指的是病毒性疾病。目前人类免疫缺乏症病毒或艾滋病的病毒因罹患率及传染给新生儿的风险而相对受到重视。经证实，这种疾病多半在分娩时会传染。基本上，可采取

三种方式预防：在怀孕及分娩时，为母亲施用抗病毒药物、剖宫产，以及为初生儿施用抗病毒药。采取以上措施之后，传染率已经从14%降低到0.5%了。至于携带B型肝炎病原的母亲，则没有剖宫产的必要。

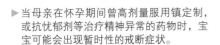

▶当母亲在怀孕期间曾高剂量服用镇定剂，或抗忧郁剂等治疗精神异常的药物时，宝宝可能会出现暂时性的戒断症状。

生产过程的并发症

　　在生产的过程当中，可能会出现不同的并发症，多数都是轻微、影响不大的，因此可以认为，并发症将可在发生时从容以对。与过去相较，现今已经很少会有威胁母亲生命安全的问题了，因为包括最严重的并发症，都能够通过适当的照顾和护理而获得解决。

轻度并发症

　　常会有一些症状使产妇受惊，虽然会有点不舒服，却不是异常的指标。因脱水及矿物质流失而引发的痉挛就是其中一例，可以伸展收缩的肌肉加以舒缓，而痉挛部位通常是小腿肚。恶心与呕吐也很普遍，与消化疾病无关。

过度换气与僵直性痉挛

　　当呼吸速度过快（过度换气）时，会自血液排出大量的二氧化碳，而造成血液 pH 值异常升高，同时降低钙含量，而引发僵直性痉挛。其症状为脸部发痒与手脚僵硬。当病患受到惊吓时，通常会呼吸得更快，甚至可能失去意识。简单且有效的解决方法是在纸袋内呼吸，以降低二氧化碳的排出量，并且恢复正常的血液 pH 值。

周围的精神支持与亲切的 ▶
态度很重要，可避免惊慌
状况的产生。

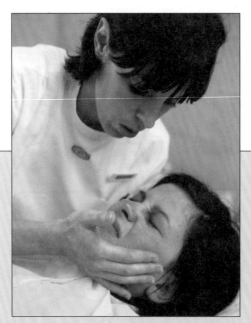

❗ 惊慌危机

　　只有特别脆弱的产妇可能会遭受失控的惊慌危机，不可与单纯性的恐惧或强烈紧张混淆。先天的依赖个性、家人缺乏支持、意外怀孕与缺乏生产的准备，通常都与这种异常现象有关。但是，产程进度缓慢也有可能让产妇失去耐性，有时候甚至需要使用温和的镇定药物。总之，放松的环境、详尽的信息与亲切和蔼的态度都是重拾信任感的最好治疗。

生产发烧

生产发烧指的是生产当中37.5℃以下的轻微发烧。但是，高于38℃的发烧就应该视为异常了。可能是由与生产无关的疾病所引起，例如呼吸黏膜炎。这个时候只需要使用退烧药，即可让生产恢复正常。但是，也可能起因于一个严重的并发症，也就是绒毛膜羊膜炎，或是产程较长或是破水之后时间过长而引起的子宫内部感染。最重要的影响是胎儿感染，可能在出生几个小时之内出现。如果有绒毛膜羊膜炎的征兆，必须开始做抗生素治疗。除非已进入后段产程，否则必须以剖宫收场。

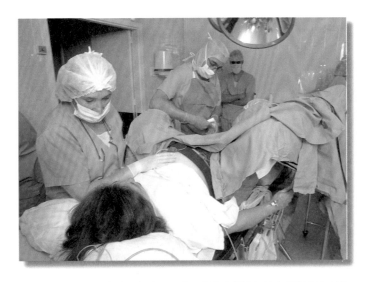

▲ 助产士监测生产收缩的频率和强度。收缩次数增加过多可能会造成胎儿窘迫，因此必须加以防范，并且在必要的时刻使用适当的药物。

生产血崩

开口的过程会造成阴道少量失血，但是如为阴道比较明显的出血，则是不正常的状况。原因有好几个，最普遍的原因是胎盘下侧出血，严重度不高。不过，如果伴随持续性的子宫收缩，并且发现有胎儿窘迫的迹象，那么就可能是一种严重并发症所造成的出血现象，也就是胎盘与子宫内侧接触的早期剥离。在这个情况下，宝宝接收不到氧气供应，因此有窒息的严重危机。母亲失血量大，循环系统异常，可能会有休克的情形。通常可以即时剖宫以避免严重后果。

子宫破裂

子宫收缩的力量很强，当产程过长或是骨盆与胎儿不对称时，可能会造成子宫破裂。逻辑上，现在这种问题很少见，因为在状况发生之前，就会先行剖宫生产了。但是，之前曾经做过剖宫生产手术的患者，可能会在后来的分娩当中发生子宫伤口破裂的情况。即便是一个不多见的问题，如果产妇之前曾经做过剖宫生产，那么医生仍会试着找出其他剖宫的替代方式。在这样的情况之下，将使产程进度减缓、缺乏有效收缩，以及程度不等的出血，但通常都是轻微的。

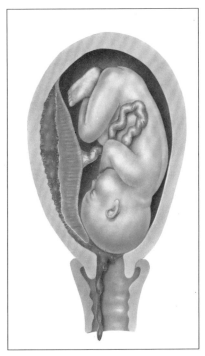

◀ 胎盘剥离是一个严重的并发症，因为会急速丧失胎盘供给胎儿氧分的功能。其表现症状是出血和持续性子宫收缩，以及胎儿窘迫的迹象。

急产

虽然产兆出现时，绝对有足够的时间应变，但是，仍有某些状况（没有交通工具、道路中断等）会让孕妇无法到原先预定的地点生产。当这些状况发生时，即使情况看来有些紧急，仍应保持镇定，因为实情要比表面上看来简单多了。

预防

如果事先做好如何到达医院的计划，那么就可以避免若干不愉快的突发状况。如果医院距离较远，或是孕妇经常独处，最明智的做法就是设想好抵达医院的方式、随时备好紧急联络电话，以及拥有替代性交通工具等等。当产程加速时，可能会让正在家里或工作中的孕妇惊慌，而没有察觉到开口期起始的征兆。这种情形并不多见，而且通常只发生在多胞胎孕妇的身上。在怀孕最后几周的产检当中，应该对可能造成急产的开口期进程提高警觉。

▲ 万一发生急产的状况，必须试着保持镇定。支撑背部并且稍微抬起臀部的舒适姿势将有助于推挤。

紧急评估

如何知道马上要生了，或只是一个假警报呢？在多数经验缺乏的情况之下，会让孕妇以非常紧急的状态就医，但是，在产检之后，却证实孕妇不过才进入开口期而已。而在急产的真实个案当中，产妇可能会感受到收缩频率急速增加，变得越来越强且持续。她感觉到阴部有很大的压力，而有推挤的欲望。自我检测的方式是把一根手指探入阴道，以清楚地碰触到胎头。

在这些情况之下，比较适当的做法是在原地准备接生。无论如何，如果可能的话，应该通知急诊处，请他们派遣医护人员和车辆前来。

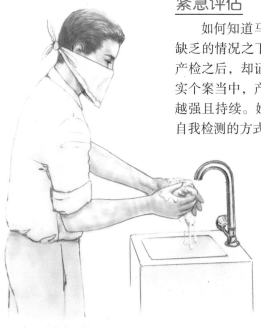

▲ 急产时，现场一定要有不慌张的人在。协助生产的人应清洗好双手，并拿一块手帕以口罩的方式遮住口部，这是最初的卫生步骤。

准备

最重要的是试着保持镇定，并且知道产程如果持续维持这样的速度，那么一切都会相当容易。在取得所有可能的协助之后，建议将湿毛巾铺在床铺或沙发上面，并且清洗阴道。当收缩时，维持不动，并且专注在呼吸上，以正确换气，这样做将对生产大有帮助。协助人员应该把双手清洗得非常干净。

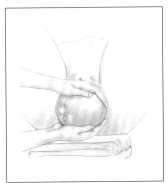

姿势

　　产妇躺在床铺、沙发或桌子上，臀部稍微伸出边缘。臀部下方垫着几条对折的干净毛巾，让骨盆稍微抬高，以帮助拉出胎儿的肩膀。准备一个可以抬高头部的支撑物，目的在帮助腹部肌肉收缩。患者可以抓住床沿、靠在陪伴者的身上，或是抓住大腿，且将大腿大幅度分开，在靠近边缘处屈曲。

◀ 解开颈背带的最佳方式是从头顶上方滑下来。

◀ 只要将胎头向下轻拉，就可帮助其肩膀滑出。

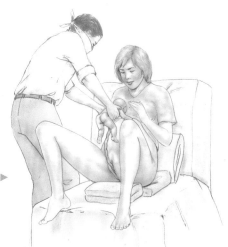

不可拉扯脐带，也不可将它剪断。在胎盘产出之前，都不可拉紧脐带。▶

第二产程协助

　　当头顶开始出现在阴唇之中时，母亲不应试着推挤，而是轻柔呼吸，轻压胎头，避免其突然产出。要让胎头慢慢产出，不要去拉它。如果有脐带缠绕住颈部，通常都可以从头部上方绕过来解开。当胎头完全产出时，最好以纱布清洁宝宝口内的分泌物，而且毫不迟疑地马上帮助产出肩膀。因此，要用双手轻轻托住头部，并向下旋转，不可向外拉，否则将对耻骨后方的一侧肩膀造成影响。当肩膀圆圆的部分产出时，轻抬头部，以让另一侧的肩膀从阴唇系带产出。当两侧的肩膀都产出之后，宝宝将被快速推出。

迎接宝宝

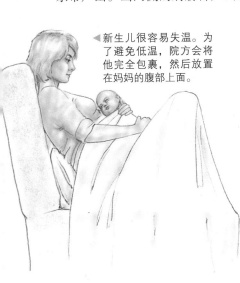

◀ 新生儿很容易失温。为了避免低温，院方会将他完全包裹，然后放置在妈妈的腹部上面。

　　应该以毛巾或干净的毯子把宝宝接住并且包好，小心不要让它滑下去，因为他湿润的皮肤是很滑溜的。不可拍打他来让他哭，因为只要轻轻摩擦背部，就足以让他哭了。接着马上把他放在妈妈的腹部上面，与母亲的肌肤相碰，并且把他包好，不要让他失温，因为低温是新生儿常有的问题。

产后期

　　不可拉扯或剪断脐带，亦不可试着拉出胎盘，而是要在协助人员抵达之前，让产妇维持舒服的姿势。如果胎盘自然产出，必须把它接住，并且让它的位置高于宝宝，以避免宝宝失血。如果有任何会阴撕裂伤，应该在会阴部放置一条卷起的毛巾，让产妇双腿用力夹住以止血。

以器械协助生产

很多产科程序都可以帮助解决难产的问题，包括因母亲或胎儿附属物而提高自然生产之困难度等事件。数个世纪以来，产科医生即运用多种彼此相异性极高的产钳，来帮助胎儿通过阴道产出。在过去，剖宫产曾代表着致死率极高的手术的时代，而器械的运用也曾拯救过许多新生儿，甚至是拯救母亲性命的绝妙技巧。除了产钳之外，真空吸引器与泰瑞药铲同时也是娩出期使用最频繁的器械。

产钳

一般看来，产钳是一支具有两片分开且互相咬合之叶片的夹子，其特殊的凹槽结构恰巧与胎头轮廓吻合，形成特殊的防护头盔。纵向观察其结构，产钳呈弯曲状，适合产道本身的弧度，也因此产钳在骨盆内部的动作不会造成母亲的创伤。

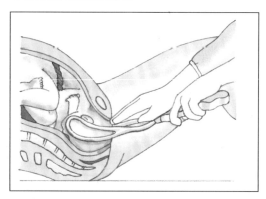

▲当胎头在产道下降时，以产钳轻柔拉取，同时配合胎儿自身的动作。

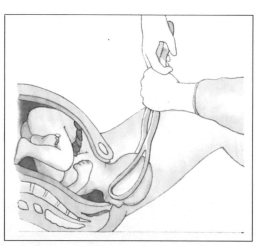

产钳的使用

自从剖宫产的概率增加了之后，产钳的运用已不如过去频繁，而使用的动机也已有所改变了。过去，产钳是运用在产程迟滞而胎头卡在骨盆内时，现在则是使用在娩出期迟滞而胎头已下降到会阴的位置时。当胎儿姿势不良而无法产生内翻转与脱离时，产钳的使用将可伴随这些动作，成功进行阴道生产。有时候，产钳也会被用来缩短娩出期，以避免胎儿的氧气储存量耗尽。另外，当母亲无法有效推挤时，也会使用产钳。

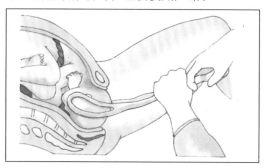

▲产钳片分开伸入体内，当安置在胎头上之后，产钳会互相咬合，以确认其使用方法正确。

产钳技巧

每片产钳片会在阴道与胎头中间分开伸入。在放置妥当之后，产钳片会彼此接合，形成夹子状。在确认产钳正确使用于胎头上之后，即进行会阴切开术，也就是侧面切开阴唇，接着配合胎头旋转、下降与脱离的动作，来将其轻轻拉出。

◀产钳可帮助胎头脱离，而在胎头娩出之后，产钳片分开，取出器械，以协助肩膀的娩出。

产钳的危险性与坏名声

产钳的风险在于使用时机或技巧不当。如果胎头在骨盆内的位置过高时使用产钳，或者当母亲骨盆与胎儿之间有不对称的情形时，试着拉直胎儿的身体并且用力取出，都可能造成母亲及宝宝的严重伤害。在胎头上以不对称的方式使用产钳，可能会造成胎头受伤、骨折及出血。这些状况都形成了产钳的坏名声，但事实上却是不当的指控。如果合理且正确地应用器械，可使数不尽的胎儿不需采用剖宫的方式就得以安全出生。其实，如果使用方法正确，其保护性头盔与缩短娩出期的功效是可能有利于生产的。然而，在许多缺氧的状况之下，都将不良后果归咎于产钳的使用；但事实上，产钳的使用已成功地降低了窒息的严重性。

真空吸引器

真空吸引器是一个杯状吸头，接在一部高压真空机上一起使用，启用时将杯状吸头吸在胎儿的头上。吸力形成风效，可配合母亲的推挤而将胎头拉出。如果使用得当，并不会对胎儿或母亲造成任何危险。胎儿出生时，会在使用真空吸引器的部位出现醒目的肿胀凸起，隔天就会消失了。

◀真空吸引器是在胎儿头顶使用，缓慢形成一股负压吸力，以让它抓紧胎头。

▶借上真空吸引器的吸力与母亲的子宫收缩与推挤力量，将有助于胎头的下降。

ℹ 产钳与张伯伦家族

过去有某些像夹子的产科器械，用来把在生产过程中卡住的死胎夹出。第一支专为取出活胎并且不造成任何伤害的产钳，是由彼德·张伯伦（1557～1628年）所设计。当时他总是偷偷带在身上，使用时，将它藏在厚布下面，因此造成极大的谜团。这个器械在知名的张伯伦产科家族当中，被一代一代地流传下来。在那150年的岁月当中，这个器械一直都是绝对保密的。

泰瑞药铲

泰瑞药铲是一种可将胎儿从阴道取出的器械。它和产钳一样，都是由两片符合胎头的叶片所组成的。与产钳不同的是，药铲并未互相咬合，而是状似鞋拔，通过轻柔的摆荡动作，在产道中开启空间，以让胎头通过。这个器械对胎儿很安全，不会压迫或牵引胎头，而且可以应用在早产儿的身上。但是，当必须旋转胎头时，就相对显得作用不大。

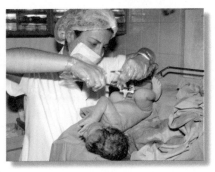

▶以产钳协助生产的宝宝通常头部会变形，这是因为开口期和娩出期过长的缘故。

剖宫产

剖宫生产术是一种医疗行为，通过腹壁与子宫上的切口而将胎儿取出。现在剖宫产是一种并发症概率很低、且母亲致死率几乎是零的安全手术。这是一种将胎儿取出的捷径，得以拯救许多新生儿的生命。但是，即便是一种良好的方式，却不可将它视为阴道生产的替代选择，因为只有在某些特定个案当中，才会被视为必要的外科医疗行为。

频率

过去几十年以来，剖宫产的应用频率在大多数国家都明显增加了。数据不一而足，但通常在 20% 左右。这个数字或许太高了，因为那表示每 5 名产妇之中，就有一名无法阴道生产，而这个事实显然是错误的。有好几个原因造成了剖宫产频率大增的现象，最重要的是医师与产妇期望达到风险最低之最佳结果的逻辑思维。医生们或许受到法律索赔的压力，而在面对这样的问题时，剖宫产就成了重要的解决方法。然而，剖宫产却是个错误的提议，因为医疗干预并不能保障胎儿状况良好，却可能小幅提高母亲的风险，例如感染、出血、膀胱受伤与麻醉并发症等。此外，剖宫产后的恢复期较长，并会留下无可避免的后遗症——刀疤。

▲ 硬脊膜外麻醉提供分娩的合适止痛剂，当进行剖宫产手术时，则提高剂量，不需做另外的处理。

剖宫产决定

有三种完全不同的情况：个人意愿剖宫产、剖宫产手段与紧急剖宫产。不管是选择性剖宫产或是计划性剖宫产，都应在产兆出现前就做下决定。可以依据数个不同的原因来判断：有一次以上的剖宫产经验、母亲或胎儿因素而决定提前结束怀孕、胎位不正或骨盆狭窄等。也有可能在生产过程当中，因胎儿窘迫、产程迟滞或并发症而决定进行剖宫产，此即为所谓的剖宫产手段，是产妇在产房内决定的。另外，也有其他紧急决定，可能是在生产前或生产中产生，例如脐带脱垂或胎盘剥离就是其中的例子。

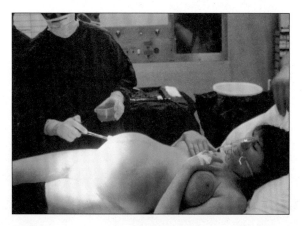

剖宫产准备工作

由于可能在毫无预警的情况之下决定进行剖宫产，因此最好能够考量它的可能性，并且做好孕期后几个月的血液分析。如果是计划性剖宫产，应该及早与医师讨论好手术日期。除非是特殊个案，否则不应在 38 周前剖宫，以确保胎儿的成熟度。产妇必须在至少 6 个小时前即开始禁食。

◀剖宫产前，在腹部皮肤上涂抹一种以碘为基底的抗菌液。

剖宫产麻醉

在过去，除了全身麻醉之外，没有其他方法。而现在，只要在可能的范围之内，都会进行硬脊膜外麻醉。在硬脊膜外麻醉的众多优点当中，最重要的是它对胎儿的低影响力与安全性，因为母亲仍然维持自主呼吸，不需插管与呼吸器，同时亦可让患者具有醒着协助孩子生产的可能性。止痛程度适合，且耐受度也优良。

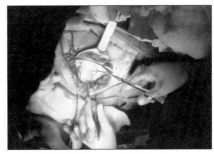

▲下腹部的横向切口，以直探子宫。

剖宫产技巧

基本上，剖宫产是在腹部下方，耻骨上面一点点的部位做一个横向切口，打开腹壁，并将腹壁的肌肉分开。直接探到子宫，并在子宫下方区块做一个横向切口，以取出胎儿。欲取出胎儿时，必须以一手压住子宫底，另一手则打开一个空间，取出胎头。在宝宝与胎盘都娩出之后，缝合子宫伤口，并迅速止血，之后再缝合腹壁与皮肤。

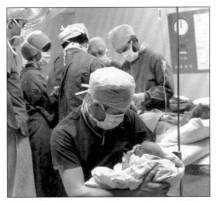

◀新生儿的最初步处理亦在同一外科手术室进行。

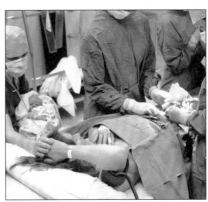

缝合腹壁和皮肤，之▶后于疤痕上施用敷料。

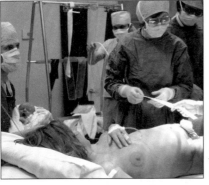

◀硬脊膜外麻醉可以让产妇在外科医师缝合子宫时看到宝宝。

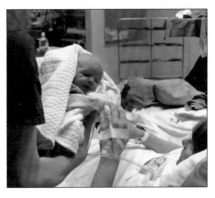

手术完成后母亲迎接▶宝宝，宝宝会和母亲短暂的相处，与自然生产相同。

ℹ 剖宫生产中的感受

以硬脊硬外麻醉进行剖宫产的可能性，即使产妇无法主动性参与生产，至少可以在完全清醒的状态下，协助自己孩子的生产。她可感受到腹部某种程度的触感，但却不痛。打开子宫时，她会有某种恶心的感觉，这是正常的现象。此外，当取了胎儿时，还会感觉到外科医师用力压挤上腹。

医师诊疗室
生产问题

如果在生产当中，宝宝呈现胎儿窘迫的症状，其结果只是暂时性的？或者是终生的？

生产中的胎儿监测可以侦测到宝宝初期的缺氧征兆，并且即刻处理，以避免发生胎儿窘迫的状况。即使真的发生缺氧的现象（组织缺氧），胎儿本身拥有防护机制，可以避免暂时性缺氧对脑部的影响。因严重缺氧而造成新生儿神经病变（例如急救困难、艾普格积分低，甚至是易怒及痉挛）等症状的新生儿脑病变很少见。万一发生这些状况，即有可能留下脑部瘫痪、耳聋或癫痫等后遗症的风险。但是，如果新生儿照护得当，完全复原的概率还是比较高的。

我有心脏问题，5年前医师帮我在心脏部位安装了两片人工瓣膜。现在我怀孕了，希望不要拿掉孩子，而想把他生下来。但如果我继续怀孕的话，我的状况是否会影响到宝宝和自己的生命安全？

孕期做二尖瓣的修补，最重要的不外乎是持续做抗凝血治疗。血小板具有在瓣膜的金属材质上形成凝块的倾向，因此可能造成阻塞的严重危机。预防的方法在于有安装瓣膜的人必须终身口服抗凝血剂；而孕期服用这类药物的问题在于，这些药物会造成胎儿畸形。幸运的是，目前有一种替代方式，即是皮下注射长效合成肝素，如此既可避免栓塞，又不会对胎儿产生危险。

我太太是艾滋病患者。我想知道，我们的孩子出生时，是否一定会受到病毒的感染？

绝对不会。在几年前的艾滋病全球传染期，母亲将病毒传染给子女的概率占了艾滋病孕妇个案的14%，现在则不到1%。这样明显的改善是基于两大因素：抗反转录病毒药物与剖宫产手术。怀孕母亲服用抗反转录病毒药物可降低血中的病毒量，并且抑制疾病恶化。而最容易传染给宝宝的时机恰巧就是分娩，怀孕期间使用的抗反转录病毒药物，尤其是齐多夫定，会通过胎盘的血液传输到胎儿身上，保护他不受传染。这里要强调的一点是，不管情况如何，宝宝出生时，在血液当中都会带有艾滋病抗体，而抗体将会有几个月的寿命。但是，这绝不表示宝宝已染病，因此母亲传给宝宝的是抗体，而不是病毒。

我常自问，产妇可否独自生产，或是一定需要外来的协助？

万一这样的状况真的发生了，女人可以像其他自然界的雌性动物一样，在没有外人帮助的情况之下独自生产。当然，我们绝不建议让孕妇处于类似的分娩风险当中，因为她会因必须面对如血崩与胎儿肩膀产出困难等并发症而感觉无助。如果真的发生了，不要惊慌，因为如果产程快到来不及请求协助，那就表示娩出期同样也会很短。此时应该让产妇采取最舒服的姿势来推挤宝宝，并在宝宝产出时接住他。清洁他口中的分泌物，并将他放在产妇的腹部上，给他温暖。不要拉扯脐带，也不要把它剪断。如果胎盘自然娩出，要把它放在与宝宝位置差不多的高度，或是更高的地方。如果有产后出血的现象，必须用力按摩子宫。

生产时我出了一点问题，医师们说我子宫收缩过度，但幸运的是最后一切顺利。可是我不明白问题出在哪里？如果我子宫收缩次数过多，宝宝不是可以早点出来吗？

过度收缩称为子宫过度活化；如果在每次宫缩之间又缺少了松弛，则称为高肌张力，这是一种异常现象，必须迅速矫正。我们必须提醒的一点是，胎盘循环会在收缩时中断，因为子宫肌肉会压迫血管，直到将血管完全关闭为止。在松弛时，恢复正常循环，胎儿的氧合作用也会快速恢复。幸运的是，只要使用可在很短的时间之内使子宫松弛的药物，就可以轻而易举地解决这个问题了。

我担心产兆出现了却没有意识到，直到进入宝宝娩出期才察觉，这样的恐惧合理吗？

对于曾经有几次生产经验的产妇来说，开口期的时间可能非常短。未察觉收缩频率升高、破水，而惊觉娩出期的到来的可能性是很低的。而对于初产妇来说，开口期多半长达 6 ~ 8 小时。所以，完全

没有察觉之则是很特殊的情况。虽是很常见的恐慌，实际上，除非是子宫很软或是不正常的扩张度，否则，再怎么迷糊的妇女都不会察觉不到产兆，也不会没有足够的时间到医院生产。

曾有文章写道，宝宝通过产道的过程都是创伤性的。那么，医生们如何知道孩子是否不舒服的呢？

对于胎儿来说，生产的过程都是关键性的一刻，因为他将在几个小时之后面临收缩的挤压、血液含氧量降低，以及最后产出的挑战。但是，在绝大多数的个案当中，宝宝已经做好成功承受这些变化的万全准备了。有时候胎儿调适的生理机制会失灵，而引发初期的窘迫。生产中胎儿监测方法可帮助察觉异状开始的间接性征兆，最常使用的方法是心脏监测，但是如果有疑虑，可以进行胎儿血液的直接检验。此外，目前还可在胎儿皮肤上连接一个感测器，以评估胎儿心电图或确认血液氧合度。

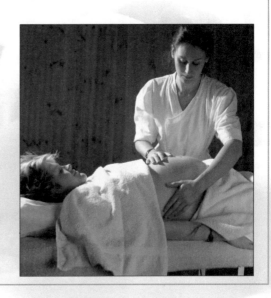

实例
生产问题

文佳的肾脏移植

　　文佳一个星期要洗肾两次，这样的日子已经超过 6 年了。一开始她因为要在医院待好几个小时且行动受限，而觉得很不舒服。例如，因为随时要注意她的血液状况，所以要外出度假就显得困难。可是，她的肾脏功能不好，这却是事实。除了这个问题之外，她是一个健康的人，医师也已将她列入肾脏移植计划当中。

　　当医院通知她有一个适合她的器官时，她很紧张，却也很高兴。手术很成功，在经过正常的手术不适之后，她出院了，终于摆脱洗肾了。但是，接下来又有新的担忧来困扰她。她一直希望能有孩子，现在既然已经做了肾脏移植，或许就不建议怀孕了。她把自己的不安告诉父母亲和几个朋友，所有的人都对她持保护的态度。

　　他们告诉她，以她的健康状况来说，当母亲可能会有点复杂，而如果真的想有孩子，其实还有其他替代方案，例如领养等等。只是这些解释并不能说服文佳。在一次的妇科检查当中，她把自己的渴望告诉医生，医生安抚她，并对她坦白；任何一位做过和她相同手术的产妇，都必须在怀孕时就近监控，但是，现在有一些方法可以解决。特别是她对这次手术的良好反应，并不会阻止她体验怀孕和分娩的喜悦。

我们协助解除了紧张危机

　　在一个星期二的晚上，我们在产科值班，但事情不多；所以，当那一位女孩进来时，我们所有的注意力都落到她的身上。我们从没见过她，她好像 22 ～ 23 岁，在搭出租车赶到医院时，已经开口 7 厘米以上了。我们无法与她交谈，因她受到极大的惊吓，只是一直说着她很痛，而且不停地哭。在宝宝产出的前 1 小时，她很不安，所以我们决定为她注射镇静剂。除了母亲的情绪状态之外，整个生产过程并没有任何其他的并发症，不过对我们来说却很困难，因为我们就是无法让她配合。她胡乱呼吸，不时地尖叫，最后陷入了一种近乎歇斯底里的沮丧。

　　所幸，宝宝平安诞生了。当我们把宝宝抱到她楼上的病房时，她睡得很沉。当她醒来时，我就在旁边。我的值班时间已经过了，可是那个女孩让我对她感到同情。我好不容易让她愿意跟我说话，但是她告诉我，她从来就不想要那个孩子。她也不知道孩子的父亲是谁，当她再也无法隐瞒怀孕的事实时，她离家出走了。她很疑惑。在那之前她从没上过什么产前卫生教育的课程，所以她不知道在产房里会发生什么样的事，而现在她更不知道该怎么办。我不知如何应对，可是我最后说服了她，让她静下来，全部交给我来处理，且将会有一位心理医师和家庭顾问一起帮她解决问题。事情并不容易解决，可是她的家人会为她负责，而年轻女孩也答应接受心理治疗了。

产后

5

　　分娩后，宝宝与母亲的第一次接触很重要，因为那是一个可以放松并让母子感觉都很满足的时刻。借助于若干运动，母亲的身体将慢慢地恢复到怀孕之前的状态。在少数的个案中，会有某些并发症产生，最好能够求助医师并及时处理。在心理层面上，产后忧郁的发生概率很高，但很快就会自行缓和。

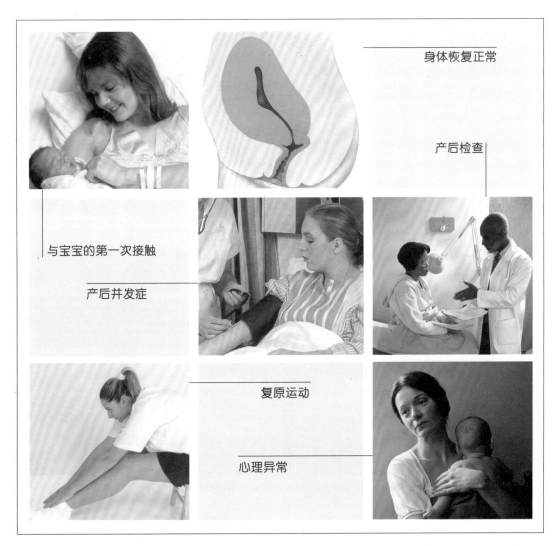

身体恢复正常

产后检查

与宝宝的第一次接触

产后并发症

复原运动

心理异常

与宝宝的第一次接触

与过去人们所认知的相反，新生儿已具有感觉能力，而且会感到快乐，因此，母子之间的前几次身体接触是很重要的。不只可正确喂养宝宝，更可将愉悦的感受传染给他，宝宝无意识的记忆将有助于其自身和谐的情感发展。有些宝宝一开始好像找不到可以填饱肚子的乳头，可是，要启动这个存活反射是一件很容易的事。

▲母亲通常会为了孩子的出生而感动，常常因此而忘了自己在努力生产过后的疲惫与疼痛。

新生儿的感官

在不久之前，人们以为新生儿对于周围的环境一无所知，以为只要喂饱他、帮他做好清洁的工作，就可以让他满足。但经验告诉我们，这些观念都是错误的，宝宝并不是没有感觉的动物；相反地，他们的感觉发育是很重要的，而且具有相当大的专注能力。现在我们知道，宝宝看得到，但视线很短；宝宝听得到，但无法理解。他们甚至能够感受身体所发生的事，也让他们因此获得爱抚与宠爱的快乐。

母亲与宝宝的第一次接触

产科医师了解第一次接触的重要性，所以通常会在宝宝一出生，就把他放在妈妈身边。这是第一次的接触，温馨感人的一刻，却很短暂，因为宝宝随即会被送去清洗和进行身体检查，而母亲也很累了。但在产后休息几个小时之后，宝宝就会开始因焦躁不安而大叫或饿得大哭，会将自己的嘴唇靠近任何在他嘴巴附近的圆形物品，包括母亲的乳头或奶嘴头。

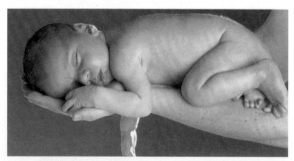

▲触觉是新生儿最重要的感官，而与皮肤的接触会让他产生舒服的感觉。

母亲与宝宝的第二次接触

第二次的接触是比较强烈且长时间的。母亲手抱孩子，让他贴紧胸口。宝宝满足地喝着奶的同时，母亲则在他耳边轻声呢喃；宝宝虽不懂她的话意，但他会一直看着母亲的双眼，他的皮肤能感受到母亲身体的接触与热力。这就是母子之间前几次的感情关系。

ℹ️ 父亲的角色

父亲也必须适应一个完全陌生的情境。欲面对承诺与责任的感受，最好是尽可能主动投入在照顾宝宝的工作上面。一回到家，父亲就必须开始照顾新生儿：换尿布、洗澡、必要时喂奶、躁动时安抚他，并且打破照顾小孩是女人的责任的惯性思考模式。

⚠ 宝宝并非如此不堪一击

　　所有母亲首要担忧的事，是确认她的儿子是否健康，所以她会看他、抚摸他，并且仔细照顾、检查他。新生儿看起来很脆弱，因为缺乏肌肉控制，所以无法支撑头部。如果没有给他支撑，他的四肢会不断地晃动。有些初产妇在发现这样的情况时，会吓一跳。她们怕会伤了宝宝，所以连去抱他也不敢。其实，只要以足够的力气支撑宝宝的头部和臀部，就没有什么问题。另外，她们也担心宝宝只要一与人群接触，就会生病。甚至有一些过度严谨的妈妈，会禁止别人靠近宝宝。除非是某些很特殊的疾病，例如结核病或是感冒等疾病的急性期，否则，与人群的接触并不会对宝宝产生害处。

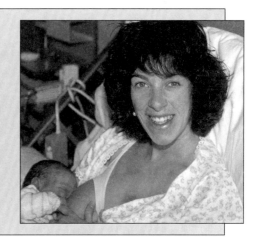

如果宝宝好像不会吸吮

　　并非所有母子之间的前几次接触都是愉悦的。有时候宝宝因为肚子饿，会啼哭和不安；而没有经验的母亲会试着将他靠往乳头，可是宝宝不愿吸吮而继续啼哭，甚至越来越躁动。事情其实很简单：宝宝找不到迁就乳头的方法。要让宝宝适应并不难，因为大自然赋予新生儿一种称为寻乳反射的古老反应，正因具有这样的功用，前述反射很容易就可以在新生儿的身上观察得到，此反射即是：一轻碰他的脸颊，接近嘴角的地方，宝宝会将头和嘴唇转向那一边；一摩擦他的上嘴唇中间部位，宝宝会把它抬起来；一碰到宝宝的下嘴唇，宝宝就会把嘴唇和头部向下转。对于这种反射的认识可帮助宝宝在前几天找到乳头；只要用乳头摩擦他的脸颊，并且轻碰他的上嘴唇，宝宝就会含住乳头，开始吃奶。新生儿具有天然的抵抗力，那是因为母亲在怀孕期间通过胎盘将抵抗力（抗体）传给胎儿。母亲亦可通过母乳将抗体传给孩子，可保证宝宝6个月前对于最普遍的传染疾病具有某种程度的抵抗能力。到了6个月之后，母亲传下来的抗体将逐渐减少，而宝宝也必须制造自己的抗体。宝宝于是开始进入一段对感染特别敏感的时期；感冒、耳炎，以及喉咙和支气管问题将接连发生，直到幼儿体内的免疫系统已经发育完全为止。

▼新生儿的视距在20～30厘米的范围内比较好，所以当母亲抱着他或哺乳的时候，他可以分辨妈妈的脸。超过这个距离，他的眼睛就无法固定，而且会看起来像斗鸡眼一样。

身体恢复正常

产褥期涵盖分娩至第一次月经出现的那一段时间。其时间长短不一定，但是通常认为产褥期是 40 天。在产后的前几个月中，产妇身体会慢慢恢复到怀孕前的状态。

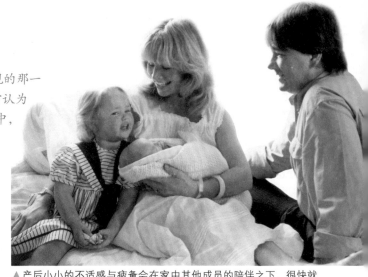

▲产后小小的不适感与疲惫会在家中其他成员的陪伴之下，很快就忘了。

产后第一天

新手妈妈感觉疲惫却很快乐。如果是自然生产，她可能会觉得会阴不舒服。可是，这些不适感通常很短暂，只有在走路时才会有感觉。产妇感觉虚弱是正常的，所以建议产妇准备开始走路时，最好要有人陪伴。如果曾做过硬脊膜外麻醉，在产后的前 6 个小时内不可吃固体食物。通常会留下静脉导管，以在必要的时候注射输液及药物。

消化器官与泌尿器官的变化

在产后的前几天，因为进食量少，以及因为怕痛而忍住便意，所以便秘的概率是很高的。排尿次数与尿量增加是很明显的。此外，如果有不自主漏尿的情况，也不要惊慌，这个问题通常在几个月后就解决了。

子宫复旧

子宫复旧是产后第一个重要的变化。空的子宫强力收缩，这是避免胎盘内所有血管出血的必要动作。这种子宫收缩不会很痛，却可能产生如月经般的不适感。这个时候必须避免让膀胱过满，因为过满的膀胱会造成子宫反射性的弛缓现象。因此，建议产后尽早排尿，并且每 3 个小时排尿一次。另外也建议用力按摩子宫，现在的子宫感觉起来像是位于肚脐下方大约 3 指宽处的硬皮球。

子宫颈也和子宫体一样进入一个快速复旧的阶段，它会恢复到原来的长度，并且自行关闭；这个过程将在一个星期内完成。

循环变化

怀孕造成了体内所有系统的过大承载。在循环系统方面，开始排除过多的累积液体。虽然在产后前几天也可能因为重新分配作用而有水肿的现象，但是，在解尿次数和排尿量增加之后，水肿的现象也会逐渐缓解。静脉内的循环舒解可以在发生静脉曲张时，降低它的影响程度。这个过程为期大约几个月，而且通常不会是全面性的。

▲新生儿产后进入到育婴室时，是母亲休息的最佳时刻。

产后子宫变化

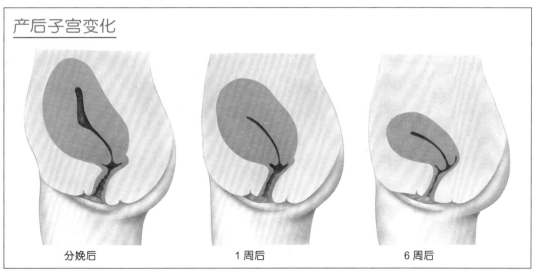

分娩后　　　　　　　　1 周后　　　　　　　　6 周后

皮肤变化

　　怀孕遗留下来的某些痕迹将会消失，但是有些却是永久性的。乳头与肚脐下方的中线色素沉淀将在数个月的时间当中慢慢变淡，而脸上的孕斑最后也会消失，亦可以净白乳霜加速淡色。但是，腹部出现的妊娠纹多数会遗留下来。外观改变：会慢慢由宽变窄，一开始带红色，慢慢地也会变白。

　　孕期应该使用的护肤乳液，似乎可以预防妊娠纹的出现。可是，一旦出现了，就很难消失了，因为已经产生弹性纤维断裂了。唯一奏效的美容疗方是胶原蛋白渗透液。

在与新生命合为一体数个月之后，承认宝宝的独立性 ▶ 有时是令人惊讶的。

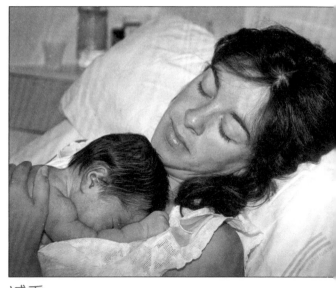

减重

　　孕期正常的体重增加是介于 6 ~ 14 千克之间；但是，有些有肥胖倾向和饮食不正常的产妇可能会偏重更多。在分娩的时刻，所扣除的胎儿、胎盘、羊水及血液、液体等总重量约 6 千克。在产后前几个星期还会有体内水分的额外损失，所以第 1 个月还会进一步减少 1 ~ 2 千克。

　　其他无法以相同方式减掉的体重只能依靠饮食控制来减除，故饮食不应过量。

ℹ 会阴切开术后的卫生与保养

　　会阴切开术后的结痂虽然是位在一个容易与病毒接触的部位，但通常不会引起太多问题。重点在于在大小号之后，应该以水和肥皂彻底清洁，一点都不要害怕，因为缝线不会因为摩擦而绷开。之后应该把它完全擦干，避免有皮肤浸水的现象。因此，吹风机是很有用的工具。

产后并发症

产褥期常会有一些让母亲不舒服的小疼痛，很少会有特殊的严重并发症。而产妇应该了解这些并发症的症状，以便及时寻求医疗协助。

出血

在产后的那一整个月当中，会有阴部出血的状况，称为恶露，正常是不会超过一般月经血量。阴道分泌物颜色会越来越淡，从暗红色变成粉红色，然后是偏黄色，最后在第1个月结束时，变成白色。有时候会继续出血，并且超过正常血量的情况，这些都是警讯。产褥期前几天最常见的原因，是有一部分的胎盘滞留在子宫内部。诊断方式是超声波，而解决方法则通常是子宫刮除术。

腹痛

子宫在产后持续收缩，这是避免血崩的重要步骤。有些产妇，特别是那些曾有生产经验，并且选择哺喂母乳的妇女，可能会发现与阵痛类似的疼痛性子宫收缩。这种疼痛称为产后痛，虽非属异常现象，却可能是相当不舒服的症状。

尿潴留

分娩时膀胱持续性的压缩与硬脊膜外麻醉的效应，有时候会造成憋尿，可能因变化性的尿道发炎而恶化。膀胱失去力道而松弛，累积大量尿液，也就是所谓的膀胱扩张。患者于是会感觉到疼痛和下腹扩张，还会反射性地子宫收缩不良，并引发血崩。此时可检查尿道，清除尿液，以解决这个问题。

痔疮

有些患有痔疮的产妇会在生产当中严重发炎，造成恼人的鼓胀，并在排泄之后发痒与疼痛。因疼痛而有排便抑制反射动作，因此造成便秘的现象是很多见的。这时粪便会变硬，使问题恶化，有时候还会造成肛裂，必须进行外科处理。痔疮可能会出血，有时候还会在内部形成栓塞，造成局部疼痛加剧。此时应该使用通便剂，以软化粪便。痔疮药膏和冷压巾也有帮助，可是，一旦发生痔疮栓塞的情形，手术就是唯一的解决途径了。

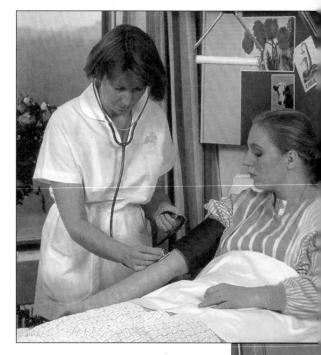

▲ 产后到出院的那几天，正可用来确认母亲的健康状况是否良好，同时预防日后的并发症。

▶ 产后的医疗照护通常足以预防产褥期的并发症，而这个时期的并发症多数不太严重，都只是小小的不适感而已。

产褥期并发症状警讯

出院回家之后，很少会再出现产褥并发症。无论如何，应该认识可能的警讯，以便及时向医师咨询。最严重的并发症分列如下：

- 多于经血量的血崩：刺鼻的恶露。

- 高于38℃的发烧，或低于38℃，却伴随寒战和间歇热。

- 持续性的腹痛。

- 灼痛、排尿疼痛、排尿次数很频繁，经常有尿意。

- 其中一个下肢发红肿痛（血栓静脉炎的症状）。

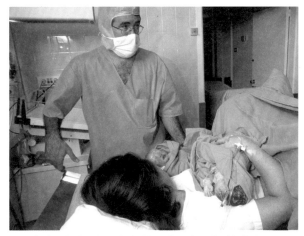

▲ 双胞胎生产会延缓出院的时间，但是却不会引起较大产褥并发症的风险。

会阴术后感染

如果会阴部位有发炎的现象，伤口内部会积脓，而影响伤口结痂。于是在拆线时，伤口会裂开。虽然听起来很夸张，但实际上不是严重的并发症，只要局部治疗，伤口会在几个星期之内逐渐愈合。

产褥热

超过正常体温零点几度的发烧，只要不超过38℃，都属正常现象。超过这个温度，就要怀疑是否有发炎的状况。最常见的两种

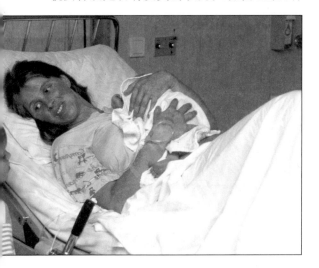

情形是尿道发炎和产后子宫内膜炎，二者都应尽早诊断治疗，反之，将对产妇造成严重威胁。

尿道发炎的症状是解尿不适、下背痛与血尿。尿液的细菌分析有助于诊断。产后子宫内膜炎起因是子宫腔内细菌污染后蔓延，造成输卵管、卵巢与其他骨盆腔组织的感染。其症状为发烧、腹痛与刺鼻的恶露。有一种抗生素积极疗法，可避免因感染范围扩大而引发败血症。在过去，产褥热是妇女最常见的死因之一；但是，现在通过先进的抗生素治疗，可在几天之内就治愈。

输血是在大量失血 ▶ 后不可或缺的治疗方法。

产后检查

母亲的产后检查在分娩 6 个星期后进行。这次的检查很重要，因为可以评估产妇身体复原的状况，同时还可以排除任何的异常现象。如果是剖宫生产，第一次的检查是在出院前就做。而在未做检查的那 6 个星期当中，患者必须注意伤口，以便在有任何感染发生时，随时通报医师。

产后检查的功用

产后 6 个星期的检查可由家庭医师来做，但是最普遍的做法是由之前做产检的专家，或是协助生产的产科医师来进行检查。在这个检查当中，有时候也会检查宝宝，目的是在确认母亲的身体是否已恢复到怀孕前的状态了。除了测量血压之外，医生还会特别检查子宫、心脏、胸部，或者是如果在分娩中必须进行会阴切片术，则也会检查会阴结痂的情况。这次的检查是母亲向医师提出所有疑虑的好机会。

医疗检查

这次的检查很完整，医生将做全身检查，并且仔细检查阴部。在全身检查方面，除了体重之外，医师还会测量她的血压并做心脏听诊，以确认心律。妇科检查可用来监测阴道肌肉的状态，确认子宫已收缩并恢复到怀孕前原来的大小与位置。

如果曾做过会阴切开术，医师将检查会阴缝线；如果是剖宫生产，将仔细检查腹部的结痂状况。如果之前没有做过子宫颈抹片检验，医师通常会建议患者做这样的检查。在这次的检查当中，产妇应该告诉医师性生活中所造成的可能性不适。如果想过性生活的话，可以向医师询问比较适当的避孕方式。目前通常建议安装子宫内避孕器或子宫帽。

剖宫产后检查

剖宫生产的住院时间要比一般自然生产时间长，但是却很少超过 5 天。出院之前，

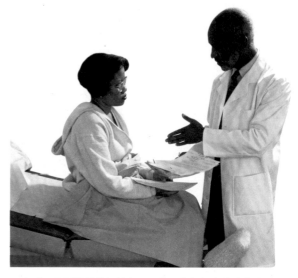

▲产后 6 个星期的详细检查，是在没有任何意外并发症的情况之下所做的第一个检查，医师可通过这样的检查评估母亲的复原状况。这是产妇提出任何与其本身或子女健康相关疑虑的适当时机。

医师会确认母亲与宝宝的复原状况都没有太大问题。

医师或助产士会在出院后 6～7 天内拆线。拆线时，有时候会不太舒服，所以建议母亲做呼吸练习，而这样的练习通常在分娩时就已经练习过了。除非是某些意料之外的困难情况让检查提前，否则将同样在产后 6 个星期做检查。

剖宫产后复原

剖宫产后回家之后，产妇可能会感受到自身的疲倦。不须惊慌，因为这种感觉通常不会持续太久。多数产妇会对自身快速的复原能力感到惊奇，但是，有许多个案却要等到 1 个月之后才能完全复原。

在伤口结痂的过程当中，病人应该试着避免用力过度以免受伤，所以，应该再次强调配偶积极配合的概念。如果配偶因为某些动机而无法配合，则必须寻求其他家人或好友的暂时性协助。提举重物是绝对禁止的。产妇有可能在几个星期之内都无法开车。

伤口复原

伤口必须保持干燥，尽量通风。如果伤口变得很红，或是出现发炎迹象，必须向医师咨询。这些征兆可能是轻度感染的预告，可以抗生素轻易治疗。随着时间慢慢地过去，伤口刺激性会明显降低。可是，如果在分娩中刮除了妇女的阴毛，当阴毛开始生长时，常会觉得发痒。

妈妈运动

当产妇还在坐月子期间，已经可以开始做一些运动，以强化会阴肌肉与加速子宫复旧，尤其是启动心血管系统，以预防下肢血栓的形成，这是长时间完全休息后所可能引发的疾病。这些都是温和的运动，不需特别用力。以下的图片是部分运动：

1. 仰卧，手脚伸直，腹式呼吸，接着以垫子支撑双脚，进行双脚屈曲与伸直的动作。

3. 维持与上一个运动相同的姿势，双腿弯曲，双臂向后伸展，吸气并让脚跟靠近臀部。接着吐气，将双手放在身体两侧。

2. 维持与上一个运动相同的姿势，双腿弯曲，两个膝盖用力夹紧垫子数少。放松，再重复这个运动 10 次。

4. 仰卧，双腿弯曲，双手呈十字形，轻抬双脚，身体贴紧地面，双腿交互向左右两边倾斜。

⚠ 失禁

咳嗽、打喷嚏或用一点力气就漏尿，是产后很常见的问题。其主要原因是会阴肌肉无力与松弛。因为，建议做一次强化这块肌肉的运动，让这个恼人的问题消失。

复原运动

产妇的身体、轮廓、体态或是会阴肌肉并不一定会在每次生产过后就变得面目全非。饮食、运动，以及孕期的预防措施，对于避免这类问题具有相当的重要性。虽然产后要做的事很多，但是照顾宝宝不应让产妇忘了自己的存在，以及对自己身体的照顾。

全身运动计划

理想的运动是大约每个星期3次，一次一个小时的规律性有氧运动计划。游泳是很完整的运动，可以在产后1个月就开始，单车运动也是如此。但是，慢跑或任何与跳跃或腹部肌肉收缩的运动，都建议等到会阴恢复的最低期限（3个月）后再开始。

1和2：坐在小板凳上，双腿伸直，双脚并拢，双手放在座位上，后背弯曲，双手伸到脚踝处。维持这个姿势，并深呼吸数次，吐气，再恢复原来的姿势。

3和4：坐在地板上，背部伸直，双臂抬高，双手并拢，向后弯曲，然后再左右交互倾斜。

5和6：维持匍匐姿势，双臂伸直，吸气并抬头，背部挺直，拱背，下巴在双臂之间。

7，8和9：站着，双手放在一个固定的表面，抬起脚跟，膝盖弯曲，直到坐在脚跟上。之后，身体向后弯曲，背部挺直。回到原来的姿势，重复同样的运动。

10和11：站着，双腿分开，双臂贴紧身体，吸气并身体向前弯曲，吐气，以双手轮流碰触双脚。

12和13：仰卧，双腿伸直双脚与身体平行，抬起双腿，做剪式运动数次。

14和15：像前一个运动一样仰卧，抬起双脚，以手支撑髋部，双腿尽量向后伸直。维持这个姿势一分钟，再回到原来的姿势。

心理异常

　　无并发症的生产是成功的，而宝宝也健康又可爱，恐惧和不安已经抛在脑后了，但是妈妈却还是感觉不适而且易怒。她会照顾宝宝，却似乎是被迫这么做的。稍遇挫折，就会情绪失控，甚至会毫无理由放声大哭。她到底怎么了？有哪些精神问题虽看似轻微，但有时却很令人担忧的呢？

产后期的心理异常

　　产后的精神疾病可分成三大类：产后精神沮丧、产后忧郁与产后重度精神病。

　　产后精神沮丧是一种短暂轻微的沮丧情绪，产后几天就会消失。发生产后精神沮丧的频率相当高，因为它会依据时期与民族、人种的不同，而影响到 3 ~ 5 成的产妇。产后精神沮丧的症

▲丈夫的关照与全心投入在新的家庭生活，是避免或缓和产后可能发生之心理异常的重要因素。

状是情绪不稳、易怒、爱哭、焦虑、睡眠和食欲障碍等等。有这些症状的产妇完全清楚自己的情绪状态，会因此而受到惊吓，而且会因为与原本自己设想的满足和快乐相左而感到自责。产后的第一天就可能出现某种症状了，但是却到了 4 ~ 5 天之后才会完全表现出来。通常在10 天之后会完全解除。

◀过多的家事和无法面对现实的感觉，都是引发产后精神沮丧的主因。家庭凝聚力有助于克服这个小问题。

产后精神沮丧的起因

　　产后连续性的激素浓度下降与产褥期的情绪变化息息相关，心理比较脆弱的人可能会被莫名的哀伤所包围。然而，大多数的产妇都没有沮丧的前例。这点与怀孕的次数及哺乳的方式无关，也与患者的年龄、社会阶级或教育程度无关。基于这样的理由，一般认为所有孕妇都有发生产后精神沮丧的可能。

⚠ 如何对抗沮丧

母亲应该尽可能休息，因为疲累会让情况更严重。另一半应该协助产妇夜间喂奶的工作。另外，饮食也要健康，吃大量的蔬菜和水果。温和的运动、偶尔散散步也有助于提振精神。虽然有时候说比做还容易，产妇还是应该试着对自己好一点，如果无法完成所有义务，也不要自责；其他的家人应该主动帮忙。最重要的是，产妇应该表达自己的情绪，不要压抑恐惧和负面的情绪。无论如何，说出来就是很大的解脱了。

▲某种因自责而恶化的焦虑感常会在产后几天发生。

治疗

由于产后精神沮丧是一个暂时性的过程，所以不需要特别的治疗，但也绝对不可忽视这个问题，更不可将它视为无关紧要或嘲笑患者，因为她真的过得很不好。所以，最好是能向新生儿母亲解释清楚她的状况，强调那只是暂时性的问题，而且是很容易处理的。此外，必须要给她支持和安全感。要注意的是，如果症状在1个月的合理期间内仍未解除，那么最好是接受专业的精神评估。

产后忧郁

产后忧郁的情况比较严重，发生概率较低，是一种因生产而恶化的真正的忧郁疾病。产后忧郁可能是沮丧的第一阶段，或者是已经出现其他症状的产妇再度复发。与前者不同的是，产后忧郁是在产后隐秘发生，通常是在第3个月出现，症状也比较严重。产后忧郁有可能会变成一种慢性病，甚至可能让患者产生自杀的念头。患者会极度哀伤，有自责感、完全失去自信，甚至沮丧到神志不清的状态。

忧郁的诊断与治疗

如果有发生产后忧郁的情况，那就必须要有精神科医师和心理医师的参与，才能正确诊断和治疗了。在治疗方面，几乎都要服用抗忧郁药物和开始做心理治疗。最常运用的心理治疗方式是孩子的父亲也必须参与的支持性精神疗法，以强化感情关系。在少数的个案当中，由于症状相当严重，所以会建议患者住院，特别是在发现有自杀倾向之后更要重视。

产后重度精神病

幸运的是，产后重度精神病很少见，发生原因不明，一千个产妇当中，也只有一个会发生。产后重性精神病是在产后几天或几个星期快速出现，同时伴随神志不清、迷惘和激动的症状。精神分裂症的典型症状有很多种，因此患者可能会有幻影或幻听的状况，以为自己被另一个人附身了，或是受到假想敌的胁迫。

有时候也会有明显陶醉的状态。患者会自以为具有某些超能力；有的患者则是陷入深度悲伤当中。必须住进专门的医疗中心接受治疗。

◀母亲的精神平衡多半与另一半是否完全投入在爱护共同拥有的孩子有关。

医师诊疗室
产后

我刚生下宝宝，我母亲告诉我，现在最重要的就是将他喂养好，不要着凉也不要受热；他还太小，无法理解我对他说的亲密话语。我母亲所说的正确吗？

新生儿对情感的需求，与饮食和衣着相同。经充分证实，中央神经系统的发育会一直延伸到幼儿期后段。为使此系统正常运行，其与环境的互动必须是丰富且正面的。虽然他的视力仍未完全发育，他的耳朵却具有与成人相同的接收能力。宝宝不了解话意，却能完整感受言语当中的温馨语调。抚摸、紧密的接触，以及哺乳期的吸吮都是让他比较愉悦的感受，然而，听爱惜的话语及音乐亦具有相同的效用。宝宝听音乐时的强力神经发展效用是众所周知的事实。

在与小女儿相处 4 个月之后，我必须重新回到职场。如果我对她这一段生命所能给予的疼爱是那么的重要，那么，如果我每天必须与她分离 8 个小时，是不是很不好呢？

当然，最理想的做法是母亲在宝宝的第一年当中，都不要与他分开。宝宝在 1 岁之前还未开始社会化的学习，因此其感情生活完全集中在与母亲的关系上。如果母亲一定得去上班，那么另一个人必须在那 8 个小时当中取代母亲的角色。以情感关系而言，新生儿不应受到忽略。然后，母亲应该充分利用其空闲时刻，多和宝宝相处。

我一直以为吸吮是宝宝的天性，所以，当儿子不会吃奶时，我非常担忧。有的宝宝会吸吮，有的宝宝却不会，这应做何解释？

吸吮反射与眨眼，以及触碰到我们任何一个人的膝盖时会伸开双脚一样，都是新生儿天生的神经反应。如果我们把奶嘴靠近宝宝的嘴巴，可以发现他即刻采取吸吮的姿势。然而，并非所有的新生儿都具备哺乳期的相同能力。或许在他刚出生的前几个小时，因为不想要而没有吸吮的需求。也可能乳房平坦，让他吸吮困难，或是因为奶水来得慢，而当他吸吮时，只流出初乳而已，宝宝因此对吃奶产生厌倦而放弃。不过，不用紧张，因为再给他多一点时间和耐心，就可以正常哺乳了。

我太太的生产过程很复杂，最后只好剖宫生产。医师们必须对她做全身麻醉，而宝宝在出生的第一个星期情况也不太好。因此，在宝宝出生 9 天之后，医师们才同意让母亲与宝宝做第一次的接触。等到他大一点的时候，会有影响吗？

我们都知道，母子之间亲密的关系是宝宝心理发展的最关键因素，因此最好从出生的那一刻开始，就保持这样的关系。

现在的医院尝试着倡导这样的接触，甚至包括必须住在保温箱里的早产儿。"袋鼠妈妈"的经验很有名，也就是早产儿妈妈在保温箱外抱着他，一天数小时与他的皮肤接触，而这些宝宝的进展也比一般加护病房里的宝宝进展速度要快。总之，如果分离是无法避免的，那么应该为了宝宝安全着想，而且也要知道，人类心灵具有适应逆境的强大能力。如果之后母亲能够大量给予宝宝在他出生后前 9 天所缺少的爱，那么他之后也能克服分离的创伤。

1 个半月前我生产了，我和我的另一半又重新开始做一些亲密的接触，可是我觉得会痛。再过几天，我就要去做产后检查了，我可以跟医生讲这些困扰我的事吗？

当然可以。医生应该知道性交会不会痛，以便在做产后第一次检查时，确认会阴的结痂状况、是否有发炎和回缩的情形，以及缝线有否形成孢囊等等。总之，多数的轻微并发症都可以在第一次产检中轻易地解决，并把问题处理好。另外，医师会给予建议，以减缓这些不适，并且安抚产妇的另一半，向他解释，这不过是暂时性的问题，几个星期后就会消失了。

我曾听说在托儿所长大的孩子，等他们大一点的时候，会比在自家长大的孩子有比较多的情感问题。这是真的吗？

情感智商的发展很复杂，如果说幼儿园的孩子问题比较多，那么就是一个错误的简化说法。许多在照顾不周与感情不足的机构内成长的孩子，之后会有许多关系的问题，这是事实。在许多被忽略的安宁疗护的极端个案中，其后遗症是一辈子的，罹患语言障碍、低智商与精神错乱的比例很高。但是，现在的幼儿园有专业人员与资源以适当刺激宝宝，并提供宝宝一个好的智力与情感发展的好环境。

虽然我的朋友告诉我，怀孕时会有便秘的问题，可是，在整个怀孕期，甚至是前几个月，我都没有这样的问题。但是现在我刚生产完，却无法上厕所，怎么会有这样的事情发生？

原因有好几个。第一，产妇在分娩前后那几个小时以及刚生产过后吃不多，尤其是喝得不多。其次，可能有某种程度的脱水，因重新吸收的水分量增加，而造成羊粪便。有些使用的止痛药和麻醉药也可能会减少肠道活动。有时候也只能使用灌肠剂，将大肠排空了。

😊 **实例**
产后

情感的重要性

在产前卫生教育的课程当中，特别谈到情感对新生儿的重要性。他们告诉我们，宝宝必须在一个可以大量给予爱抚，并告诉他温柔话语的愉悦环境中成长。这不仅仅是人类特有的情况，动物亦然。他们让我们看了一部影片以做说明，影片中有一只小猴子，当它与母猴分开时，它会紧跟着一只以电线和毛巾做成的"人工母亲"。如果把它移走，小猴子会像人类的宝宝一样尖叫、难过。但是，他们也告诉我们，宝宝的情感关系并不一定是建立在与母亲之间。奶奶、爸爸，或是一只螃蟹的作用都相同，因为最重要的是孩子感觉被爱与被珍惜。

因此，那些和我一样，必须在产假结束后重新回到工作岗位的妈妈们，也安抚了我的情绪。她们说，重点不在于我们与宝宝相处的时间与品质，更重要的是，当我们和宝宝在一起的时候，他是我们注意力的焦点。有时候，我们一整天都不太注意到宝宝的存在。这些话安抚了我们的心，也让我知道，我将可以尽到自己的职责了。

恢复曲线

我喜欢看起来漂漂亮亮的，所以当我怀孕胖了 13 千克时，感觉糟透了。有时候我会自我放纵一下，结果我体重的增加速度比我的医生期许的还快。但是，医生禁止我在妊娠期节食。他跟我说，产后一切都会得到解决。我不是很清楚他的话意，我相当难过，但是，最后我必须承认他说对了。分娩后，我的体重掉了大约 6 千克，但是还不够。不过，我还是无法严格节食，因为我决定以母乳哺喂宝宝，所以我的热量需求量很高。可是，医生告诉我，喂母乳是慢慢减重的好方法；而事实亦如此。另外，营养师也给我一份均衡膳食表，排除所有潜藏在甜点和点心之内的空热量。接下来，当我情况允许的时候，我开始散步，散步的距离一次比一次长，在 3 个月后，我又重新开始一星期上一次健身房的习惯了。离我生产已经过了半年，我只比怀孕前的体重多出两千克而已。现在我每周去运动中心 3 次，我的膳食很多样化，我吃大量的蔬菜、鱼类和水果。夏天到了，我要好好利用，多多带宝宝出去散步。我相信，再过 2～3 个月，我就可以恢复原来的身材了。

新生儿

当胎儿一离开子宫，就必须接受一连串的照护与检查，特别像是艾普格检查，以确定他有无任何问题。万一是早产儿，或是有其他特殊状况，医疗团队还会持续追踪，以确保新生命的正常。

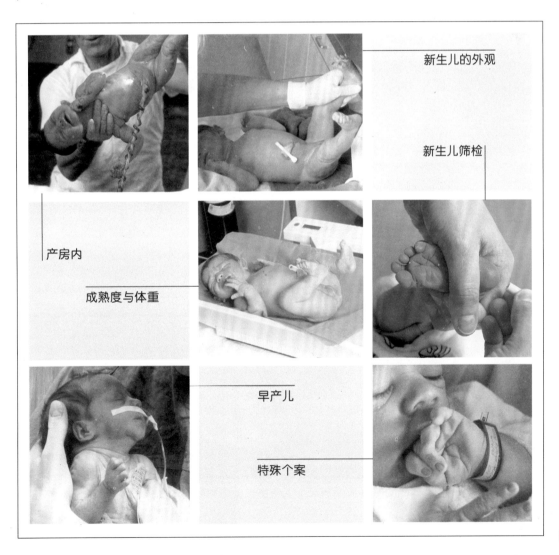

新生儿的外观

新生儿筛检

产房内

成熟度与体重

早产儿

特殊个案

产房内

　　一旦跨越产道的门槛，新生儿即将经历一个关键性的时刻：他的身体将从妊娠期的液态环境，进入到即将陪他度过一生的气态环境。当产科医师抓住他的双脚，让他头部朝下时，他靠着脐带仍与母亲相连，这时候宝宝会以尖叫或啼哭的方式，进行第一次的肺式呼吸。之后就开始一连串的循环与肺部变化，如果一切顺利，宝宝将可存活下来。

　　▶出生之后，宝宝的姿势是头部向下，以利排出呼吸道内的羊水。

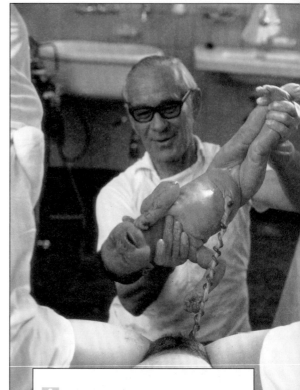

适应子宫外的生活

　　胎儿的血液通过摄取胎盘血液内的氧气而进行气体交换。新生命的肺部逐渐发育成熟，但却呈现无活动的状态。心脏像泵一样地工作着，把通过脐带输送全胎盘的血液送到全身，并且携带必要的营养素，以利平衡的发育。而促进全身血液循环的血管系统仍维持原有的连接与结构，直到呼吸器官开始发生功用时，才会有所改变。

ⓘ 胎儿血液

　　在胎儿生活当中，血液具有可适应本阶段条件的成分。由于母体供应胎盘之血液量很少，以致氧合作用低，所以胎儿会制造一种具有强氧亲和力的血红素，以确保从血液中取得足量的氧气。

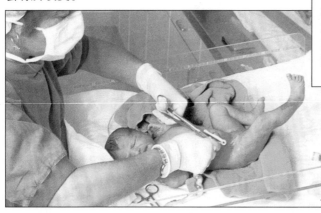

　　◀剪断脐带会中断来自母体提供氧气的血流，而新生儿即开始自行生存。在剪断的那一刻，由于脐带没有神经，所以宝宝不会感到疼痛。

艾普格检查

　　在剪断脐带之后，新生儿必须随时受到照护。当在产房被助产士或协助人员接下之后，便将他放在烤灯下面，以避免体温下降过快，并应吸出可能会堵住呼吸道的分泌物。

　　为了即刻评估其健康与心肺正常适应的状态，必须留意分数介于 0 ~ 2 分的五个参数。这个称为艾普格检查的评估方式，是一可以系统性地解码新生儿在产后几分钟的健康程度。这个数据在专家评估新生儿时，占有相当的重要性。

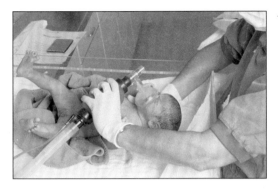

◀新生儿只有在特殊情况下需要施行苏醒袋挤压（正压换气），例如呼吸困难或是可能影响肺部正常功能的肋凹。

▼剪断脐带之后，会以一种特殊的夹子将它夹住，并以酒精涂抹，待其干燥和自行脱落。脐带末端通常会在10天～3星期内脱落。

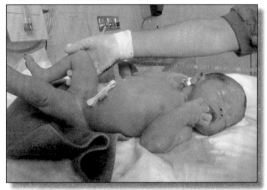

复苏

当新生儿心肺功能适应不良时，在产房内会同时进行复苏术与给予氧气，以确保他的生命征象，并避免造成日后的后遗症。这一点提供了医院生产胜于居家生产的合理性：即便在多数情况下，复苏术并不是必要的，但在若干状况之下，却是生命攸关的。依情况的不同，所施予的复苏术也有所不同；当情况危急的时候，可能需要使用呼吸器，而新生儿必须即刻送进加护病房。现今有适应问题的新生儿存活率是很高的。

立即照护

在出生后的几个小时当中，新生儿必须维持在正确温度。不要忘了，宝宝出生时所适应的平均温度是与母体相同的37℃。出生时，宝宝的体温将丧失12～15℃，弥补的方式是将他包裹，并放置在烤灯之下，直到确认其可维持37℃的基础体温为止。新生儿的眼睛可能会在产道中受到感染，故需帮他涂上含适当抗生素的眼药水或药膏。在脐带上，则使用96%的乙醇，并以纱布与胶带保护。脐带会慢慢干燥，直到自行脱落为止。

维生素K

新生儿在出生时，缺乏维生素K。这种有助于血液凝结的关键维生素是由肠道微生物群聚所合成，并可从母乳当中取得。所以，在开始喝奶之前，新生儿会有出血风险。为了平衡这样的不足，所有新生儿皆须注射一剂的维生素K。

艾普格检查

征象	分数		
	0	1	2
心律	无	每分钟低于100次	每分钟高于100次
呼吸状况	无	呼吸缓慢且不规律	呼吸良好，且会哭
肤色	蓝（肤色蓝白	身体呈粉红色，四肢末梢呈蓝色	肤色呈粉红色
肌肉张力	弱（柔软无力）	四肢稍微屈曲	有力的活动
反射（刺激脚底）	无反应	脸部扭曲（扮鬼脸状）	啼哭

新生儿的外观

在许多状况下，新生儿可能看起来不怎么令人满意。生产（尤其是阴道生产）的外部迹象通常是以下述的方式表现：头位的小黄瓜状头部、臀位的扁平状头部、肿胀的眼睑、头皮上残留的血迹。这些颇令人失望的外观在几个小时之后就会改善。

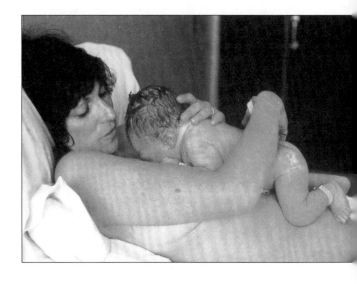

▶新生儿与母亲皮肤的接触是避免骤然破坏孕期建立之关系的必要方式。同时它亦可给予新生儿热度，因为当他在母亲子宫内时，他是浸润在温度37℃的羊水当中。

头部

就身体的比例而言，头部是偏大的，甚至可能达到全身体积的四分之一。除了胎位的因素之外，头部是身体最容易造成生产困难的部位。其大小是决定是否剖宫产的最常见因素。

在阴道生产当中，头部承受产道的强大压力，却不会因此造成严重后果，因为头骨是柔软的，而且没有彼此接合，故可承受某种程度的挤压。因此，在出生时，可以看到不规则的头部轮廓。

骨骼慢慢地会回到正确的位置，而头部也会恢复正常的形状。

有时候会有血肿和积液等明显肿胀。这些状况通常不严重，几天之后会重新吸收。

ℹ️ 头部血肿

头血肿是一种在头骨（通常是颅顶骨）表面所形成的积血，这是胎位所造成的压力所致。出生后几天会自行吸收，不需特别治疗。

有时候可能会有钙化的情形，而成为头骨的一部分。但是，所产生的不正常形状会随着头骨的成长而逐渐消失。

胎头变形

依据胎位的不同，所形成之不同程度与形状的畸形胎头。

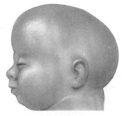

枕前位

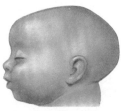

额位

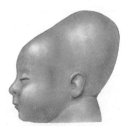

脸位

颜色与皮肤

呼吸与血氧浓度正常的健康新生儿之肤色是粉红的。不同的肤色可能是不同病理状况的指标：带蓝肤色表示血液氧合困难，红色或发红肤色是红细胞增多症的指标，苍白则是贫血或失血。

足月的新生儿皮肤通常是平滑、柔软且含水量丰富的，由一层白色的脂肪（胎脂）所覆盖保护，不应将它除去，因为它会自行吸收。当皮肤干燥、裂开，且有脱皮的倾向时，可能是因为新生儿过熟，或有胎盘提早老化的现象。头发的生长情形并不一定，主要在于种族特性。通常有些肤色较暗的新生儿会有大量头发，其他则完全秃头。不管如何，都属正常现象。长短适中之柔毛的出现同样也是正常的现象，它会覆盖肩膀和背部。此即为所谓的胎毛，会在几个星期之后脱落。

胎记

新生儿皮肤上常会有发育程度与重要性各不等的斑点。位在额头、眼睑与后颈的红色斑点即为所谓的血管瘤，通常多是出现在肤色较白的人身上，会在 1 岁以前消失。如果斑点的位置不同，其往后之演变较无法确定。暗褐色的痣称为黑痣，多半是永久性的，但是通常只是美观问题而已。总之，最好都能追踪它们的成长情形。

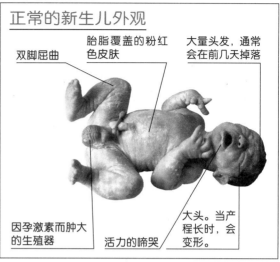

正常的新生儿外观

- 双脚屈曲
- 胎脂覆盖的粉红色皮肤
- 大量头发，通常会在前几天掉落
- 因孕激素而肿大的生殖器
- 活力的啼哭
- 大头。当产程长时，会变形。

身体与四肢

与头部体积相较之下，新生儿的身体看似略小。事实上，头部、身体与四肢的比例因成长速度而各异。因此，出生时占全身 1/4 的头部，在生长最后，却只占了 1/8 而已。

新生儿最引人注目的是圆圆的腹部，会因吃进食物而变大。这是因为腹部肌肉张力缺乏，以及肠道气体波动的缘故。

他们的双腿通常是弓形的，呈现括弧状，在多数的时间当中，都是弯曲的。如果是臀位的话，前几天的腿部会维持与髋部相同高度的屈曲状态。新生儿越成熟，其肌肉张力越活跃，通常很难让下肢完全伸展开来。

> ⓘ **蒙古斑**
>
> 有些新生儿有略带紫色的斑点，类似血肿或挫伤，位置在下背部（荐骨）有时候还会涵盖部分臀部。这种斑点就是所谓的蒙古斑，通常与家庭史有关，因为常会出现在肤色偏暗或偏黄的人种身上，故因此得名。

▶ 新生儿的辨识通常是通过病历表上的脚印。当宝宝在婴儿室内与其他新生儿同处时，这是确保个人身份最可信的系统。

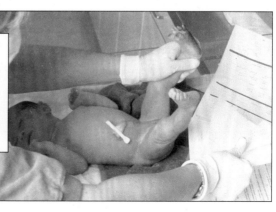

成熟度与体重

　　新生儿的大小通常与怀孕状况及家族史，也就是父母的体质有直接的关系。至少一半以上的足月新生儿体重介于 3 200 ～ 3 400 克之间，身长为 48 ～ 52 厘米。

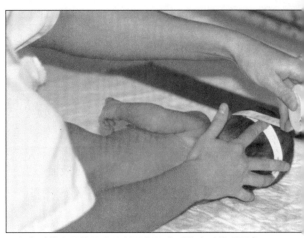

▲出生时的头围值是小儿科医师于产后检查时的重要参考数据。其记录为产后定期检查的一部分。

足月新生儿

　　于怀孕第 38 至 42 周出生的胎儿称为足月新生儿。这是一个重要的概念，因为它和胎儿的健康状况有关，早产儿和过熟儿患病的风险较高。大约有 50% 的足月新生儿体重介于 3 200 到 3 400 克之间。体重不足 2 500 克者称为过轻，超过 3 800 克者称为过重。

　　身长具有一个相对值，通常与体重呈比例。一个足月的新生儿通常介于 48 至 52 厘米。体重较轻的新生儿体长通常是 42 到 48 厘米，而体重较重的则介于 52 到 55 厘米之间。

ℹ️ 头几天体重下降

　　在正常的情况下，所有新生儿在出生后 72 小时之内有体重下降的情形，下降的体重相当于出生时体重的 14%。究其原因，不外乎与没有进食、体内能量消耗，以及排出的胎便和尿液有关。母奶宝宝在出生后 48 ～ 72 小时接收养分的供给，以满足其能量需求，同时会反应在体重增加上；这段时间即是母亲用以开始分泌乳小汁的时间。如果在一开始就喂食第一阶段的配方奶，那么体重下降的幅度可能会少一点，时间也会短一点，新生儿可能从第二天开始就恢复体重。

　　每日的体重控制是了解哺喂母乳情形的间接方式，且是很重要的一项工作。体重恢复明确显示乳汁开始分泌了，而维持上升的曲线则有助于确认这个事实。以体重曲线来看，每日增加 20 至 30 克即显示其营养均衡。

子宫内生长迟滞

　　如果足月儿体重低于其年龄应有体重之 10%，则被视为子宫内生产迟滞新生儿。下页图表中所显示的都是体重大约低于 2 600 克的宝宝。

　　这些新生儿皆呈现与营养不良有关的所有问题：储存物质稀少而造成的血糖不足，以及因缺乏脂肪而出现维持正常体温的困难，这些问题皆与母亲的健康状况无关。而在母亲的健康问题方面，首先是吸烟（应于妊娠期戒除）、高血压，以及某些心脏疾病。

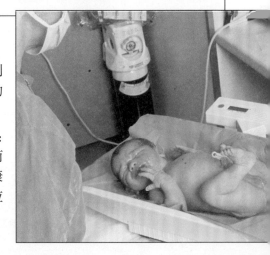

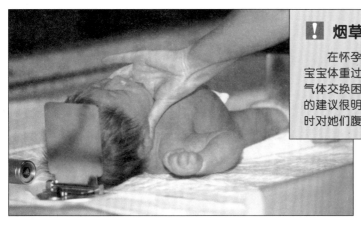

> ⚠ **烟草的危险性**
>
> 在怀孕前或怀孕中抽烟的妈妈必须承担宝宝体重过轻的风险。尼古丁会造成胎盘内气体交换困难，而导致胎儿营养不良。此时的建议很明确：应该尽可能避免吸烟，因此时对她们腹中期待的宝宝是有高危险性的。

◀新生儿体长并非评估其生长状况的可信数据。此外，该数据亦不具明确度，因为在出生后前几天，胎儿的双脚是弯曲的，几乎不可能让它完全伸直的。

体重较重的新生儿

当新生儿体重超过同龄的 90 个百分点以上，就被视为是体重过重的新生儿。多数这类的宝宝都具有家族因素。但是，出生时如果体重过重，那么有一个很重要的因素：母亲患有糖尿病。

母亲为糖尿病患者的孩子（第一型或妊娠糖尿病）通常体积很大，出生时因为暂时性血胰岛素过多的原因，所以具有罹患低血糖症（血糖浓度极低）的风险。在出生后前几个小时，这类新生儿必须接受严格的监控，不断测量血糖，以在必要时刻进行矫正。

妊娠期过重胎儿另有肥胖的问题，因为他的大体积可能会造成通过产道的困难。在这些状况下，进行剖宫生产的概率是很高的。

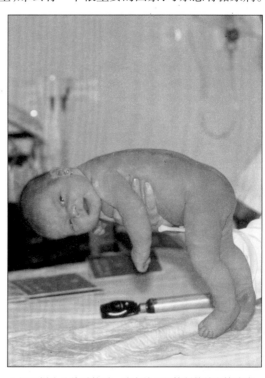

▲如果新生儿体重较重，院方就必须控制他的血糖浓度。

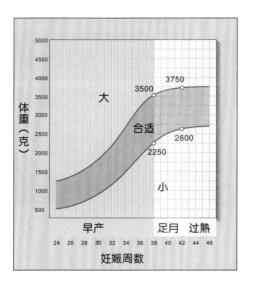

◀妊娠期体重与周数的关系。体重未在合适栏位内的宝宝问题较多，特别是早产儿更严重。

新生儿筛检

即使一切状况良好，新生儿在出生后几个小时接受医师检查仍是必要的步骤。比较自然的处理方式，是由新生儿科或小儿科医师来进行检查，因为新生儿有某些特征明显与较大孩童及成人不同。

> **ⓘ 吸吮，基本反射**
>
> 出生后前几个小时所表现的吸吮反射，是确保宝宝营养状况良好的重要依据。这个反射很早就会出现，甚至可在怀孕 36 周之后超声波检查得知。

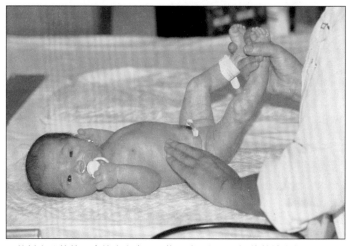

▲ 从新生儿的第一次检查当中，可能无法取得足以评估其健康状况的必要资讯，所以在接下来的几天当中，必须持续追踪。

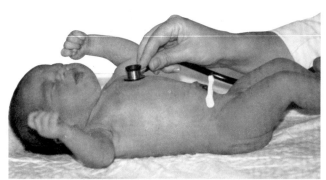

▲心肺听诊有助于取得基本数据，以评估新生儿适应子宫外生活的状况。

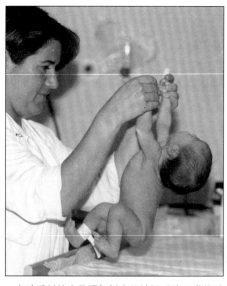

▲ 自动反射检查是预知新生儿神经系统正常的重要资讯。

身体检查

除非是事前察觉到某些状况而必须进行紧急医疗处理，否则，新生儿第一次的检查应该在产后 2～3 小时内体温稳定之后完成。总之，不应拖延过前 24 小时。基本检查评估全身状况、肤色与脉搏、脐带状况、关节活动力与呼吸功能等。另外，亦进行心脏听诊与腹部触诊。尿液与粪便监测是了解其泌尿与消化器官正常运作的基本检查。生殖器检查则有助于发现可能的生殖异常情形。

▶ 髋部检查可了解这个部位关节的成熟状况。这是一个重要的资讯,因为这个部位关节生长异常是很常见的。

神经检查

由于在生产过程当中,胎头是很脆弱的,所以神经检查是新生儿检查一个重要的部分。肌肉张力、自发性动作的活力,以及对不同刺激的反应都是了解头部结构是否良好的关键。新生儿会有一连串的初始反射(拥抱、踏步与抓握反射等),这些反射只会在 36 ~ 42 周之间出现。这些反射不仅可用来评估其神经健全状态,亦可在有疑虑时,推算其妊娠年龄。

补充性检查

在正常的情况下,光是身体检查与神经检查就足以评估新生儿的健康了。但是,除了基本检查之外,还有其他补充性检查项目,例如 X 光或超声波等检查(审校者注:非必要性,因不是每个新生儿都要做)。当有生产当中锁骨骨折的疑虑产生,或是在出生后前几天出现呼吸困难、呕吐或其他异常状况时,就有必要进行补充性检查了。

如果母亲的产前检查有可能影响到新生儿,那么就必须进行其他小儿科补充检查,并做一些试验了。因此,如果母亲的阴道培养是阳性的(有 B 型链球菌),则必须做血液分析;如果在妊娠期最后几个月的超声波检查中,侦测到胎儿肾脏结构异常,那么就必须做肾脏超声波检查了。

◀ 如果让足月的新生儿直立,他可能会自行走上几步。

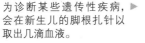

为诊断某些遗传性疾病, ▶ 会在新生儿的脚跟扎针以取出几滴血液。

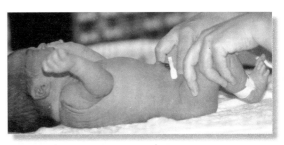

ℹ **锁骨骨折**

较重胎儿可能会有在分娩时断掉一根锁骨的情形。虽然胎儿因骨骼柔软,具有弯曲身体的能力,但是,也可能因肩膀通过产道困难,而无可避免地发生一根锁骨骨折的情况,通常只是单纯性骨折,而没有移位的问题,它会自动固定,没有任何症状出现。所以,有时候会在已经形成骨痂时,才会诊断出来。

遗传性疾病的早期诊断

有些先天性及遗传性疾病会经过一段时间,在多种异常现象出现之后,才会明朗化。有些如苯酮尿症、甲状腺机能低下或囊肿性纤维化等疾病如能在病发前尽早以血液分析诊断的话,那么就可能避免严重的问题。苯酮尿症是一种先天性的代谢异常,可能伤害神经系统,进而造成智力衰退。如能早期诊断,接受特殊饮食,正常代谢蛋白质内的氨基酸,即可避免脑部受损。

甲状腺机能低下是一种因甲状腺素分泌不足而引起的先天性甲状腺功能障碍,它同时会造成神经受损(审校者注:较常导致智商的问题),可以通过药物的方式使用激素。囊肿性纤维化是一种先天性疾病,可引发严重的呼吸与消化障碍。虽然其治疗方式仍没有定论,但早期诊断亦有助于采积极有用的抗病措施。

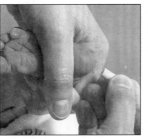

早产儿

所有在妊娠38周以前出生的宝宝，不管体重如何，都称为早产儿。在妊娠23周之前，由于器官不成熟，故无法适应子宫外的生活。然而，随着时间的过去，也可以借助于高科技疗法，使其存活率不断提高。

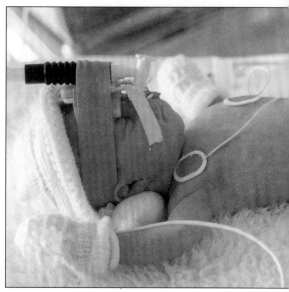

▲ 宝宝躺在保温箱内受到监测，并借助呼吸器，可帮助多数的早产儿存活。

早产的原因

时间未到即出生，最常见的原因来自母体，或是胎儿本身。其中最常见的原因来自羊膜囊因自身的原因或意外而提早破裂，其他母体的因素则是高血压、在妊娠期经感染罹患的疾病、慢性肺部、心脏与肾脏疾病、严重创伤，以及胎盘着床异常等。

有些先天性的胎儿畸形与妊娠中发现的疾病，都可能是早产的自发性原因，或是造成早产的原因。但是，最常见的胎儿早产原因是多胞怀孕。

早产的风险

早产意味不成熟，因此，在38周前出生的早产儿尚未完成其成熟过程，其风险的大小亦与怀孕周数有关。因为肺部不成熟的最直接问题是可能会引起呼吸困难。在36周之前，除非有在母体施用可的松以刺激肺部成熟，否则风险仍很高。有呼吸窘迫问题的早产儿需要立即性的治疗，严重时，还需要使用呼吸器，所以必须在特殊的加护照护中心接受治疗。

早产儿罹患低血糖症（血糖浓度低）的风险较足月新生儿还高。另一个与不成熟有关的常见问题，为因血管脆弱度高所造成的出血。当它影响到中枢神经系统的结构时，这个情形尤其严重。

早产儿无法维持稳定的体温，这是额外的问题，所以必须将他安置在保温箱内。

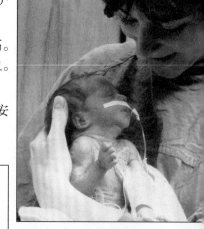

▲ 虽然早产儿有不成熟的问题，并需仰赖高科技资源才得以存活，但对于早产儿来说，母亲的接触与热度和保温箱同样重要。

> ### ℹ 早产儿呼吸窘迫预防
>
> 早产儿的主要问题之一，可能是因肺部不够成熟所导致的呼吸功能低下。确切地说，是肺表面活化剂（降低肺泡内部表面张力，并且抑制呼气时肺泡塌陷的物质）。近几年来已可成功取得合成表面活化剂，并已即刻成为一种新生儿照顾的第一线治疗利器，有助于对抗罹患呼吸疾病的风险。

早产儿发育

原则上，健康早产儿未来的风险并不会比体重超过 10% 的足月新生儿要多。30 周之前出生且体重小于 1 500 克的较大早产儿，只要能活过 40 周，且没有严重的问题，那么其发育状况可能与正常的新生儿类似。但是，最常发生的情况是呼吸或神经后遗症未见改善，而使早产儿变得比较脆弱，需要特殊监测。

一般来说，早产儿的发育与其出生时的怀孕周数息息相关。例如，一个 32 周的早产儿要到 9 个月之后才有办法坐起来；而一个足月儿应该在 7 个多月的时候就可以坐了。相同的原则也适用于其开始走路、说话和其他精神运动能力。

早产儿的照看护理

健康的早产儿依其成熟度的不同，随时都需要特殊的照看护理。只要没有相关的疾病，出生体重超过 2 200 克且在 36 周以后出生的早产儿通常不会被送到新生儿加护病房。早产儿或许需要保温箱内的热度，直到其体温稳定为止。早产儿亦需定期做血糖控制，或许也需要某种配方特殊的补充物质，以避免体重过度下降。

如果早产儿小于 36 周，且体重少于 2 200 克，那么他很可能需要保温箱内 24 小时的照看护理。有时会需要氧气、特殊牛奶配方、随时监测生命征象，以侦测因未成熟所引发的异常状况。

> ℹ️ **保温箱**
>
> 保温箱是一个具有可维持常温装置的特殊摇篮。另外，也有一种可依新生儿需求而做调整的氧气流。其透明且密闭的箱子可让人随时看到新生儿，并可让新生儿裸身，以便于做控制。当宝宝需要时，亦可轻松监测。

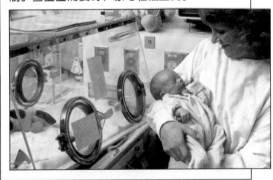

早产的问题		
生理特性		**并发症**
•出生时体重轻（时常少于 2.5 千克）	•体积较小	•出生时受伤的风险较高
	•皮肤细致、柔软和明亮	•佝偻病
•头手相对较大	•皮下脂肪稀少	•呼吸窘迫症状 •比较容易出血
•皮下血管可见	•皮脂（覆盖新生儿的脂肪物质）减少	•重复性呼吸中止危机 •脑出血
•耳朵软骨易弯曲和柔软		•黄疸 •严重肠道发炎 [审校者注：坏死性肠炎较为常见]
•表皮毛发（胎毛）	•哭声微弱、呻吟	•感染
•腹部隆起	•吸吮与吞咽能力不足	•温控不良
•呼吸不顺	•胃食道逆流倾向	•贫血
		•低血糖症（血液浓度低）及其他体内化学物质变化

特殊个案

　　在特殊个案当中，值得一提的是迟产（过熟）儿与双胞胎新生儿；前者不多见，但后者就相当普遍了，尤其是在长时间服用避孕药之后所造成的多排卵情形。另一个例子是新生儿生理性黄疸，虽然发生的概率很高，却很容易处理。

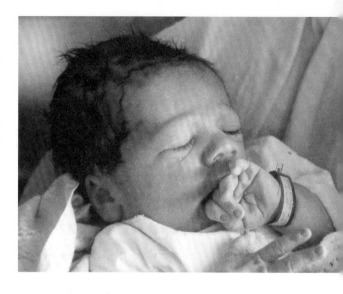

▶ 干巴巴皱扁扁的皮肤（特别是手脚的部位）是迟产或过熟新生儿最醒目的特色。这些状况并不常见，因为通常是在妊娠 42 周之后才会出现。

迟产（过熟）儿

　　妊娠 42 周以后出生称为迟产（过熟）。长时间怀孕通常会造成胎儿储存物质流失的情况，导致最后几个星期体重下降。迟产胎儿出生时，会有体重下降的明显症状；宝宝的皮肤干裂，有时候看起来像曾浸泡过水，而有脱皮的情形。

　　迟产儿最强制性的需求是保养皮肤与维持足够的营养，以使其快速恢复体重。前者可通过擦拭保湿乳液来达成；后者则通常是借助于这类宝宝具备的严格吸吮反射来达到。但是，万一妈妈泌乳时间较晚，则必须借助于配方奶粉。

异卵双胞胎与同卵双胞胎

　　如果每 100 个怀孕个案中，有一个是双胞胎，那么在每 7 000 个怀孕个案当中，就只有一个是三胞胎。超过三个以上的，就是值得刊登在报纸上的特例了。

　　双胞胎怀孕可能是两种明显互异之机制所造成的结果。首先是两个精子造成两个卵子受精的状况。两个卵子同时存在却分别生长。每一个卵子都有自己的胎盘、羊膜囊和脐带。其性别有时候不同，长相也差别很大，称为异卵双胞胎。后者则是单一精子所造成的唯一卵子受精，之后的分离过程形成两个在同一个羊膜囊内生长，有一个或两个胎盘且同时生长的胚胎。性别总是相同，长相很类似。对于疾病的抵抗力与敏感度方面，也表现出极高的类似度。

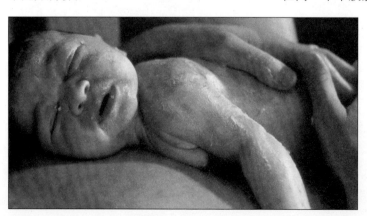

◀ 过热宝宝的皮肤有时可能会因为很干燥而全部脱落。

双胞胎的实用处理方式

有限的母体条件通常会缩短多胞胎的怀孕时间，也因此造成某些需要特别照顾的早产儿。即使是能够足月生产，也有可能因为体重过轻，而需要这方面的照顾。在某些状况之下，会有彼此体积极为不相称的自相矛盾事实，就好像其中一个夺取了另一个的营养似的。当双胞胎的一切生长条件相当时，最让母亲担心的部分就是喂养。虽然具有足够的能力来同时喂养两个宝宝，但现在却很少人能够这么做。在面对一个可能是令人沮丧的挫折之前，有一个良好的解决方法，那就是混合母乳和配方奶喂养，让两个宝宝轮流喝到母乳和配方奶。所以，当一个喝母乳时，另一个则用奶瓶喂养。

新生儿生理性黄疸

从出生第二天开始，新生儿的皮肤经常会呈现中等强度的黄色。在多数的情况之下，这个情况会自动解除，但是有时候也需要特殊处理。新生儿黄疸是肝脏红细胞过多而引发的代谢问题，其中的血色素转变成为一种黄色物质，称为胆红素。另外，也有其他因素，例如 Rh 血型不相容，或是血液或肝脏的先天性疾病。

当目视皮肤颜色怀疑是新生儿生理性黄疸时，应该测量血液当中的胆红素浓度，以决定是否有必要让宝宝照光。所谓的照光，是让宝宝裸身躺在有紫外线光照的灯下。在正常的情况下，这样的疗法在 48 ～ 72 小时之内会看到成效，但是，有时候还必须配合暂时停止母乳的哺喂。

▶ 因生理性黄疸而必须接受光照的新生儿。此时新生儿裸身，眼睛也做了安全保护。

ℹ 多胞胎的原因

除了基因、家族及遗传因素之外，其中一个目前最常发生双胞胎怀孕的原因，是因为广泛使用避孕药来控制生育。那么，在停止使用抑制排卵药试着受孕的时候，很容易会有双重或三重排卵的情形，也因此提高了一次超过一个卵子受精的几率。

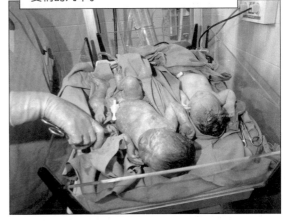

▲ 双胞胎彼此不协调的个案，也就是说其大小明显不同。会有这样的情形发生，是因为其中一个胎盘比另一个更有活力和有效力。

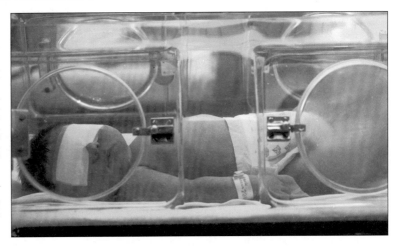

医师诊疗室
新生儿

我提早了 15 天生产，以为不能和宝宝在一起了，因为他是早产儿，所以应该必须待在保温箱内，可是，院方却帮我把宝宝抱到病房内。难道早产儿不需要在保温箱内待上个几天吗？

保温箱是一种内有可控制氧气流与数种特别为新生儿设计的监控装置，以营造一个温暖环境的设备。38 周的早产儿已经够成熟，也可以正常调节基础体温了，故不需要这些条件了。依您的个案来看，可以肯定的是，您宝宝的成熟度评估是正常的。

我太太生了双胞胎，两个体重明显不同。是怀孕过程出了什么问题吗？这表示比较小的孩子，大一点的时候会比较虚弱吗？

双胞胎之所以体重不同，是由于胚胎的缘故，而造成在母体子宫内不对称的生长。但是，出生之后，每一个人会依据他的能力、健康与接受的营养而生长，因此，出生时小的那一个不一定会比较虚弱了。

我曾听说，宝宝出生的时候不会吃奶。我有什么方法可以教他吗？

新生儿不需要学习吸吮，因为吸吮是一种自发性且无意识的反射，不需任何学习。如果新生儿无法吸吮，除非是以导管喂养，否则他的生命将会有存活的危险。而无法吸吮的问题只会发生在妊娠 30 周前出生的早产儿身上。所以，不要紧张，当你的孩子出生时，他就知道如何吃奶。

我的邻居生了一个重达 3 700 克的女宝宝。她告诉我，宝宝的体重正常，可是，我觉得对一个女孩来说，这样太重了。一般来说，女宝宝不是都比男宝宝轻吗？

依统计数字来看，男孩和女孩出生时的体重差距是不具任何意义的。所以，这个体重听来有点重的女宝宝是完全正常的。

当医师给我看我的宝宝时，我很失望，因为他整个背和肩膀都长满了细毛。我先生的毛发不多，所以，我不懂为什么我儿子会有这么多的毛发。

您儿子身上的细毛称为"胎毛"，许多新生儿身上都长有胎毛，和家族特征一点关系也没有。在几个月后，一定会消失的。

所有人都说自然产比剖宫产好。但事实是，剖宫产的宝宝出生时的外观比自然产宝宝好看。自然产不会让宝宝受太多苦吗？

自然产是生产的自然方式，而剖宫产则是出现困难或并发症时解决问题的方法。良好的产科监控是在分娩时候做出最佳选择的保障。只因对宝宝比较不会造成创伤，就计划性地做剖宫生产，这样的论点是很荒谬的。

？ 虽然我分娩是在夏天，可是我妈妈还是坚持要我带宝宝的大衣去医院。她说，所有新生儿都怕冷，这是真的吗？

或许夏天时，因为医院或诊所会开冷气，所以宝宝会更感受到周围的冷意。事实上，宝宝会感受到温度的不同，因为他的身体已经习惯了子宫内37℃的温度。在宝宝开始进食，获得足够的热量以维持稳定的体温之前，应该视室温的状况而选择加减衣服。

？ 我不敢抱我那才出生几天的宝宝，因我害怕自己一不小心会让他滑下去或让他受伤。哪一种抱宝宝的方式比较恰当？

抱宝宝时，不要害怕。动作要轻柔、小心，而且确实抱好。手臂应该支撑住他整个身体，保护他的头部。

？ 我的朋友刚生产完，而宝宝的皮肤到了第2天就变黄了。小儿科医师要求做紧急血液分析，是否宝宝会有什么危险呢？

您朋友的宝宝所罹患的就是所谓的新生儿生理性黄疸，这是胆红素过量所引起。胆红素是红细胞破裂时所形成的物质，而宝宝的肝脏无法将它代谢掉。在多数的情况下，这种情形会自行好转，但有时候仍需要做照光治疗。当母亲的血型是 Rh 阴性时，医师会要求做血液分析，以确认血液中的红细胞浓度正常。有时候，黄疸之所以发生，是因为母乳中的若干成分会干扰胆红素的排除，因此建议将哺喂母乳中断几天。

？ 听说母子之间感情的联系是在出生后马上建立的；但我的孩子出生时因为有一些问题，所以直到出生一个星期之后我才抱到他。这么一来，会抑制我们之间的关系吗？

母子直接关系的建立延后一个星期，丝毫不会影响彼此的感情。只是必须特别留意，让所有的事件不会在照顾宝宝的当下引起恐惧或不安全感。当新生儿必须长时间待在新生儿中心时，应该增加父母出现在该中心的时间，以及早建立彼此的感情。另外要注意的是，在宝宝出生后的前几天，宝宝主要的重点都在睡觉和喝奶，他不会在意在哪里睡觉、喝奶，以及是谁照顾他的。最重要的是他的保暖、干燥和吃得饱。任何一家医院的医护人员都能圆满地完成这些任务，所以，不要担心。您的孩子不会因为一个星期没有您的陪伴就抱怨的。

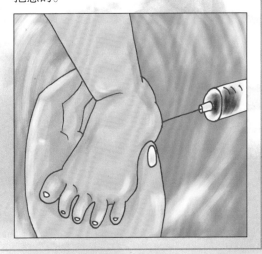

实例
新生儿

阿岚的宝宝锁骨断裂

阿岚罹患了妊娠毒血症，她的产科医师告诉她，宝宝出生时可能会体重过重。其实在产前检查时，已经证实宝宝过重了。总之，医护人员建议她做好自然生产的准备，因为没有必要做剖宫生产。当宝宝产出的那一刻到来时，阿岚感觉到很难将宝宝的头部和肩膀产出，而历经好几个小时的开口期。

宝宝出生时，一切健康，艾普格检查的分数很高，也没有其他大问题。可是医生告知她，宝宝的锁骨断裂了；当宝宝体重较一般标准重时，常会有这样的情况发生。虽然她还没有发现什么特殊情况，但宝宝在产出肩膀的过程当中受了伤，其通过产道的困难度则比预期的还要高。阿岚很担心会留下什么后遗症，或者骨骼可能会闭合得不好。她的医生安抚她的情绪，他说，几个月后，就没什么感觉了。他还说，甚至有些个案完全没有察觉到锁骨断裂，一直到骨折处形成骨痂时才发现。事实上，一切都在预料之内。莎拉的宝宝很健康，没有其他较大的并发症。医师们告诉她，只要在抱宝宝或帮宝宝洗澡时特别小心，不要拉扯他的手臂，或是不要挤压到骨折附近的部位就可以了。

康康的出生

黛雯怀第一胎的时候，已经41岁了。她之前曾拿掉3个孩子，所以她以为不会再生宝宝了。当她再次受孕的时候，她的心情夹杂着喜悦与恐惧。怀孕的过程十分顺利，到了要分娩时，她又再次担心宝宝是否一切平安。

康康出生的时候，医院帮他做每个宝宝都会做的艾普格检查。针对他的肤色、脉搏、数种反射、呼吸速度和肌肉张力做评分，医生说宝宝的分数是7分，助产士告诉黛雯，7分以上表示宝宝很健康。其实，有许多分数较低的宝宝也都可能是正常的。

黛雯问，万一她宝宝的分数是6分或5分，那会是怎么样的情形？助产士告诉她，艾普格检查计分介于4～6分的宝宝通常需接受某种的复苏术，而低于4分的宝宝则必须以较为紧急的方式照护。可是，她的宝宝状况不一样。另外，医院都备有必要的器材和人员，以让宝宝获得需要的照看护理。医护人员把黛雯送回病房，几个小时之后，康康已经和她在一起了。医生说，在24～48小时之内，她就有足够的奶量来喂哺宝宝了。黛雯和康康必须彼此习惯。康康学着吸吮妈妈的乳头，而黛雯哺喂母乳的动作也比较熟练了。虽然生产有时会变得复杂，但多数的分娩都是在正常的情况下完成的。

宝宝喂食

　　宝宝在出生4～6个月之间，仍以喝母乳为主，或是在无法喝母乳的情况下，以奶瓶喝配方奶，直到6个月以后，才慢慢地会在他的食物里面加入谷物、水果、蔬菜、肉、鱼和蛋，以作为牛奶的补充食物，而其全部需切碎喂食。虽说最好能以新鲜食材烹煮，不过市面上也有食品工厂制造的小罐装补充食品，可提供最佳的卫生与营养保障。

母奶及其好处

其他食物

食物需求

配方奶

食物制成品

点心与饮料

食物需求

对营养需求的认识是决定任何生命阶段的膳食形态的必要理论基础，在新生儿阶段和整个哺乳期当中，这点尤其重要。宝宝此时和其他阶段一样，都需要蛋白质、脂肪、维生素和矿物质。母乳则含有这些成分，并具有这些成分的特性。

▲蛋白质、碳水化合物和脂肪都是从出生后的前几个月就需要的营养素。为了帮助宝宝长牙，最好是给宝宝切得很碎的固体食物。

热量需求

新生儿取得的能量必须满足其代谢需求与保障其正常生长。随着身体活动量的增加，一部分的热量将被分配在能量的消耗上。

其出生前几个月的热量需求是很多样化的，在前6个月的需求量是460～510千焦/千克，后6个月是418～460千焦/千克，第二年则大约是418千焦/千克。

幼儿第一年的能量需求（千焦/每千克体重）				
年龄	需求			
	基本	用以成长	用以活动	总计
0～2个月	293	150	37	480
2～6个月	293	75	70	438
6～12个月	293	29	96	418

蛋白质

蛋白质是细胞活动不可或缺的元素，会影响细胞的形成与生长。在所有人的膳食当中，都需要足够的蛋白质量，以确保最佳的生长。缺乏蛋白质的膳食不仅会影响其健康与生长，甚至已经证实，高品质蛋白质的摄取可使具有矮个子基因种族的人长高。蛋白质是由氨基酸链组成，某些氨基酸链是生长不可缺少的。高品质蛋白质含有所有的必需氨基酸，牛肉、鸡鸭肉、鱼肉、蛋、牛奶及乳制品都含有高品质蛋白质，其中又以蛋中所含的蛋白质品质最优。

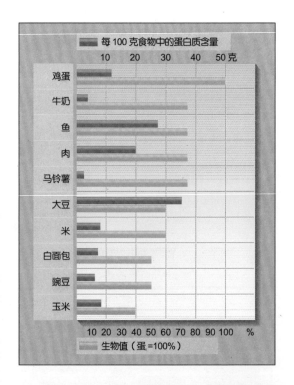

▲蛋白质是维持生命的必要营养素；在婴儿前几个月的生命当中，含有必需氨基酸的高生物值蛋白质是很重要的。

> ### 素食
>
> 　　蔬菜因缺少某些必需氨基酸，故其蛋白质品质较低，这是严格素食者必须注意的一点。多样化与均衡的饮食，含有至少 50% 动物来源的蛋白质，是最适当的饮食方式。

碳水化合物

　　以能量的观点来看，碳水化合物是最重要的营养成分，同时也是多数人的膳食基础。它提供总热量的 50 ~ 70%，根据地域的不同而有所区别。比例最高的地区是以米食为主的区域。

　　提供最多碳水化合物的食物是谷物、水果、牛奶和蔬菜，尤其是马铃薯和豆荚。食物的消化度与吸收度依据其结构的复杂度而有所不同。一部分快速转换成为循环性葡萄糖，以迅速补充身体营养；另一部分则以糖原的形态储存在肝脏与肌肉当中。多余的部分则转换并以脂肪的方式储存。

脂肪

　　脂肪的主要任务是储存并转换成储存能量。宝宝膳食中的脂肪应该要占总热量的 30%。脂肪的存量以牛奶与乳制品、植物油、红肉、竹荚鱼与蛋黄为多。依据所组成之脂肪酸种类，脂肪共分成三大类，即饱和脂肪、单元不饱和脂肪酸与多元不饱和脂肪酸。饱

▼宝宝的健康来自于周围的人所给予的爱护与对营养需求的满足。

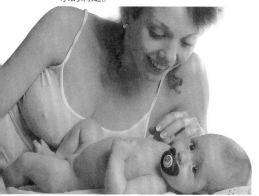

和脂肪比较容易造成血液胆固醇囤积，即使是在生命早期的阶段，仍要特别注意这一点。牛奶与乳制品、猪肉、羊肉和牛肉当中都含有饱和脂肪。不饱和脂肪可避免胆固醇增加，可让脂肪更健康。橄榄油、大部分的植物油与竹荚鱼都含有不饱和脂肪。

维生素与矿物质

每日维生素需求				
脂溶性	水溶性			
维生素（微克）	维生素C（抗坏血酸）（毫克）	维生素B$_1$（硫胺素）（毫克）	（核黄素）（毫克）	（磷酸）（毫克）
0 ~ 6个月　420	35	0.3	0.4	30
6 ~ 12个月　400	35	0.5	0.6	45
维生素D（微克）	烟碱酸（毫克）	泛酸（毫克）	维生素B$_6$（吡哆醇）（毫克）	维生素B$_{12}$（微克）
0 ~ 6个月　10-15	6	2	0.3	1.5
6 ~ 12个月　10-15	8	3	0.6	1.5

　　食物中的维生素是有机物质，不管是任何年龄层，都需要少量的维生素。人类因为无法自行合成维生素，所以必须从食物当中取得。钙、磷、钠、钾、氯、铁、氟、碘、镁及其他矿物质的需求量都不高，但却是繁复的代谢过程所必要的元素。幼儿的膳食中，必须要含有这些元素的最低必要摄取量，而这些维生素都可以从水分、水果、蔬菜、肉、鱼和牛奶中获得。不需量化这些维生素在不同食物内的含量，只要知道多样化与均衡的食物可以提供必要的维生素与矿物质即可。

每日矿物质与微量元素需求量		
	0 ~ 6个月	6 ~ 12个月
钙（毫克）	360	540
磷（毫克）	240	360
镁（毫克）	50	70
铁（毫克）	10	15
碘（微克）	40	50
锰（微克）	500	700
氟（毫克）	0.1 ~ 0.5	0.1 ~ 1.0

母乳及其好处

母乳是新生儿的天然食物。在如此科技化的世界当中，应该清楚地将这个显而易见的观念提出来。除非是很特殊的状况，例如母亲没有足够的奶量，或是罹患某种疾病，否则都应舍弃配方奶，因为配方奶并非宝宝的最佳食物。另外，也证实哺喂母乳可降低母亲罹患某些癌症的可能性。

母乳的好处

母乳是最完整，也是最适合新生儿营养需求的食物，它可提供宝宝更多对抗感染的防御力，同时亦可预防可能的过敏，与避免严重腹泻。此外，哺喂母乳可以强化母亲与孩子之间的情感。

▶ 哺喂母乳对母子都是有益的。母亲可以及早从生产的后遗症恢复，而宝宝也可以减少感染与过敏的风险。

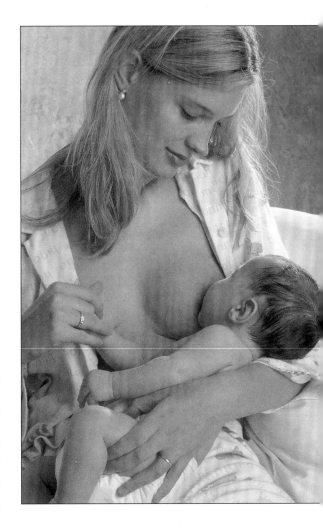

ℹ️ 母奶有利的论点

1. 比较好消化。
2. 提供可刺激宝宝免疫力的元素，并可保护其不受感染。
3. 降低食物过敏的发生率。
4. 母乳在哺乳期，甚至是喂养时，都会自动调整成分，这是配方奶所无法做到的。
5. 建立母子之间特殊的情感与情绪关系。
6. 有助于产后的子宫收缩，直到子宫恢复一般大小为止。
7. 延后产后排卵，形同避孕药。
8. 比起奶瓶的准备与杀菌，母乳方便得多。它同时也经济得多，因为第一年的配方奶花费是很高的。
9. 若干有意义的数据显示，喂母乳妇女易患乳癌的概率较低，所以是一种防护因子。
10. 让母亲获得高自我的满意度。

初乳

在产后的前几天，母亲会分泌一种特殊母乳，称为初乳。初乳是一种偏黄色、有些黏稠的液体，富含蛋白质、维生素及免疫球蛋白，而免疫球蛋白可提高对感染的抵抗力。初乳具有缓泻的特质，可帮助排出胎便，而胎便是新生儿在出生后几个小时会从肛门排出的黑色黏稠物质。虽然初乳的分泌量很少，欲已可满足新生儿的需求了。

母乳的成分

母亲在宝宝出生后 3 ~ 4 天会开始分泌成熟乳汁，是宝宝在前 6 个月所需要之所有营养素所构成的均衡饮食。成熟乳的成分如下：

1. **水**：大约是 80%。

2. **蛋白质**：每 100 毫升的母乳中，有 1 克的高营养价值与低过敏力的蛋白质（60% 的乳清蛋白和 40% 的酪蛋白）。

3. **碳水化合物**：每 100 毫升的母乳含有 7 克的乳糖。是最大的能量来源。

4. **脂肪**：每 100 毫升的母乳含有 3.8 克的脂质，这是产生储存物质与某些组织发育所不可缺少的元素。

5. **矿物质**：每 100 毫升的母乳大约含有 0.2 克足月新生儿所需的矿物质，尤其含有丰富的钙。

6. **维生素**：除了维生素 D 之外，其他维生素的含量是均衡的。维生素 D 会在皮肤上通过光照合成，因此，所有母乳宝宝都必须以药物方式摄取这种维生素（审校者注：在台湾地区，不太同意此做法），特别是在冬季和光照较少的国家。

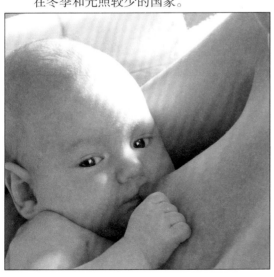

母乳的产生

母乳分泌的过程是在新生儿开始吸吮乳头时启动，它会产生一种脉冲，通过神经系统传送到母亲的脑部，并刺激一种称为脑垂体的腺体，而开始分泌两种激素：泌乳素与催产素。

泌乳素通过血液循环到达乳腺，同时创造泌乳的必要条件。催产素亦以相同的方式，通过乳腺引发母乳分泌，并通过喷乳反射送达宝宝的口中。欲让母乳从乳房流出，必须使喷乳反射与宝宝用力吸吮的时间点吻合才行。

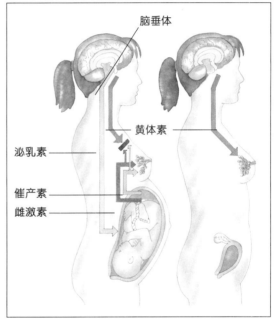

脑垂体

黄体素

泌乳素

催产素

雌激素

▲ 通过宝宝的吸吮，可以启动多种神经与荷尔蒙反应，进而刺激母奶分泌。宝宝吸吮越多，母乳分泌量也越多。

⚠ 前几个小时

虽然在产后几个小时的哺乳当中，宝宝似乎没有吸到什么奶。在初乳开始分泌之前，甚至这样的情况也有发生的可能性。即便如此，脑下垂体接受刺激，以产生泌乳素与催产素的循环却是最重要的。

◀ 所有宝宝在前 6 个月所需的营养成分都集中在母乳当中。

配方奶

虽然母乳有明显的优点，但一开始热衷哺喂母乳的妈妈，可能到了产后两个月后，就有一半会放弃了。失败的原因有好几个，妈妈们因此被迫部分或全部以配方奶喂养宝宝。配方奶都是经过仔细研究与试验过的，所以，如果选择使用配方奶，妈妈不须担心或自责。

牛奶的替代选择

在过去，会以牛奶取代母乳，然而依据每个地域特有的资源，其他动物奶也曾被使用过。随着历史的演进，用来喂养宝宝以取代母乳的牛奶经历了改造的过程，以改善它的耐受度。自 20 世纪初起，数种肠胃不适与未经改良之牛奶的食用就被画上了等号，因为牛奶的成分明显与母乳不同。

配方

现今有两种配方成分：只用在前 4 ~ 6 个月的第一阶段奶粉，以及 6 个月全 1 岁的第二阶段奶粉。当宝宝的膳食开始变得多样化时，第二阶段奶粉就变成宝宝主要的液态食物了。这些产品是从牛奶提炼取得，透过加工过程改良，以达适合宝宝营养的目的。

至于蛋白质的部分，会改变酪蛋白与乳清蛋白之间的关系，也就是从牛奶的 80：20，调整到接近母乳的 40：60。另外再添加一些牛奶中没有的氨基酸，例如牛磺酸及肉碱，这两种氨基酸在宝宝营养方面都扮演着最重要的角色。脂肪的成分通常是以乳脂与植物性脂肪的混合体，并以不饱和脂肪酸为最重要。至于碳水化合物，居主导地位的是乳糖。另外，还有一些配方奶会以某种葡萄糖的聚合物来补充，例如麦芽糊精等。最重要的一点是，矿物质的含量要适当，绝对不可超过母乳的分量。我们也不可忘了，用来冲泡配方奶的水中亦含有矿物质。总而言之，父母可以安心，因为几乎所有市面上看得到的配方奶，其钙、磷、铁和维生素的含量都可与母乳相提并论。

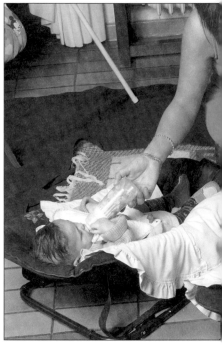

▲ 有许多因素迫使母亲放弃母乳，而转以配方奶喂养孩子；喂养一个以上的宝宝通常是原因之一。

▼ 奶粉是无法哺喂母乳妈妈们的一个选择。其组成成分因不同阶段（3个月大或更大的婴儿）而有所不同。

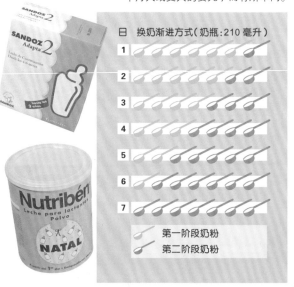

日	换奶渐进方式（奶瓶：210 毫升）
1	
2	
3	
4	
5	
6	
7	

第一阶段奶粉
第二阶段奶粉

（审校者注：1 茶匙 ＝3 克奶粉，对 30 毫升的水）

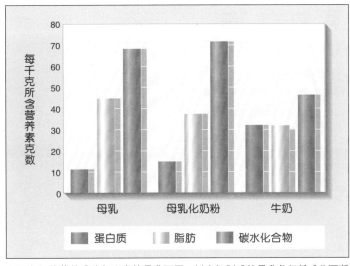

▲ 配方奶的营养成分与人类的母乳不同。以牛奶制成的母乳化奶粉成分不断修改，一直到它的蛋白质、脂肪与碳水化合物含量最接近人奶的成分为止。

特殊牛奶

　　市面上有针对每个宝宝的特殊需求所设计的多种特殊配方牛奶。小儿科医师会依据使用上的实际问题，从下列五种配方选择适合幼儿的奶粉：

1. **低过敏配方**：以 HA 的英文字母识别，其蛋白质已通过一种降低过敏可能性的过程。当宝宝是易过敏体质时，会使用这种配方。至于其他营养素，则与正常幼儿配方相同。

2. **防吐奶配方**：以 AR 的英文字母识别。有一些添加了浓稠物质的配方，使用在容易呕吐或溢奶的婴儿身上。最常用的浓稠物质是角豆和米或玉粉淀粉。

3. **无乳糖奶粉**：这些产品中的牛奶天然糖，也就是乳糖，已被部分或全部以其他碳水化合物取代了；完整保留正常配方中的其他成分与分量。是当有乳糖不耐的情形时使用的配方。

4. **早产儿配方奶**：适合早产儿的特殊需求：更多的蛋白质，加强若干氨基酸，并且稍微调整碳水化合物的成分。

5. **以大豆蛋白制成的配方奶**：如果是对牛奶中一种或数种成分出现不耐性的特殊状况，只有在医师的处方之下，才能使用这类产品。其蛋白质含量必须比母乳略多，碳水化合物则是水解玉米淀粉，而脂肪的来源是植物。

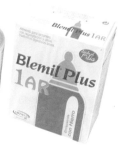

▶ 市面上有许多不同种类的配方奶。例如，有适合乳糖不耐的宝宝、早产儿与防吐奶的配方。

其他食物

母乳与配方奶至少足以满足宝宝前 4 个月的营养需求，但是，从这时候开始，必须在他的膳食当中加入其他新的食物，以为其他生命阶段的膳食基础。慢慢地让他习惯吃谷物、水果、蔬菜、肉、鱼和蛋。

谷物

在幼儿膳食当中，谷物是最有助于儿童发育的食物，因为它含有大量的碳水化合物、必要脂肪酸、蛋白质、矿物质和维生素。在这个阶段所使用的是粉末形态的谷物，这类面粉已经过水解制程，以方便其准备、分解和消化。另外，也可以直接食用，不需烹煮。谷物分成含麸质与不含麸质两种。麸质是某些如小麦、大麦、燕麦、黑麦和小米的天然蛋白质。宝宝 6 个月之前不应让他食用谷物，以确保其耐受程度。相反地，米和玉米不含麸质，其粉末正适合 4 ～ 6 个月的宝宝食用。

水果

不论是新鲜，或经同质化处理的水果，都能够为宝宝膳食添加新的元素。水果内蛋白质和脂肪量低，含有碳水化合物和维生素，特别是最需要的维生素 C。最优质的碳水化合物是果糖，因容易消化。而除了过滤后的果汁之外，水果含有大量的植物纤维，是让肠道蠕动正常的必要元素，可避免便秘。另外，水果亦可帮助宝宝认识新口味，让他习惯多样化的饮食。

水果通常是在 4 个月后加入膳食，但是，如果有肠道蠕动缓慢或便秘的倾向，则可以提早给予天然果汁，但仍应保存果肉，而且在食用前才准备，避免氧化与维生素消失。

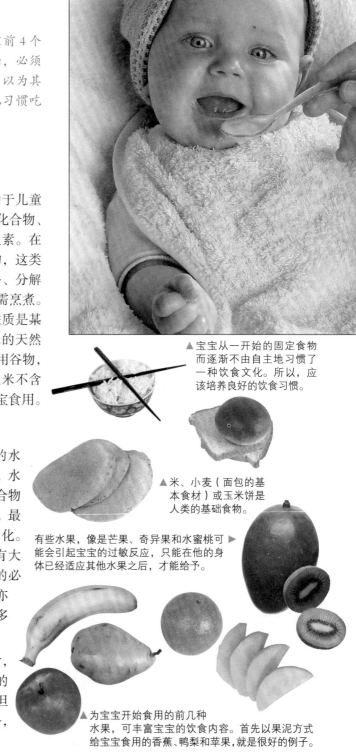

▲ 宝宝从一开始的固定食物而逐渐不由自主地习惯了一种饮食文化。所以，应该培养良好的饮食习惯。

▲ 米、小麦（面包的基本食材）或玉米饼是人类的基础食物。

有些水果，像是芒果、奇异果和水蜜桃可▶能会引起宝宝的过敏反应，只能在他的身体已经适应其他水果之后，才能给予。

▲ 为宝宝开始食用的前几种水果，可丰富宝宝的饮食内容。首先以果泥方式给宝宝食用的香蕉、鸭梨和苹果，就是很好的例子。

蔬菜与豆荚

蔬菜除了是富含水分、维生素与矿物质的食物之外，还含有许多纤维。蔬菜的热量不高，却是维持肠道运动必要的元素，同时也因含有钙、铁、钾和维生素 A、C 和 B2，所以格外重要。

蔬菜方面，我们可以食用叶菜(例如生菜、菠菜或甜菜)、根茎菜（例如洋葱、胡萝卜和白萝卜）、果实（番茄、南瓜）或花（朝鲜蓟、花椰菜）。这些蔬菜要先煮熟之后再做成蔬菜泥，或是生吃以保留其中所含的维生素。不管是哪一种方式，都不应烹调过久，以免维生素流失。在所有蔬菜当中，马铃薯是富含热量且营养价值最高的一种食物。而它的口感与滋味也成为最受宝宝们欢迎的蔬菜之一，可当成是多数混合切碎蔬菜的基底。

豆荚只有在宝宝出生后第一年的年底才加入膳食当中，豆荚含有丰富的热量和蛋白质，可是它的蛋白质品质不及牛奶或肉类。含有大量的淀粉与丰富的纤维、铁、钙和维生素 B 群。食用时应该把豆荚粉碎，因为这个年纪的宝宝还是不太会咀嚼食物。

在宝宝刚开始吃泥状食物的时候，应该加入煮熟的蔬菜，因蔬菜含有许多纤维，故可调节宝宝的肠道蠕动。

肉、蛋和鱼

这类食物是高单位营养、铁及维生素 B12 的主要来源。宝宝食用肉的分量因其来源而有所不同，尤其是牛肉、禽肉、猪肉与羊肉。蛋白质是肉的主要成分，而白肉（鸡、小牛与羊）、红肉（牛、猪）的品质未经证实有任何不同之处。食物中最常使用的鸡蛋是很完整的食物，其中蛋白质、脂肪、铁、钙和维生素 A、B、D 及 E 的含量高。只是蛋的脂肪含有胆固醇，所以幼儿期的摄取量不宜过高。一开始只喂食营养价值较高的蛋黄，2 个月后再喂食全蛋。鱼类、海鲜和甲壳类也是含有极丰富高生物价蛋白质的食物，被分类为低脂肪的白肉及脂肪含量较高但对健康有益的蓝肉，因可降低胆固醇，它们并含有其他食物不常有的矿物盐，例如碘、镁、钴等，同时有丰富的维生素 A 和 D。海鲜是低热量的蛋白质来源，亦可提供钙和碘。

当宝宝不再以母乳为单一食物时，其主要的蛋白质来源是肉和鱼。另外一个含有极丰富营养成分的食物是蛋类。

ℹ️ 蛋白质等量

从营养的观点来看，应该了解的是 100 克的肉相当于 100 克的鱼或两个鸡蛋。

食物制成品

食品加工业在市面上提供的宝宝产品，是可以即时享用的食物制成品，不需再经过烹调的过程。这些食物本身都是方便消化的均衡食物，同时保证绝对卫生，并能提供适量的热量和营养素。

均质化食物

所谓的均质化食物是一种专业术语，意指食品加工业提供给婴幼儿，用以替代自制食品之营养品，其别名为"婴幼儿副食品"。婴幼儿副食品可即刻食用，不需经使用者任何的处理。

食品加工厂在开始制作这些食品的时候，首先会仔细挑选原料，经过严格控管，并以很低的温度冷冻保存。切块之后，与高温的水分混合并做均质处理、挤压，以除去空气。接下来，会加入面粉、淀粉与防腐剂，完成细菌控管流程与真空包装。

这类产品的产销必须遵守若干与钠的成分与含量相关的特殊规定。禁止加入抗生素、激素、农药及其他添加剂。

方便是许多父母帮孩子选择食物制成品的因素之一。宝宝们能够完全接受这类的食品，而这类食品也能提供均衡的营养。

> ## ❗ 建议
>
> 食物制成品的食用必须限制在特殊时刻，例如旅行及度假，或是制作天然食物有难度时。不管年龄层为何，最好都使用新鲜食材，因为比较能够保存必要元素。然而，如果父母必须购买食物制成品，也不用担心，因为那并不会对孩子的正常发育造成影响。

这些食物的优点

这些食物很方便，因为只要加热，就可以马上食用，甚至可在常温之下食用。如果对制作方式不要求，那么这类食品将可大大节省时间和工作，是在自家之外食用的适当食物，特别是在旅行和度假的时候。

这些产品的制作过程在内容物的含量与品质上，都能够保证提供均衡的营养。而基于相关的法规控管，这些食物同时亦保证不含污染物与感染性病毒。其柔细与均质的口感能够满足还不会咀嚼的宝宝们。许多幼儿通常会钟爱某一种特定口味，而这些口味又常因品牌的不同而互异。

食物制成品的种类

这种产品的种类繁多,依其使用之原料的种类,可分为水果、蔬菜、肉和鱼。此外,一定会有含麸质或不含麸质的谷物。另外,根据均质化的程度,也分成许多种类。极细的口感专为比较小的宝宝设计,而切的不那么碎的制成品则是针对较大幼儿的需求。

最普遍的种类是以水果和蔬菜制成的,前者只含口感和大小不一的水果,以及含麸质或者不含麸质的谷物。而单纯蔬菜制成品,或另含小牛肉、鸡肉、火腿或是白鲑。也有不同的大小与口感,从最细致的均质食物到适合咀嚼的口感都有。

宝宝的现成副食品依年龄层的不同而分成不同的大小。其内容物依据是以肉、鱼、水果或蔬菜为主要食材而有所不同。另外,因为有些宝宝对麸质敏感,所以还有许多食物是不含麸质的。 ▶

缺点

这类制成品可能受到的最大批评,是它们不如刚烹煮完成的食物新鲜。

这很明显是重要的一点,但是,这类食品影响最多的并非是前述的营养品质,而是味道和口感。当以均质制成品喂养宝宝时,可以对标签上标示的热量与保障的营养品质放心,而这些热量与营养品质都是适合宝宝的。但是,过细的口感或是有时候过甜的的味道,不适合用来教导宝宝的味觉,以及让他们习惯咀嚼。此外,在给宝宝新食物的时候,最好是一种一种慢慢加。这一点就不是全部食材混合在一起的现成制成品所能做到的。

最后,以均质化食物喂养宝宝的花费,明显比在家自制的天然食物要来得高。

◀现在有许多专为宝宝生产的食物制成品。在特定的时刻,例如全家人外出旅游时,这类食品很实用且卫生,但是不应取代以新鲜食材制成的食物。

点心与饮料

　　用以当成甜点、零食或小点心的食物，最后将成为宝宝食品的重点要项。在许多状况之下，这类食物成了解决急迫饥饿感，或补充分量不足之食物的简便方法，但绝不可让小宝宝变成需索无度的小淘气鬼。

乳制甜品

　　酸奶是容易消化的乳制品，是在消化器官不适时建议选用的食物。酸奶含有许多蛋白质与碳水化合物，可以加糖，不致造成蛀牙的风险。其脂肪含量与脱脂、天然或高脂奶有所区别。一杯酸奶的钙质含量相当于 200 克的新鲜牛奶。市面上有多款专为幼儿设计，以配方奶制成的酸奶，因此其蛋白质与脂肪成分皆与第二阶段奶粉一样。

　　奶酪是一种从牛奶凝结物提炼出来的，而这种牛奶凝结物则是加入一种称为肾素的物质所形成的。细菌与蕈类后续的发酵，使得奶酪具有与牛奶类似的高营养价值，但是因为奶酪的蛋白质和脂肪已在熟成的阶段水解完成，所以比较容易消化。宝宝可以在开始食用牛奶之前，就先从特别新鲜的奶酪开始吃起，而且因为奶酪具有高营养价值，所以建议让宝宝食用。

　　小瑞士加入了牛奶本身的脂肪，所以是一种既新鲜又柔软的奶酪。虽然它的含钙量很适合宝宝食用，可是，它的饱和脂肪量容易发胖，最终可能是心血管疾病的危险因素。根据每个国家的使用方法与习惯，乳制甜品可分成多种制成品，包括奶蛋糊、布丁、炼乳及米布丁等。在确认宝宝可完全适应第二阶段奶粉之后，就可以把这些东西加到宝宝的膳食当中了。

▲ 钙质的摄取对宝宝是很重要的，而钙质的来源则是鲜奶或乳制品。酸奶是幼儿偏好的食物之一。

水分

　　新生儿在哺乳期对水分的需求量大约是每天每千克体重 1 毫升。但是，如果室温很高、宝宝异常流失水分，例如腹泻，或者是已经开始吃浓稠食物的时候，就应该衡量补充性的需求了。

　　在哺乳期当中，牛奶提供了宝宝所需的多数水分。如果宝宝喝的是配方奶，那么用来冲泡奶粉的水分或许就足以满足他的需求了。母乳宝宝也是一样的状况，但是，由于无法确切了解其所喝下的奶量，所以最好经常帮他补充水分。如果宝宝不需要，他会自动拒绝，父母即可以确定他并不缺少这个必要元素。（审校者注：不建议在 6 个月之前给宝宝额外补充过多的水分，因喝了水可能就不喝奶了。）

　　从加入新食物开始，除了牛奶以外，还要评估水果和蔬菜所供给的水分，但是要注意的是，从饮料当中摄取的水量应该更多，只是宝宝可能自己不会表达而已。因此，最好一天让他多喝几次水。

◀ 在某些商店当中，可以买到专为宝宝设计与成人配方不同的酸奶。这些优格方便消化，但是，不应让它成为唯一的点心，而是必须与水果交替食用。

◀当大人想要安抚或奖励宝宝时，有时候会给他某些含糖饮料。只要不要成为惯例，甚至取代其他食物，都不会对孩子造成伤害。另外，如果发现宝宝没有胃口，也应该避免给他这类饮料。

果汁

果汁很有营养，而且宝宝从很小开始，就对果汁的接受度很高。但是，因为果汁含有可能无法为肠道适当吸收的糖分，进而因发酵作用而引发腹泻，所以不应饮用过度。即便如此，因为果汁可提供不可缺少的维生素，所以仍不失为一种膳食补充品。

▼果汁可能是让宝宝胃口大开的点心。这是一种膳食方式，同时也可让他们开始分辨味道。

草药茶与茶饮

以草药茶或茶饮方式提供宝宝水分的方式很常见，而草药茶与茶饮都是通过烹煮茶叶，或是某些具有药性的植物当中萃取而来。这是一种提供水分，同时利用这些植物之有益成分的理想方式。由于这类植物的天然萃取物的使用上仍无规范可循，所以建议只饮用包装好且具卫生保证的制成品。最常被用来当做止痉挛与抗胀气疗效的草药茶是含有甘菊、茴香与八角茴香的种类。另外，也建议使用莱姆与香蜂草，因为这两种植物具有温和的镇静效果，亦可帮助睡眠。

▲可以提供让宝宝胃口大开的奶酪充当点心，但是绝对不能让它成为主食。

ℹ️ 蜂蜜的神话

蜂蜜是蜜蜂从其啜饮的花蜜当中所制造的含糖物质。因此，有几种不同的颜色、香气和味道。蜂蜜的成分含有 70% 的糖（葡萄糖和果葡）、水（20%）、香精及少量的矿物质和花粉。蜂蜜从很古老的过去即开始为人所使用，关于它有极为广泛的信仰，尤其是自然医学的拥护者。根据他们的说法，蜂蜜具有高营养价值。即便其高能量值是事实，尤其蜂蜜含有大量的碳水化合物，至今仍无法证实其含有较高的营养品质，此亦与共成分有关。另外，亦有人建议以蜂蜜取代白糖加入食材与饮料当中。但是，关于这一点，仍无任何科学根据。但是，经验证实，宝宝通常很能接受蜂蜜的滋味。（审校者注：因为蜂蜜会造成婴儿过敏，所以不建议给小于1岁的孩童食用。）

医师诊疗室
宝宝喂食

在每次的门诊当中，小儿科医师总是叮嘱我小朋友必须摄取的热量数，而我儿子现在 3 个月大，我不知道我给他的热量数是否足够或太少，我该如何计算呢？

如果是喂母乳，并不容易算出给予宝宝的热量数，也无法得知宝宝每次喝了多少奶。不过，这样的掌控其实并没有其必要性，因为哺育母乳的好处之一，正是适合宝宝的营养需求。通常如果宝宝喝足了，就可以至少愉快休息 3 个小时，直到下次感到饥饿为止，而且也会正常发胖，这表示宝宝摄取到适当的营养和生长所需的热量。

至于以配方奶哺育的宝宝，第一阶段与第二阶段的奶粉所提供的热量需求，即是依照所规定的奶量与水分做调整。例如，一个 3 个月大的婴儿每千克体重每日所需的 510 千焦，可由体重每千克以 150 毫升水分依比例之奶粉量所调配之牛奶（5 小匙或 25 克）来获得。这些数量通常是小儿科医师依据奶粉罐上的标示所订定的。

当我的儿子开始吵闹和啼哭的时候，我会用糖水来安抚他。别人告诉我，等他长了牙，如果我还继续给他喝糖水，他的牙齿就会蛀掉。这是真的吗？

最好不要在宝宝喝的水里放糖。宝宝正常营养所需的糖分由配方奶中的乳糖，或者如果他已经开始吃谷物了，那么谷物中的多糖所提供的也就已经足够了。过多的糖分摄取可能会造成不必要的热量数增加，而导致过胖的现象。此外，如果同时让宝宝习惯了甜味，它就会变成一种习惯，而增加其乳牙蛀掉的机会，这是无论如何都要避免的。

我被告知，我家宝宝对牛奶过敏，而我知道市面上有几种以豆浆调配而成的豆奶，但并不清楚这类食物可能造成的负面影响。

以豆浆调配而成的第一阶段和第二阶段奶粉是对牛奶过敏的儿童膳食的一大进展，可因此避免掉牛奶所造成的麻烦与不适。虽然豆浆配方奶早在几年前已经研究出来了，目前其成分更受到美国小儿科医学会与欧洲肝脏协会的营养委员会的适度调整，可保证必须使用这类产品之幼儿的完整与均衡的营养。但是，只有在医师处方与监控之下，才能使用这类产品，并应由小儿科医师依个案决定可能需要的营养补充品。

每次到小儿门诊，小儿科医师都会说我女儿超重了，这意思是"等她再大一点的时候，她会过胖"吗？

哺乳期的生长速度比之后的生长期要

来得快，而且，即便喝的都是类似的配方，每个孩子的生长情形也会有所不同。长得比较快的宝宝可能到了大一点的时候，会比其他同阶段发育较缓慢的孩子来得魁梧，但这不表示您女儿以后会过胖。如果她的体格本来就偏胖，或是在学龄期摄取过多的热量，或是她养成了过于久坐不动的习惯，那就可能会过胖。

我母亲告诉我，如果让我 7 个月大的宝宝习惯蔬菜的味道，等她大一点的时候，就不会有排斥蔬菜的现象。我母亲的话有道理吗？

有些宝宝的口感比较不同，对于蔬菜的接受度通常较低。所以，可以慢慢在宝宝膳食中加入蔬菜，让他习惯每一种蔬菜的独特气味。即便宝宝的接受度高，但是许多孩子到了大一点的时候，会排斥多数的蔬菜，尤其是从开始吃米面开始。如果父母让步了，只接受宝宝偏好的食物，那么到了最后，蔬菜将完全从膳食中被排除。

我太太喂母乳，我不知道适不适合偶尔用奶瓶喂宝宝喝水，这样做对吗？

母乳能够提供宝宝初期新陈代谢所需的足够水量。但是，有可能因为某些特殊情况，例如室温过高、因流汗或腹泻而造成过多水分流失等，那么就需要额外补充水分了。因此，建议经常以奶瓶给宝宝喝水或是喝草药茶（甘菊、茴香、八角茴香）。宝宝会根据自己的需求接受或拒绝，不必强迫他喝下。

我的乳房很小，不知可否喂母乳。乳房的大小和这个有关吗？

乳房的大小与哺育能力并不相关。比较大的乳房通常是因为脂肪组织厚，可是乳腺还是和其他妇女一样的大小，与乳房体积无关。所以，您可以放心，您一定可以喂宝宝母乳的。

我从好几年前就严格吃素，现在我哺育我的女儿，我的母乳营养会因此比较差吗？

从针对严格吃素妈妈所喂养之母乳宝宝所做的研究当中，我们发现他们在 2 岁之前的成长情形与其他小朋友都一样。但是，我们也发现到，如果到了 3 或 4 岁还维持相同的饮食结构，没有从大豆中摄取足够的蛋白质，以及维生素 B_{12}、钙和维生素 D 的话，那就可能会有生长速度减缓的现象产生。

实例
宝宝喂食

娜娜和她的膳食

我的女儿娜娜出生的时候，便开始让她喝母乳。我从一开始就很想喂她喝母乳，因为我想象那会是母女之间亲密相处的一段时间；而且小儿科医师也向我解释道，母乳宝宝可以比较快速得到免疫力，也会长得比较好。幸运的是我的奶量充足，一点问题也没有。可是，我女儿4个月大的时候，我必须结束16周的产假，重新回到职场。虽然我在接下来的几个月当中，每天会有一个小时的喂奶时间，但一个小时其实是不够的，因为我住的地方离工作场所很远，几乎那一个小时我都在搭公车。我希望我女儿再喝几个月的母乳，可惜我不能亲自喂食，不过很幸运的，我们解决了这个问题了。

小儿科医师提供我一个像吸盘的仪器，它会从我的乳房把奶吸出来。之后我把母乳存在冰箱里，然后再以奶瓶喂娜娜喝。一开始娜娜对于奶嘴有点不习惯，可是，她很快就适应新的情况了。如此一来，我的女儿可以继续喝母乳，我也可以多休息一点，因为我不再是唯一喂奶的人了。现在我丈夫也可以参与宝宝的喂食工作，从一开始他就赞同这项任务，因此带给了他非常美好的经验。

我的宝宝发现水果的滋味

我的宝宝满4个半月的时候，小儿科医师说可以开始给他吃一些果泥了。我开始做香蕉泥，因为香蕉很好压，也没有任何过敏的疑虑。当我儿子尝试新的食物时，他那惊讶的鬼脸很有趣。他正开始探索滋味的世界，因为在那之前，他都只有喝奶而已。另外，我想那种口感应该也带给他全新的感受。我本来以为幼儿要适应果泥会有些许的困难度，甚至还可能拒绝吃下去，但是我错了：他好像很喜欢呀！

后来有一次机会，我又试了鸭梨泥，结果完全相同。苹果泥他也喜欢。而我把水果混合，做成混合果泥时，他也很喜欢。

由于他自从出生那天起，就一直有便秘的小问题，所以从他满4个半月开始，我每天在他的膳食里加入水果，以稍做改变。现在，便秘的问题似乎因水果纤维而改善了。我很清楚自己不只在喂食，我也在教他怎么吃。他现在所学的，对他未来可能会很有用。我认为饮食的习惯对健康和卫生都很重要，我让我儿子不挑食，而且吃得均衡。此外，因为我一直喜欢烹饪，我也有足够的时间，所以，为他准备食物时，我非常享受。

哺喂母乳

生产过后，宝宝的饮食成了父母的一大挑战。哺乳的重要性不仅止于宝宝的饮食、健康与发育，更对宝宝与父母之间亲情的建立，尤其是与母亲之间的关系建立，有着莫大的重要性。对于母亲来说，哺喂母乳是一项很特殊的工作，宝宝的幸福仰赖母亲的奶水，也因此母亲必须做好心理与身体的准备。

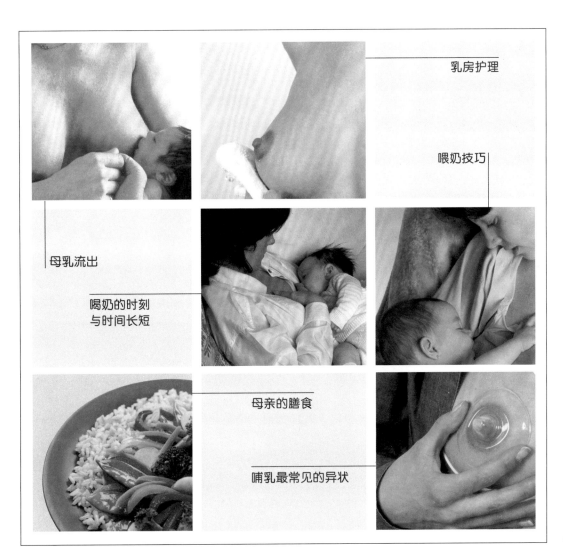

乳房护理

喂奶技巧

母乳流出

喝奶的时刻与时间长短

母亲的膳食

哺乳最常见的异状

母乳流出

最能够具体表现母亲与新生儿之间心灵与生命之亲密又深刻关系的，就是喷乳反射。有了这个条件反射，母亲可准备好自己的乳房来泌乳，甚至到了喂奶时间，她也能够"感觉"到她的孩子吃奶的需求。

母乳分泌

当宝宝开始吸吮母亲的乳房时，母体内会启动一个可产生乳汁与宝宝饮食的过程。宝宝吸吮的动作可使脑垂体释放一种激素。脑垂体是一种位于脑部下方的腺体，可制造数种重要的激素，每一种激素的功用皆不相同。

回应吸吮母亲乳房动作所释放的激素称为催产素，这种激素负责启动乳腺肌肉纤维收缩，以将母乳通过输乳管从乳房"推挤出来"。这个过程称为喷乳反射或泌乳反射。

喷乳反射的感觉

当宝宝开始吸吮乳房的时候，母亲会感受到反射，也就是当宝宝开始吃奶的时候，乳头会有轻微的疼痛感。有些母亲感受到的痛感比较强烈，就好像宝宝咬了她一口一样。

▲ 当宝宝吸吮其中一边的乳头而产生喷乳反射时，母乳会从两侧的乳房奔流而出。如果是两个宝宝同时吸吮，这样的刺激会更强烈。

这些痛感一开始会出现，通常会在哺乳正常化之后消失。在宝宝出生后头几天，由于乳房胀满了奶水和血液，所以有时候这种疼痛反射会结合乳房疼痛。这所代表的意义是，前几天的痛感不应让母亲惊慌，甚至停止哺乳。

两个乳房同时启动

喷乳反射必须与宝宝持续性的吸吮动作结合，才能让母乳流出来。喷乳或泌乳反射一经启动，会影响到两侧的乳房。所以，宝宝一开始吸吮一边的乳头，另一边的乳头也会有乳汁流出来。因此，建议妈妈喂奶的时候，手上拿一条小毛巾，随时把流出来的乳汁擦干。

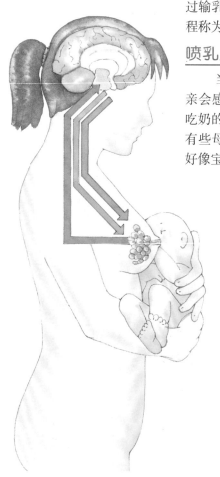

◀ 奶水制造是一种与激素有关的过程，其中宝宝吸吮的刺激扮演了很重要的角色。在这样的过程当中，会释放催产素与泌乳激素，也就是脑下垂体所分泌的激素，以使母乳上升到乳头。

条件反射

泌乳反射的条件不光是宝宝吸吮，母亲的情绪也会有影响。有时候当母亲紧张或因为某事担心时，这样的紧绷感可能会使反射抵消，而宝宝必须用更大的力气，才能把乳汁吸吮出来。因此，建议在喂奶前一个小时，母亲先休息和放松。此外，必须在一个宁静和尽可能安静的环境中喂奶。

喷乳反射与子宫疼痛

催产素是造成喷乳反射的激素，同时也是引发产后几天哺乳时子宫疼痛的原因。这种与腹痛类似的疼痛通常称为"产后痛"，是子宫在激素作用下所产生的结果，用意在让子宫快速恢复原来的大小。怀孕次数越多，产后痛的程度越强。但是，无论如何，在3到4天之后就会消失了。

母乳制造

宝宝吸吮与其引起的泌乳反射会使乳汁排空。乳汁排空之后，泌乳激素会产生作用，而即刻刺激更多乳汁的分泌。

从产后第4或第5天开始，母亲会开始分泌比宝宝需求量再多一点的乳汁。但随着哺乳时间的拉长，吸吮会刺激乳汁分泌，并以更快的速度重新充满已排空的乳房。如此一来，乳汁分泌的速度将随宝宝奶量的需求而提高。

激素分泌

分娩与哺乳会在母体内启动重要的激素活动。不同的激素分别与母体复原、乳汁制造与分泌有关。此一重要的激素分泌通常会造成乳房胀大和发红，伴随疼痛感。这种因

▶一开始乳汁不会快速上升到乳房，所以，宝宝最好分别刺激两边的乳房。对于母子之间的情感而言，这可能是很令人愉快的经验。

胀奶引起的疼痛会在3～4天消失，胀奶疼痛时，可以毛巾热敷以及挤出一些奶水。

母亲的直觉

喷乳反射会在宝宝开始喝奶时启动。但是，有一些极度敏感的母亲，当宝宝喝奶的时间规律了，会在宝宝开始吸吮之前，就开始出现反射了。在听到宝宝的哭声，或是正常喝奶的时间到的时候，这些母亲便会开始滴奶，或感觉胀奶，或乳头轻微刺痛。

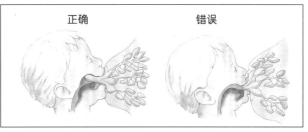

正确　　　　　错误

▲宝宝喝奶的正确方法，是让乳头贴紧宝宝的上颚，才不会让宝宝吞入空气。

ⓘ 奶量稀少

由于母亲一开始的奶量可能会有不足的情形，因此小儿科医师通常会建议刺激流量，也就是让宝宝每天吃奶数次，以刺激乳汁分泌。

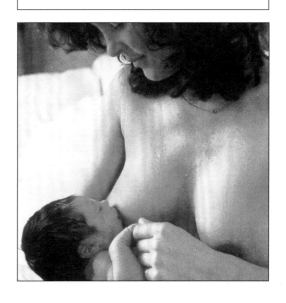

乳房护理

决定哺喂母乳的妈妈如果可以的话，必须从怀孕开始做准备。这个工作主要是让乳房做好哺乳的准备，并且采取若干哺乳的卫生措施，才不至于对孩子和母亲造成并发症。照护乳房将有利于二者的健康与幸福。

妊娠期的乳房

在妊娠期当中，有一点很重要，那就是穿戴舒适且尺寸适当的胸罩。通常建议使用比平常尺寸大一号的胸罩，以减轻乳房下垂和松弛的程度。

从怀孕第 7 个月开始，建议在洗澡时或洗澡后紧接着轻轻按压乳房和做圆形按摩。这种按摩法的作用是打开乳腺内的母乳通往乳头的输乳管或乳腺管。同时也让乳房和乳头习惯宝宝的吸吮。

随着预产期的到来，按摩的力量要越来越大，以帮助初乳流出。初乳是一种在母乳之前分泌的黄色液体，含有丰富的维生素和蛋白质。妊娠期的哺乳准备工作同时包含乳房皮肤的营养与滋润，特别是乳头和乳晕的部分，可以一种油性、无味的乳霜擦拭这两个部位。在以后的哺乳期当中，宝宝每一餐喝奶中间的空闲时刻，亦可以使用这种快速吸收的乳霜按摩。

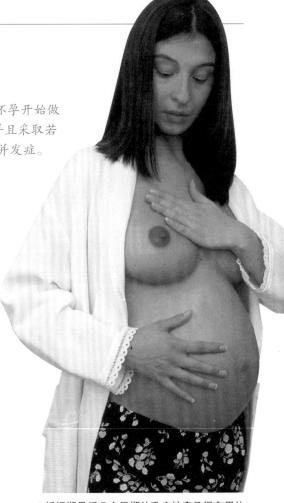

▲妊娠期最后几个星期的乳房按摩是很有用处的，因为可让乳房做好哺乳的准备。

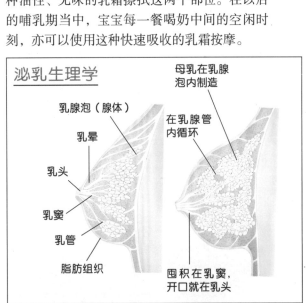

泌乳生理学

乳腺泡（腺体）

乳晕

乳头

乳窦

乳管

脂肪组织

母乳在乳腺泡内制造

在乳腺管内循环

囤积在乳窦，开口就在乳头

平坦或凹陷的乳头

乳头很敏感、平坦或脐状（凹陷）的妈妈，建议从怀孕第 5 个月起，用食指和大拇指固定、轻拉，并在两个指头之间轻轻转动。这个动作必须早上和晚上重复做。而在哺乳期当中，这个动作是在每次喂奶前的轻按摩之前做，让乳头习惯刺激，同时有助于乳汁排出和宝宝的吸吮。

◄有些妇女的乳头比较小或有凹陷的情形，那么最好从怀孕第 5 个月起开始使用吸乳器，轻拉乳头。

哺乳期的护理

在哺乳期，当宝宝不断吸吮乳头时，必须特别小心护理，以避免并发症的产生。

大约在产后一星期，当乳汁开始上升，而乳汁的分泌也根据宝宝的食量而规律化时，乳房会变得不那么硬，但其活跃程度却不减。

在这个阶段，建议使用舒适、前开的胸罩，以方便喂奶，并可与宝宝的身体接触。重点是为了达到舒适性，以及有助于日后断奶后乳房组织的恢复，必须要日夜穿戴胸罩。

哺乳期当中，胸罩上一沾有乳汁，就要立即更换清洗。另外，为避免沾到乳汁，建议在罩杯内放置溢乳片。如果时常有乳汁流出和乳头湿润的情形，那么建议取下溢乳片的塑料保护套，并且时常更换塑料保护套。

◀乳头保护垫与溢乳片。

乳房护理

在每次喂奶前，必须以棉花轻蘸温水来清洁乳头，以清除药膏的残余物。在每次喂奶过后，最好在擦防裂霜或其他滋润乳霜之前，以同样的方式清洁乳头。另一个重要的护理动作，是以杀菌水与中性肥皂清洗双手，并且随时保持短指甲的状态。

乳房复原

以为喂母乳会摧毁乳房的初产母亲不在少数，但是，这个想法缺乏根据，只要采取若干简单的防护措施，就可以在宝宝断奶之后，让乳房恢复原来的张力。

最重要的是休息和均衡的饮食，避免增胖过度。此外，应该日夜穿戴适合的胸罩，既可固定好乳房，又不限制动作，以维持组织的张力，并在哺乳期适当做好乳房照护的动作。乳房张力可以通过几种适当的运动恢复。

乳房大小

大众普遍认为，乳房越大所分泌的乳汁越多。但是，妇女乳房的大小与其可分泌的奶量之间，并没有绝

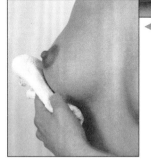

◀▲在哺乳期间，乳头的护理是很重要的。建议在每次喂奶前后（上图）以中性肥皂清洁乳头，并且以外敷药或干净的小毛巾按摩乳头，让乳头完全干燥。

对的关系。乳房小的妇女可能会比乳房大的妇女奶量更多。决定乳房大小的主要因素是脂肪组织，而非乳腺。每位妇女乳腺的大小之别其实很细微，与体质无关。

放松按摩

乳汁上升的时候，乳房会变硬，有时候会有少许的疼痛感，并且形成某种程度的内部硬块。当有此情况发生时，建议适度的按摩，让乳房放松并让硬块和不适感消失。放松按摩应该在每次喂奶的中间时段做。做法是以指腹轻压乳房，做绕圆的动作数分钟，直到感觉放松为止。

▶没有坚硬的结构，专为哺乳设计的胸罩。

喝奶的时刻与时间长短

哺乳期同时也是宝宝的学习期。宝宝现阶段的健康状态、日常生活的适应度，以及未来的行为表现都与进食息息相关。喝奶的次数、时间长短与规律性都具有相当的重要性。

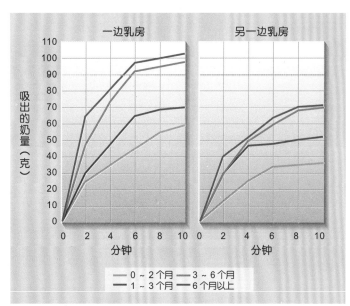

每日奶量需求		
年龄	喝奶次数	每次奶量
1 星期	6 ~ 10	30-90 毫升
2 ~ 3 星期	7 ~ 8	60-120 毫升
1 ~ 3 个月	5 ~ 7	120-180 毫升
4 ~ 6 个月	4 ~ 5	180-210 毫升
7 ~ 9 个月	3 ~ 4	210-240 毫升
10 ~ 12 个月	3	210-240 毫升

◀宝宝喝奶的时间因多种变数而有所不同，其中包括宝宝的年龄。而喝奶次数与每次的喝奶量也会有所变化。

出生后前几天的喝奶时刻表

宝宝在出生后的前几天，并没有所谓的固定喝奶时间，而是当他有要求的时候，妈妈就必须喂奶；也就是说，一开始是宝宝建立自己喝奶的时刻表与节奏，父母则必须适应他，这就是所谓的根据需求喂奶。但是，在第一个星期或第二个星期过后，母亲除了回应宝宝要求食物的啼哭之外，还必须试着让喝奶时间规律一些，调整成每3 ~ 4小时喝一次奶。另外，她也必须留意到每个孩子有自己的频率，第1个月是一天喝5 ~ 7次母乳，而宝宝的胃口也会每天不同。但是，即便孩子在前几个星期未定时要求喝奶，白天也不要超过4个小时，夜晚超过6个小时不喂奶。至于睡眠时间较长的宝宝，即便他在睡觉，也建议喂他喝奶。而睡眠时间较短且较常要求喝奶的宝宝，亦须调整其喝奶的时间。

▶出生后前几天应该在宝宝要求时就喂奶，但是，从第一或第二个星期开始，就必须慢慢适应规律的时间表了。

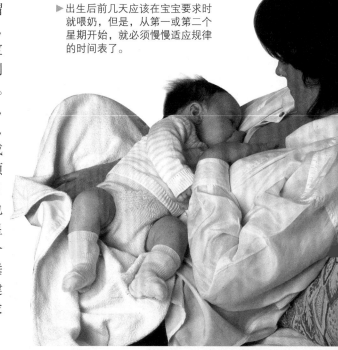

夜间奶

宝宝在第 1 个月的喝奶次数很频繁，母亲应该随时回应他的需求，喂他喝奶。但是，经过几个星期之后，应该试着调整成每 3 ~ 4 个小时喝一次奶，并以自然的弹性遵守喝奶时刻表。

一开始，夜间奶的时间间隔与日间奶相同。但是，夜间奶时间间隔应该慢慢拉长。到了第 2 个月至第 4 个月之间，宝宝就不应晚间醒来喝奶了。为了达到这样的目标，最好遵循以下建议：

——日间奶时间间隔最长是 3 个小时。如果习惯白天喝很多次奶，夜间也会一样。

——不要宝宝一哭，或一抱宝宝，就喂他喝奶。

——宝宝打瞌睡的时候，让他躺下。

——以说话和抚摸的方式延长日间奶的时间。

——缩短夜间奶的时间，以快却镇静的态度哺喂。

——夜间喂奶时，不要开灯，也不要和宝宝说话。

——从第四个星期开始，只要宝宝的体重正常，就以奶瓶喂他一口水。

喝奶时间长短

喝奶时间长短不应成为母亲担心的重点，因为那与宝宝能够吸吮的奶量有关。宝宝在出生第一天大概每边乳房吸吮 5 分钟之久，但是，到了第二天，就会一边吸吮 10 分钟了。喝奶的次数则由宝宝体内的消化能力来决定，因此，在第 1 个月当中，最好依宝宝所需求的次数喂奶。其前几天的胃口也很大，只有在宝宝获得满足时，才能安静地入睡。

当乳汁分泌在第 15 天之后开始稳定，就可以开始调整喝奶的次数与时间长短了。在吃奶的前两分钟，宝宝几乎已吸出大半所需的奶量了；这亦表示宝宝从第一个乳房吸出的奶量要比第二个乳房多。宝宝在 10 ~ 15 分钟内就几乎吸出所有需要的奶量了，所以，建议喝奶时间不超过 20 ~ 25 分钟。因为如果吃奶时间过长，最后会吞入空气，而有发生吞气症的风险。

时间调整

时间的调整是渐进式的，而且喝奶时间要尽量弹性。多数的宝宝到了第 2 个月开始，就会固定每 4 个小时喝一次奶。但是，有些孩子对养成这个习惯有困难。

如果有调整固定时间喝奶习惯的宝宝，那么妈妈就要很有耐心和弹性。其中一个方法是不要马上回应宝宝的要求。不要忘了，除了肚子饿之外，宝宝有可能是因其他因素啼哭。所以，不要宝宝一哭就喂奶，最好是帮他更换尿布、抱抱他、和他说话、带他散散步或让他喝口水。如此一来，就可以避免将宝宝醒来与母亲的乳房联想在一起了。最后，宝宝就可以像其他孩子一样，适应固定的喝奶时间了。

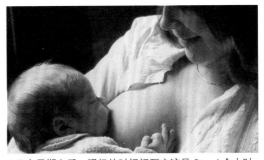

▲ 几个星期之后，喝奶的时间间隔应该是 3 ~ 4 个小时，而最慢从第 16 周开始，宝宝应该习惯不要讨奶喝了。

喂奶技巧

对于母亲来说，喂孩子吃奶是强化亲密关系的沟通行为。但是，吃奶的动作需要适合的环境条件与正确的喂奶技巧，才能让宝宝正常发育。宝宝的健康与幸福多数取决于其吃奶时的满足感。

基本技巧

对于所有母亲来说，喂奶是一种以宝宝所需之基本技巧，并在适合双方的条件之下所发生的自然动作。虽然喂奶是一种本能，却也是母子之间身体健康与亲情的学习过程。母亲必须遵循以下若干建议：

——将乳房靠近宝宝，同时抚摸他的脸颊或嘴唇。这个动作可让宝宝嘴巴张开，头转过来，然后本能会让他含住乳头。

——如果宝宝只含住乳头，不会有乳汁流出来。妈妈应该帮他用嘴唇含住乳晕，并将乳头塞入他的嘴巴。

——含住乳头之后，孩子会开始吃奶。

——吃奶的动作宜缓慢、有节奏性且长；宝宝吃奶时，应注意乳房不要压到宝宝的鼻子，保持呼吸顺畅。

——当吃奶的力量和速度减缓之后，妈妈可用一根手指放在宝宝的下嘴唇，让他松开乳头，停止吸吮，避免吞下空气。

——让他休息几分钟打嗝之后，再继续吸吮另一边的乳房，直到满足为止。

▲ 母亲哺乳时的姿势以自己舒服为原则。建议斜躺，或最好是坐着，放松自己以享受那个时刻。

——宝宝在喝饱之后会停止吃奶，然后入睡，但是妈妈应该再等一下，让他打嗝，才让他躺下。

母亲的姿势

母亲喂奶时的姿势应该尽可能舒服、放松。在产后的前几天，可以斜躺在床上，垫几个垫子或是直接侧躺，让宝宝的头靠在枕头上或妈妈的手臂上，如此一来，宝宝就不会以水平的姿势吃奶了。

最舒服的姿势是坐在椅子上，靠在椅背上。最好的姿势是坐直，双肩放松下垂，否则可能会有背痛的情形。双腿应呈一直线，大腿稍微往上抬，所以最好将脚放在凳子上。此外，建议在膝盖上放一个软垫，不要双腿交叉，让宝宝维持在胸口的高度。

◀ 宝宝刚结束吃奶时，不要让他马上躺着睡觉。这时可以爱抚他，以充满爱的口吻和他说话，这是让亲情加温的好时机。

宝宝的姿势

将宝宝固定在手臂之间的常用姿势，是把他放在手肘的洞内，身体正面朝上，稍直，嘴巴在乳头的高度。

如果这个姿势不舒服，那么可以找别的方式抱住宝宝，在膝盖上放一个软垫，以手固定他的头部。这个姿势强迫母亲身体稍微向后倾斜，宝宝也不会以完全水平的姿势吃奶，并以另一只手固定乳头。这个姿势适用在出生后前几天，但是，随着宝宝的成长，最适当的姿势还是传统的姿势。

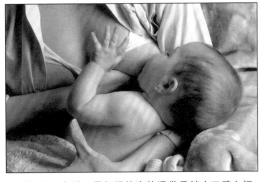

▲对于宝宝来说，最舒服的姿势通常是躺在双臂之间，嘴巴维持在乳头的高度。

乳房的顺序

宝宝通常会在吃奶的前几分钟，就几乎吸出一边乳房内的所有母乳。这个现象使他们从第一个乳房吸出比第二个乳房更多的乳汁，所以第二个乳房不会全部排空。

> **！ 饥饿与啼哭**
>
> 即便确定宝宝是饿哭的，也不建议在他哭的时候喂奶。首先应该把他抱起来摇晃安抚。等他平静静了之后，就可以喂奶了。

◀宝宝每次吃奶都应该吸吮两边的乳房。要换边时，只要将小指滑进宝宝的牙床即可。

就另一方面而言，如果一边乳房的乳汁足可以满足宝宝的胃口，就不需要让他吸吮另一边的乳房了。那么，为了强化乳汁的分泌与两边乳房的排空，最好在一开始喂奶时，即两边乳房交替哺喂。

▲为了在吃奶后帮助打嗝，可将宝宝垂直抱起，轻拍背部。

地点与环境

一开始，任何环境都适合喂奶，唯一要注意的是环境要放松、安静，宝宝对于噪音和尖叫声是很敏感的。宝宝喝奶时的环境必须安静、愉悦，此外，妈妈也要尽量放松、平静，轻柔地和宝宝说话，因为妈妈的声音具有安抚宝宝的效果。母亲的平静通常有助于乳汁的分泌，同时可避免传达焦虑的状态。

母亲除了应该避免过劳之外，也应该在每次喂奶之前，坐下来或躺下来休息片刻。如果感到紧张，可依医师处方，在喂奶前服用温和的止痛药。

母亲的膳食

在哺乳期当中，母亲继续维持妊娠期健康且营养的膳食是很重要的。这种多样化且均衡的膳食不仅满足母亲的营养与能量需求，且有助于宝宝健康强壮的生长。宝宝的健康多数取决于母亲的健康。

▶母乳妈妈的能量消耗很大，大约是 12 540 千焦。其膳食必须丰富且多样，以满足这种能量需求。亦不可忽略了摄取大量液体。

母亲的饮食

哺喂母乳的时候，妈妈必须维持多样化且均衡的饮食。其日常饮食应该以恢复妊娠期的体内大量能量消耗与宝宝的哺乳为目标。此外，其饮食亦决定了用来哺喂宝宝的母乳分泌量与营养品质。

母乳妈妈每日的饮食必须含有丰富的蛋白质、维生素 A、B 与 E 等，以及矿物质，特别是钙、铁和磷。吃下极多样化的新鲜食材可确保摄取了所有的营养素，其中牛奶等的摄取更可额外提供母亲哺乳期所需的热量。

主要的食物

母亲哺乳期间的饮食包含多样化的食物。主要的有：

——牛奶与乳制品：主要提供宝宝骨骼与牙齿发育及强化需求量很高的钙和磷。

——鲜鱼：除了钙和磷以外，还提供蛋白质。

——红瘦肉：提供蛋白质、铁、锌及维生素 B 群。

——新鲜水果和蔬菜：提供维生素，例如有助于铁质吸收的维生素 C。

——谷物、淀粉、番薯等：提供维生素与碳水化合物。

额外的热量

母乳妈妈的能量需求大约是每日 12 540 千焦，也就是每餐补充近 4 180 千焦的热量，其中多数是为了宝宝而摄取。

母乳较大量的分泌与营养需求来自热量的补充，而热量的来源则是含有丰富植物性脂肪与碳水化合物的新鲜食物。食物中过多的动物性脂肪会造成母乳内过多的油脂，并可能导致宝宝的消化不良。

▶母乳妈妈的膳食应该包含所有的营养素，同时避免过多的动物油脂。

线条恢复

妊娠期增加的体重可能会让部分产妇担忧，进而在生产过后，即刻进行瘦身饮食计划。对于哺喂母乳的妈妈而言，并不建议这类的膳食。营养不均衡的膳食可能会造成母乳分泌量低，同时母乳营养成分不足，进而明显地危害到宝宝的食物品质。

线条的恢复可通过多样且完整的饮食来自然达成，其中包括所有的热量、维生素、蛋白质及补充性矿物质。其秘诀在于摄取红瘦肉、脱脂乳制品、植物性脂肪、鱼肉、鸡肉，以及新鲜蔬果。

此外，这种含有丰富新鲜蔬果的膳食可提供大量的纤维，有助于肠道运动，避免分娩时常发生的便秘与痔疮发炎。

液体的重要性

母乳妈妈应该规律喝下大量液体。一天至少要喝下两升的液体，特别是牛奶和水，因为这些液体将有助于增加母乳分泌量。即使是完整且水分含量很多的食物，母乳妈妈膳食中所摄取的液体不应影响牛奶的摄取量。牛奶的摄取并不一定会增加妈妈的奶量。其他的液体种类包括蔬菜汤、茶和不含咖啡因的咖啡。

▲ 喝大量的水可增加奶量分泌。这种液体可与其他如草药茶和蔬菜汤交替。

◀若干普通的认知并非正确，其中包括建议喝啤酒来增加泌乳量等。其他饮食习惯也可能影响乳汁的正常分泌；例如，哺乳时不可同时进行妊娠期体重增加的减重饮食计划，因为可能会影响母乳的品质。

不建议的食物及饮品

有一些不适合哺乳妈妈的食物和饮品，因为可能会造成幼儿不耐、拒绝，甚至是健康失调的状况。

——任何种类的酒精性饮料，因为这类饮料的伤害性很大。有些医师会允许每餐最多一杯。
——咖啡、茶及其他兴奋饮料，因为可能引起躁动、心悸和盗汗。
——洋葱、大蒜、卷心菜、西兰花、芦笋及强烈的调味料，因为会让乳汁变得不好喝，而可能造成宝宝拒喝的情况。

▲有些母亲的膳食可能会让乳汁味道不好，而使宝宝拒绝。图片中是可能让母乳味道不好的蔬菜种类。

不耐受性

有些哺乳妈妈的食物可能会被宝宝拒绝，而宝宝会通过皮肤疾病、腹泻、腹痛或其他种类的不适来表现其不耐受性，尤其是出生后的前几个星期。这类食物包括牛奶与乳制品、蛋、柑橘类水果，以及其他以小麦、燕麦和一般谷类制成的产品。当发生不耐的情况时，医师通常会建议暂时性或到哺乳结束之前，都停止这类食物的摄取。

哺乳最常见的异状

在整个哺乳期当中，妈妈可能会经历一连串的异状，通常是在乳房的位置。这些异状是原生性疾病，表现方式亦很多样，可能会改变哺乳期的正常发育。在多数的个案当中，这些异状可透过医师的协助加以预防，而医师可能提供简单的治疗，以回归正常。

▶如果宝宝必须学习吃奶，母亲也应学习喂奶。新手妈妈的错误之一，是让宝宝睡着吃奶。

奶量过多

母乳妈妈的乳汁分泌与她们的宝宝吃奶时的刺激有关。当刺激比较大时，会造成乳汁分泌过多，而对宝宝和母亲造成适得其反的效果。乳房过多的奶量可能造成宝宝窒息、回吐情形严重且排便量多。奶量过多同时会使乳头和乳晕变硬，而宝宝由于无法将乳头和乳晕含在嘴里，因此有吃奶的困难。

为了克服奶量过多所造成的困扰，以及调整奶量，妈妈必须采取若干简单的措施：

——在每次喂奶前，先稍微排空乳房，以减缓胀奶，同时使乳晕软化，或是按压乳晕，以调节奶流。

——每次喂奶之前，为乳房做冷水澡。

——缩短喂奶的时间。

——在某段时间减少液体摄取量。

——如果宝宝吸得很贪婪，而且很大口，那就每隔 2 ~ 3 分钟把他与乳房分开片刻。

乳头疼痛

当前几天乳房胀奶而且严重充血的时候，乳头疼痛是很常见的现象。乳头疼痛也可能是因为有些宝宝吸吮所造成的，但是，这种疼痛感是暂时性的，不会留下任何后遗症。

在乳晕四周涂上滋润乳霜，以及在喂奶时刻保持放松的状态，将有助于消除疼痛。

▶母乳妈妈会发生的问题之一是乳房发炎。发生乳腺炎时所引起的疼痛，多数可以热敷消除。

乳头裂开

乳头裂开是哺乳初期很常发生的问题，通常是因为宝宝姿势不良而咬不紧。其预防方法是试着让宝宝含好乳晕，并且在喂奶之间维持乳头干燥。

乳头裂开的征兆是疼痛（特别是在吸吮的时候）、皮肤红肿、裂开（不容易一眼就看到），或许还会有微量的血液渗出。当这些情况发生时，妈妈不必惊慌，更不可因此中断哺乳，除非是受伤情况很严重了。总之，建议随时询问医生。建议如下：

——每次喂奶前，以温水洗净乳房。

——从比较不痛的乳房开始哺喂。

——试着让宝宝正确吸吮，不要咬乳头，也不要在乳晕的同一点上用力。

——暂时减少每次哺喂的时间，并增加次数。

——以放松的心情、正确的姿势喂奶。

——在每次喂奶的中间时段保持乳头干燥及通风。

——使用乳头罩以免宝宝的上颚碰到受伤的乳晕。

——使用不含肥皂或酒精的水洗洁乳房，并在涂抹防裂药膏之后使用乳头罩。

输乳管阻塞

乳房硬块和红肿可能是乳腺阻塞的征兆。当有这样的情况发生时，建议母亲在每次喂奶之前，以热水冲洗乳房，并且轻轻按摩硬块周围。如果没有见效，那就一定要去医院就诊了。

团块

乳腺炎的起因是输乳管阻塞所造成的乳腺发炎现象。乳腺炎需由医师治疗。

乳腺炎的主要症状是乳房变硬和红肿，可能会有延伸至腋下的数个硬块、局部疼痛和灼热感，以及全身性

▶即便宝宝吃奶方式正确，妈妈的清洁措施也得当，有时候还是会有乳房感染的现象发生。若有溃疡的情形，必须即刻中断哺乳。

▲乳头有可能会裂开，特别是在哺乳的前几个月。改善这种情况及疼痛的一种方法是使用乳头罩。

▼在哺乳期当中，建议固定做乳房按摩，甚至于在若干如输乳管阻塞等情况发生时，这亦不失为疗法的一部分。

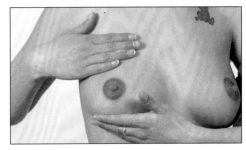

的不适，并且伴随发烧。医师的治疗方法包括避免溃疡发生的抗生素。乳腺炎不致造成哺乳中断，因为乳房排空有助于减缓发炎现象。

溃疡

乳腺炎或乳腺裂开都可能造成溃疡。这种病痛发生的机会很高，症状是乳房变硬，不会因为宝宝吸光乳汁或按摩而改善，另外还会有皮肤红肿和扩散到腋下的疼痛感，同时伴随发烧，有时还会发抖。溃疡迫使哺乳中断，同时进行治疗，而疗法依溃疡程度而有所不同，包括服用抗生素与消炎药。如果抗生素或消炎药都效果不大的话，那么就必须考虑做简单而复原快速的外科手术了。

医师诊疗室
哺喂母乳

我的乳头很小，几乎看不到，我儿子再怎么努力，还是吸不到奶水，我该怎么办？有什么方法可以解决这个问题吗？

许多女性的乳头有长得不好、凹陷或是突出点不高的问题。这种乳头因为与脐带的形状类似，所以称为脐状乳头。对于宝宝来说，如果要正确吃奶，会有相当程度的困难。至于解决的方法，建议母亲在每次喂奶之前按摩乳头，拉拉乳头，并以指头让它转动。如此一来，可以刺激乳头，让乳头突出与奶水流动。这种手动刺激可与放置在帮助乳头突出的罩杯内的保护片交替使用。另外，药房出售的硅胶乳头罩的效用也很大。这种放置在乳晕上的乳头罩作用像真空吸引器一样，可以将乳头拉出，方便宝宝含住。

再1个月就要生产了，可是我还没有决定是否要喂母乳。几个女性朋友告诉我，如果我喂母乳的话，会破坏乳房的美观，身材也会走样。

把哺乳当成是许多妈妈失去苗条曲线或破坏乳房美观的罪魁祸首，这是不正确的观念，没有一点是对的。产妇在产后与哺乳期需要比平常更高的热量补充，而乳房也因乳汁分泌而胀大，所有一切皆是以母亲哺喂宝宝的能量消耗为根据。所以，断奶之后，一切都将恢复正常。在哺乳期当中，激素的活动力旺盛，这是因为一方面它会刺激乳汁制造与分泌，另一方面也促进子宫肌肉收缩，让子宫恢复原始状态。腰围也会在这个阶段开始回缩。

除了一些啤酒以外，我不是喝很多酒的人。而我的女儿才刚满两个月，我现在的酒量更不好了。但是，夏天快到了，我应该可以喝少量的啤酒，而不会影响到我那喝母乳的女儿。我的想法正确吗？

由于酒精性饮料具有极大的伤害力，所以在哺喂母乳时，当然不建议喝这样的饮料。另外，也应舍弃咖啡、茶和任何兴奋饮料。既然如您所言，您平常喝的酒量并不多，那么最好是在喂母乳的同时，继续保持滴酒不沾的习惯。但是，如果某一天您喝了啤酒，也不要有罪恶感，因为少量和偶尔喝一次的酒精性饮料，对您的女儿一点影响也没有。只是，最好还是避免诱惑吧！

我的乳房很小，不知是否有足够的奶汁喂养宝宝？我是否该考虑喂配方奶呢？

乳房小的妈妈不应该为了哺喂宝宝的能力担心。乳房的大小并非构成哺乳的条件之一。

　　母亲的身体在妊娠期经历一连串的变化，以为怀孕和喂养宝宝做适应。在这个适应的过程当中，乳房会开始变大，这是因为脂肪组织与腺体组织为了乳房能够制造乳汁所做的准备。这表示，即便乳房不大，还是会长到适合的大小，以哺喂宝宝。此外，有一些个案显示，若干乳房大的产妇，由于其脂肪组织大于腺体组织，因此无法制造所需的奶量，或是虽然能够制造需要的奶量，但营养价值却非常低。

> ✍ 再过 1 个月就要分娩了，我决定要喂母乳，但是我怕会很痛，因为我一位刚生女儿的邻居告诉我，她每次喂奶时，都很不舒服。

　　产后几天由于乳汁上升到乳房内，所以母亲有疼痛感，这是正常的现象。而在那几天当中，乳头相当敏感，因此当宝宝吸吮的时候，通常也会感觉到痛。母亲同时应该注意到，姑且不论直觉反射，宝宝因仍未习惯吃奶的动作，因此可能做得不是很正确。有些孩子吸吮的力量过大，有些则含得不好。当这样的情形发生的时候，妈妈应该确保宝宝吃奶的方式正确。反之，应该教他把乳头和乳晕一并含在口内。如果吸太快或太用力，应该以很轻柔的力量撑住他的下巴，或是咕哝着说"不行"来让他吃奶速度慢下来。这些不适感在几天之后就会消失。喂母乳不会引起疼痛。

> ✍ 我感觉很疲累，因为我那两个星期大的女儿晚上都不让我们休息，她一直哭，我就被迫喂她喝奶。她大概安静一个小时后，又再次哭着要求喝奶，会不会是因为她喝不够呢？

　　这有两种状况。第一是宝宝的时间适应问题，而造成母亲的体力耗尽；另外，则是母亲担心奶量不足的问题。

　　首先，在前两个星期，妈妈应该随时回应孩子的需求，他饿的时候，不要让他哭。但从第三个星期开始，当奶量开始稳定，即要记得根据宝宝的胃口决定喝奶次数，其喝奶间隔可以慢慢拉长了。这么做的目的，是要在宝宝快要满月的时候，喝奶间隔时间能够维持白天每隔 2 ~ 3 个小时，晚上每隔 4 个小时。如果仍然每一个半小时就喂一次奶的话，那么这样的喝奶频率很有可能会变成宝宝日后一个不容易改变的习惯。但是，也可能是奶量不足的问题，那么应该询问专家的意见，以排除这个可能性。另外，不要每次一抱起就喂奶、宝宝快睡着时就让他躺下、试图让喂奶时间缩短和速度变快，以及在昏暗的环境下喂奶等等。不要和他说话也是调整时差的一个方法。此外，也可以在几次喝奶的时候，用奶瓶给他喝一小口水。喂水的事最好让爸爸代劳，以便让妈妈休息。

　　身体的疲累与紧张会影响乳汁分泌。因此，妈妈休息得好，且保持心情平静，这是非常重要的。此外，当妈妈看到宝宝在喝奶后睡得香甜的时候，就可以不再担心是否自己奶量不足了。

实例
哺喂母乳

哺喂儿子，让我们重拾幸福

当我们的儿子出生的时候，我是全世界最不快乐的女人。我看起来又丑又胖又松软，我感觉丈夫看待我的眼光已不如前，而且我们已无法恢复彼此的关系了，更遑论那种让我们彼此相爱，并且共同生下一子的激情。我对他也不再有欲望，并试着将所有的时间与注意力都集中在儿子的身上。晚上儿子哭时，我不准丈夫起床，因为我告诉他，孩子会哭是因为饿了，除非丈夫也有乳房，否则，唯一可以满足儿子需求的，就只有我了。

气氛越来越紧张，而一开始能够忍受我的无礼的丈夫，有一天很不客气地对我。从那个时候开始，我们的争执越来越频繁。我们没有给对方，甚至是宝宝喘息的机会。宝宝日夜不停地啼哭，我们以为他生病了，就把他带到小儿门诊。医师告诉我们，宝宝很健康，可是看起来很紧张，或许他也从我们的表情嗅到紧张的气氛，所以医师告诉我们要放松心情喂奶，以及父母之间的良好关系对宝宝有多重要等等。医师说，宝宝有一种特殊的敏感度，可以察觉周围所发生的事。而所有在我们身上发生的事，也会传达给宝宝。

医师这番善意的话深深烙印在我们心中。对我来说，我了解到自身所深陷的情境与态度，正把我丈夫排除在体验父亲这个角色之外，也因此伤害了我们之间的关系，以及和宝宝的关系。我们一回到家，我问他："老公，你觉得我丑吗？"他答道："只有你歇斯底里的时候才丑。"我跟他说我是很认真地在问他，他说他的回答也很认真。我们之后便不再多说什么，但是从那时起，一切开始回归正常。那天夜里，我丈夫起来照料安抚孩子两三次，直到孩子睡着为止。就这样，夜复一夜，我感觉有一股愉悦又重新回到我的体内。我睡的时间增长了，我也更享受和孩子的关系了。喂他喝母乳不再是苦差事，甚至当我看到他满足的笑容，感受到他的小手或小脸在我的胸前时，带给我一种很特殊的快乐。

那段时光让我内心充满了爱，于是更常笑了，也更容易笑了。我不再觉得自己丑陋，因为我发觉自己虽然胖，却不松弛，而我的日子也一天一天地回复到原来的曲线。我也感觉到丈夫靠我更近了。我喜欢他的爱抚，尤其是再次听到他温柔的话语。从他的眼神当中，我感受到他以我是他孩子的母亲为荣。甚至有几次当我喂奶时，我发现他看我看得出神，嘴唇半张笑着。在那段时间里，我几乎要摸到幸福了，因为我感受到一种很美妙的体验。所以，我认为喂母乳让我们重拾幸福了。

婴儿配方奶喂食

9

宝宝通过母乳或配方奶与世界做了初次的接触。因此，喂奶除了在宝宝出生后第一年担负独一无二的营养使命之外，它同时也是宝宝情感发展的重要因素。在父母全心全意，以爱心照顾宝宝的同时，配方奶将是有效的替代选择。

婴儿配方奶
哺喂器具

哺喂配方奶的技巧

优点与缺点

冲泡奶粉

混合哺喂

清洁与杀菌

优点与缺点

决定以母乳或配方奶哺喂新生儿，通常会考虑哺喂宝宝之各种方式的诸多相关因素。有一些因素是母亲怀疑自身能够提供宝宝营养的能力，但是也有如舒适、美观或工作等相关因素。因此，一旦有所疑虑，最好能够衡量哺喂配方奶的优、缺点。

哺喂配方奶的优点

不管母亲决定哺喂配方奶的动机是医疗禁忌、美观或工作关系，重点在于面对这样的决定，心中不要有恼怒或自责的情绪。哺喂配方奶时所付出的爱与关怀，将对宝宝的健康有益。

▲当决定人工哺喂时，父亲可以喂养宝宝，亦可通过喂养参与深刻的情感关系。

哺喂配方奶的优点包括以下数项：

——特殊配方奶含有宝宝需要的所有营养元素，分量也很适当。只需遵循厂商的指示调配即可。

——可以控制宝宝的奶量。对于许多母亲而言，这是令人放心的一点。

——可让父亲主动参与哺喂孩了的工作。不仅可让母亲休息，对于宝宝的情感发展亦具有积极的作用。

——不需妈妈在场，就可以确保宝宝足够的营养。

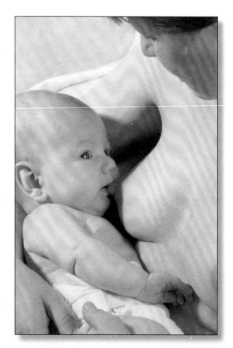

缺点

哺喂配方奶并不如许多妈妈所想象的方便，因为它包含许多较为严格的卫生与技巧需求，其他还包括比母乳更多的限制。

——与母乳不同的是，乳制品不含抗体，也就是保护宝宝免于肠胃或呼吸疾病以及过敏反应的蛋白质。

——父母必须时刻提高警觉，以保护宝宝不受消化不良或腹泻病毒的侵袭。

——抑制乳汁分泌会造成母亲乳房某段时间的不适感。

——配方奶量过多会造成宝宝过度喂养的情形。

——若欲拥有完整的哺育工具，并将这些工具都维持在良好的条件，必须时时刻刻仔细清洗与杀菌。

◀即便已选择配方奶，仍应维持与宝宝的身体接触。把宝宝抱在裸露的怀中与胸前，对母亲与孩子会造成很愉悦的刺激。

当有下列疑虑时，可考虑选择哺喂配方奶

可能会因哺乳而恶化的母亲疾病	可能会传染给宝宝的感染性疾病	为治疗母亲的疾病，而需要服用可能对宝宝造成相当危险的药物。	乳汁减少（因多重因素而造成的乳汁分泌不足）。	乳房异状
• 严重心脏疾病 • 严重肾脏变化 • 营养不良 • 严重贫血 • 严重心理失常（精神病）	• 艾滋病 • 活动性肺结核 • 疟疾 • 伤寒			• 生理异常而无法自然哺育（基因性、后天得到的、手术性的）。 • 乳腺炎。

过度喂食

配方奶宝宝比母乳宝宝更容易发生过度喂食的情况。哺喂母乳会比较容易做好奶量与营养均衡方面的食物控制。

必须要注意的是，宝宝过重不益于健康。事实上，胖宝宝对于感染病毒的抵抗力较差，且过多的脂肪也可能造成未来过重的条件。

因此，如果是以配方奶喂食，最好能够留意小儿科医师与奶粉厂商建议的奶量。此外，也必须时时刻刻控制宝宝的体重。如果他每周体重增加超过 275 或 300 克，那么就必须减少每次的奶量。

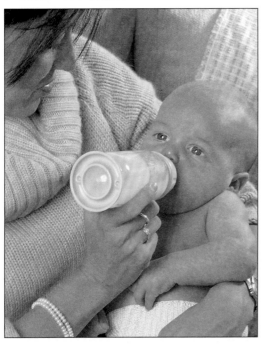

过度喂食的情形可能会发生在喝奶过急，并且喝完后要求更多的宝宝身上。当这些状况发生时，不宜给他超出分量的奶量，因为会有造成宝宝胃部扩大的风险。超乎正常宽度的胃必须更多的食物来充填，如此一来，不仅更容易消化不良，剩余的脂肪还会造成脂肪组织增生，进而体重过重。

总而言之，应该要了解的是，瓶喂的宝宝通常比母乳宝宝的奶量更固定。

> ### ℹ️ 对奶瓶的渴望
>
> 如果宝宝喝奶喝得很急，而且喝完后又要求更多，那么建议将奶嘴孔缩小一点，或是和他说说话、带他散步，以分散他对奶瓶的注意力。

挑选牛奶的难题

即便母乳化牛奶是依据宝宝的营养需求所调配的，但并非所有宝宝都能耐受这样的配方。新生儿的消化系统很脆弱，其成熟度仍无法消化异于母乳的其他食物。牛奶、羊奶含有某些宝宝难以消化的成分，而若干母乳化牛奶可能也不适合宝宝的消化条件。当有牛奶不耐的情况发生时，小儿科医师将开立不同的奶粉处方。

小儿科医师一开始会指示第一阶段奶粉，也就是 4 个月以下宝宝的配方奶。4 个月以后，就喂他所谓的第二阶段奶粉，第二阶段奶粉通常含有较高的植物脂肪酸与铁质。

◀ 即便是以配方奶喂食，还是可以控制宝宝的奶量。其中一个最常见并应避免的问题是过度喂食。

婴儿配方奶哺喂器具

以奶瓶喂食而非乳房喂食，需要若干方便准备、喂食，并将食物以最佳状态保存的完整工具。这些工具包括奶瓶、奶嘴头、量杯、消毒器与一系列为履行这个特殊任务所设计的用具。

奶瓶

配方奶喂食宝宝的主要工具，毫无疑问的就是奶瓶。奶瓶是一种有刻度的透明玻璃或塑料瓶子，同时配有奶嘴、一个盖子及其他调配的用具。

有数种尺寸、形状或材质不同的奶瓶种类。其选择主要是根据方便准备与喂食宝宝，同时方便清洗与杀菌的条件。

奶瓶是由以下零件所组成的：

——**瓶子**。以玻璃或塑料制成的圆柱形，多数在侧边有凹陷，以方便使用，同时瓶口较宽，以方便清洗，并且具有螺旋纹。

——**奶嘴头**。以乳胶或其他弹性材质制成，有数种适合于上颚与宝宝吸吮方式的形状。

——**防护圈**。由弹性乳胶或其他弹性材质制成，以在预先备好牛奶之后让奶瓶完全闭合。

——**螺纹口**。由坚硬的塑料制成，以适合奶瓶的奶嘴头。

——**盖子**。由坚硬的塑料材质制成，以在备好牛奶之后覆盖奶嘴头，并且维持奶嘴头的清洁。

奶瓶的条件

哺喂配方奶时，建议准备数个尺寸不同的玻璃或塑料奶瓶。奶瓶不可过于平滑，最好能有颜色鲜艳的图案，以吸引宝宝的注意。

玻璃奶瓶的优点是方便清洗与杀菌，其缺点则是掉落时，会有破碎的风险，这样的情形发生概率颇高。

塑料奶瓶的优点是万一不慎掉落，不会破碎，但是最好事前确认奶瓶的塑料材质是否可承受沸水的杀菌温度。

盖子

螺纹口

奶嘴头

有握柄的奶瓶
（适合较大婴儿）

玻璃奶瓶

喝水用
塑料奶瓶

250 毫升奶瓶

保温奶瓶

奶瓶刷与奶嘴刷

奶瓶的种类

最常见的奶瓶种类为：

——**中等容量奶瓶**。通常是透明的塑料材质，瓶身凹陷，以方便宝宝抓握。用途是喂宝宝喝水。

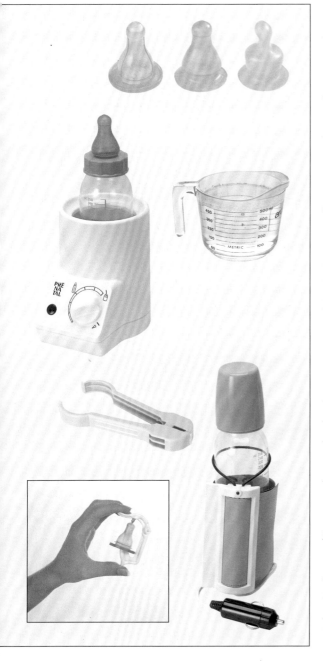

——**传统奶瓶**。以透明材质制成的瓶子，有刻度，250毫升的容量因其多功能而使用最普及。

——**大奶瓶**。以透明材质制成的瓶子，其350毫升的大容量可于整个哺乳期使用。

——**小奶瓶**。以透明材质制成的瓶子，容量为125毫升。只有在哺乳的头几天或充当水瓶时使用。

——**含可丢弃衬垫的奶瓶**。具有刻度，以透明材质制成的250毫升瓶子，含抗菌塑料衬垫，以减少宝宝吞入的空气量。

——**智能型奶瓶**。具有把手与显示牛奶是冷、是热，或是适合宝宝喝的温度的感应装置。

——**感温奶瓶**。事实上是一种放置于传统保温器内的奶瓶，可让理想的牛奶温度维持数小时。散步和旅行时非常好用。

奶嘴种类

人工哺喂必须时时备好奶嘴头，并将其收在无菌的容器当中。奶嘴通常是兼具软度与韧性的乳胶或硅胶制成，有数种适合宝宝嘴形的不同形状与大小，同时亦有可控制宝宝吸吮之奶量多少的大小开口。

适合的奶嘴种类与宝宝的年龄、嘴巴、舌头与上颚的形状，以及吸吮的力道与能力息息相关。

最常见的奶嘴有：

——**生理性奶嘴**。有助于上颚与下巴的发育。

——**通用奶嘴**。有十字孔让牛奶流动更顺畅。

——**阀门式奶嘴**。也称防胀气奶嘴，因为其阀门可避免宝宝吞入空气。

——**宽底座奶嘴**。与乳头形状相近，只适合哺喂的头几天使用。

其他零件

人工哺育的器具还包括适用于插入汽车点烟器的电热式或携带式温奶器；同时冲泡多个奶瓶的量杯；奶瓶刷；夹子和剪刀，以及奶瓶消毒锅。

◀人工哺喂宝宝的器具不仅涵盖数种奶瓶，同时包括数种用以冲泡牛奶与清洁的用具。

冲泡奶粉

　　准备婴儿食物，或是一般常说的冲泡奶粉，从选择适合的奶粉到清洁动作，都需要父母特别的留意，同时亦对宝宝的健康和发育具有相当的重要性。冲泡奶粉并非难事，但需要小心与做好准备。

第一次冲泡

　　配方奶哺喂通常延续至宝宝出生后 6 个月。即便宝宝出生时，即具有足够的葡萄糖，在出生后的前几个小时并不需要食物，最好在第一次喂养时，先给他少量的葡萄糖水。

　　喂食葡萄糖有双重目的。第一是确实提供宝宝能量的来源，第二则是在喂食配方奶之前，确认宝宝的胃肠耐受程度，因为配方奶所含的碳水化合物、蛋白质和脂肪在宝宝前几个月都不容易消化

　　为了适应宝宝仍未发育完全的消化器官，母亲或父亲应该依据小儿科医师与奶粉厂商的指示来冲泡奶粉。第一次冲泡时的浓度较一般为低。前几次的牛奶通常是每 10 至 20 毫升的奶粉稀释到 7% 的浓度（审校者注：半奶 7%，全奶 14%）。

　　在接下来的几个小时当中，就可以确认耐受度，比例会逐渐提高到正常的 13%。

以小汤匙取奶粉

好瓶必须绝对干净和完全杀菌

必须去掉多出来的奶粉量，只留平匙。

根据奶粉包装上所指示的匙数，将奶粉加入开水中。

在奶瓶内倒入煮开过的水，静置让它变温。

最后盖住奶瓶口，开始摇晃，直到粉块消失为止。

冲泡牛奶的方式

哺喂配方奶的好处之一，是可以让父母分摊喂养宝宝的责任。因此，很重要的一点是，双方轮流负责完成冲泡牛奶的任务。冲泡牛奶这件工作需要极高的注意力，以及父母良好的安排，因为它关系着宝宝适当的喂养与发育。

即便经过练习可让冲泡牛奶的工作变得简单且固定，父母仍应时时记住，稍有不慎，都可能造成孩子的肠胃不适。

因此，父母随时都应该集中心神，遵循配方与清洗程序。

——洗净双手，取出消毒锅内的奶瓶和其他配件。

——水加热并煮沸。应该要让水沸腾 10 ~ 15 分钟。沸腾除了可将水杀菌之外，还可以让某些如氯的矿物质沉淀。

——在静置奶瓶几分钟之后，倒入适量的水。介于 30 ~ 40℃之间的水温最适合溶解奶粉。

——将量匙装奶粉至平匙处。刮平的动作必须轻柔，不要压紧奶粉，这才是正确测量的方式。

——把奶粉倒入装有温水的奶瓶中。除了特殊指示，否则应是一匙兑 30 毫升的水。这表示 150 毫升的水必须冲泡 5 匙的奶粉。变更比例可能会造成宝宝的肠胃不适。

——用防护圈盖住奶瓶，在螺纹口确实拧紧闭合之后，摇晃以使奶粉溶解并均匀混合，不遗留任何块状物。

3 一定要马上盖上奶瓶，以免污染。

4 不可准备超过 24 小时内所预计喝掉的奶量。

冲泡多次分量的牛奶

同时冲泡多次分量的牛奶，可避免必须每次都需重复相同的动作。特别是在前几个星期当中，具有可快速满足宝宝的需求，不至于放着让他一直哭的好处。此外，由于夜间不须起床冲泡牛奶，所以可以获得最长时间且较好的睡眠。

即便一次冲泡多次分量的牛奶可以节省时间，同时简化父母的工作，却须非常小心遵循污染的预防动作。

——在量杯内倒入适量煮沸并已放至较温的水，以便冲泡多次分量的牛奶。

——放入适量的奶粉。检查配方的计量方式，以免发生错误。

——用消毒过的汤匙搅拌，直到均匀混合，并不残留块状物为止。

——用消毒过的塑料漏斗将每次的奶量倒入不同的奶瓶中。

——即刻盖住奶瓶，当牛奶达室温时，放入冰箱。应该记住，冲泡好的牛奶不要放置超过 24 小时。

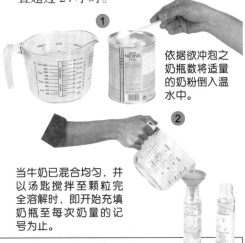

1 依据欲冲泡之奶瓶数将适量的奶粉倒入温水中。

2 当牛奶已混合均匀，并以汤匙搅拌至颗粒完全溶解时，即开始充填奶瓶至每次奶量的记号为止。

> ℹ️ **配妥牛奶的保存方式**
>
> 如果提前某段时间冲泡牛奶，应将牛奶放入冰箱内保存，并将奶嘴转向瓶内盖住瓶口，以免碰触牛奶；且在其上放置保护盘，以螺纹口拧紧，最后盖上盖子。

哺喂配方奶的技巧

使用奶瓶正确喂养孩子的方式，需要父母掌握若干基础知识。除了营造宁静愉悦的氛围之外，还有一连串的注意事项，包括如何坐、如何抱宝宝，甚至是如何冲泡奶粉与如何喂他。瓶喂是一项简单的工作，但却需要时间、耐心和良好的技巧。

冲泡牛奶

当宝宝哭着要求喝奶，或当父母发现喝奶时间到的时候，最好着手冲泡牛奶。如果已经冲泡好，并已冰在冰箱里面，爸爸或妈妈应该备好宝宝可以喝的牛奶。

——**温奶**。由于配方奶的温度必须与母乳温度相同，其第一步即是隔水或以电热式温奶器温奶。不建议用微波炉温奶。

——**确认牛奶的流出情形**。牛奶流出的速度应该是每秒钟 2 ～ 3 滴。如果奶嘴孔过大，可能会让宝宝噎到；太小的话，吸吮的力道必须更大。如果发现奶嘴的状况不佳，应该立即将它更换。

——**试奶温**。滴几滴牛奶在手腕内侧或是手背上，以测试牛奶是否是温的。通过这个动作，也可以确认牛奶的流出情形。

——**如果奶嘴没有阀门**，那就稍微旋开螺纹口，以便宝宝在吸吮的时候，有空气进去，不致影响牛奶流出。

喂奶的姿势

喂奶与抱宝宝的姿势恰与母乳宝宝的建议姿势相同。在这样的情况之下，父亲或母亲应该尝试着：

——采用坐姿，背挺直，靠在椅背上。要知道，可能要抱半个小时以上，所以姿势必须相当放松。

——双脚、双腿轻微抬起，将脚放置在一个板凳或书堆等上。

——将宝宝抱在膝上，让他身体稍微挺直，采半坐姿，放置在弯曲的手臂上。

▶宝宝喝奶时的最佳姿势是半躺。

▲只要滴几滴奶在手背上，就可以很简单测试奶温。

喂奶的方式

喂奶的技巧非常重要。正确执行这项任务多半可让宝宝获得良好的喂养，同时避免发生肠胃问题。当母亲或父亲已经抱着宝宝坐在椅子上，牛奶也泡好了，就必须开始遵循以下步骤：

——将奶瓶靠近宝宝的嘴巴提供他奶喝，不要让他的小手接触奶嘴。在头几天当中，应以一根手指轻抚靠近胸口的脸颊刺激吸吮反射，以让他张开嘴巴。如这个时候嘴巴还是不张开，最好放几滴牛奶在奶嘴上，让他尝试。

——拿好奶瓶，让它稍微倾斜。宝宝吃奶的时候，牛奶应该充满整个奶嘴，宝宝才不会吞入空气。如果这时奶嘴整个蹋进去，那就要小心把奶嘴从宝宝的一个嘴角取出，让空气进入到奶嘴里面，才能继续吃奶。里面的气泡表示宝宝喝奶的方式正确。

——如果宝宝停止喝奶，或是喝着喝着睡着了，应该要等他再次要求喝奶或让他坐起几分钟，直到他打嗝为止，然后才再给他奶喝。

——喝完奶时，移走奶瓶。

——将宝宝竖直抱好，以方便他打嗝。

宝宝的决定

◀▼不应强迫宝宝多喝奶。

▲ 在多胞胎的个案当中，哺乳期的状况最复杂。然而，经由正确的学习与耐心，亦可达到良好的结果。

父母应该让孩子自己决定何时已喝饱。总而言之，父母应该知道，一个孩子每千克体重一天大约需要150毫升的牛奶。

如果宝宝奶喝完了还想再喝，欲抽出奶瓶时，应用小指将奶嘴从他的牙龈取出。反之，如果奶没喝完，也不用坚持。把喝剩的牛奶倒掉。

情感食物

在喂养宝宝的工作方面，父母提供给孩子的不止是他的身体所需要的所有营养素，更是他个人发育所需要的一切。

喂养宝宝与刺激他的沟通与情感能力具有异曲同工之妙。同样都是要格外小心的，因为宝宝一饿起来，就会以明显的方式哭着表达他的生气与没耐心。因此，父母此时应该要沉着应对，要有很大的耐心，来营造一个愉悦、宁静与温暖的氛围。宝宝喝奶的时候，爸爸或妈妈应该要以轻柔的声音和他说话或对他唱歌、轻抚他、温柔地看着他，以逐渐强化亲子间的情感联系。

▶ 喝完奶后，宝宝必须打个饱嗝，才会感觉舒服。

混合哺喂

　　在某些状况下，除了哺喂母乳之外，可能还必须以牛奶作为补充或采取轮流喂养的方式。基于多种因素，包括乳房暂时性不适，或是工作需求等，许多无法固定哺喂母乳的妈妈找到了混合哺喂这种有趣的替代方式。

乳房与奶瓶

　　如果妈妈的奶量很充足，但基于工作或职业因素，无法随时哺喂孩子，那么还有一种可能性。奶量充足却没有时间喂母乳，同时又不愿意放弃喂母乳的妈妈们，可以选择轮流亲喂或瓶喂。在这样的情况之下，妈妈利用白天或晚上可以和宝宝相处的时间亲喂，而妈妈不在的时候，就由另外一个人以奶瓶装母乳喂养宝宝。另外，早产儿、住院宝宝、在 2 ~ 3 次喝奶的时间由另外　个人照顾，或是吸吮方式不正确等等，都可能会阻碍母亲哺喂母乳，但不会致使这样的工作中断。

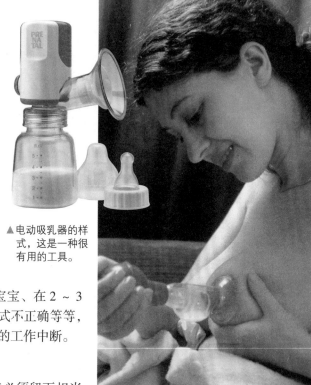

▲ 电动吸乳器的样式，这是一种很有用的工具。

▲ 手动中电动吸乳器可帮助吸出奶水，但必须事前消毒，以免受到污染。

吸出母乳瓶喂

　　为了无法亲喂却能让宝宝喝到母乳，母亲必须留下相当的奶量，让她本身或其他人可以瓶喂。保存在杀菌容器内的母乳可以冷藏保鲜 24 小时，冷冻 1 个月。

　　母乳的取出方式是用手挤压乳房或是借助吸乳器。

　　以手挤奶很容易，也不会造成任何疼痛的感觉：

——用温热毛巾热敷乳房。

——采取舒适的姿势，胸前摆放杀菌容器。

——用一只手支撑乳房，另一只手以向下的动作按摩乳房。

——重复按摩整个乳房的动作，可以帮助母乳从乳腺流出。

——用指腹从上到乳晕做轻敲的动作，不要对腺体组织用力。

——用全部手指按压乳晕前的部位。

——从后面按压乳房，并以大拇指及食指在乳晕的高度挤压，让母乳流出约两分钟。

——在两边乳房轮流重复以上动作。

　　如果是使用手动或电动吸乳器，就更容易吸出母乳了。首先要清洗双手，消毒所有用具、热敷乳房，将漏斗轮流放在乳房上面。吸乳的动作要轻柔确实。

▲ 即便建议以母奶喂养宝宝，交替亲喂与瓶喂仍然能够保障宝宝获得良好的喂养。

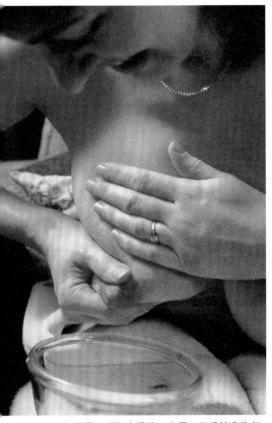

▲如果用双手取出母乳，应用一只手按摩胸部，并用另一只手的手指按压乳晕。用消毒过的容器接住母乳。

互补性混合哺乳

　　这种哺乳方式结合了母乳与牛乳。产后如果母乳分泌得较慢，可在前几天采取这样的方式。而且，当发现母乳分泌量减少的时候，这也是一种最常见的方式。在这样的情况下，使用的是第一阶奶粉。如果是较大婴儿，则使用第二阶段奶粉。

　　当采取互补性混合哺乳方式时，宝宝每次都会喝到母乳和配方奶。首先妈妈以两边的乳房哺乳，直到排空为止，之后再以配方奶瓶喂食。

　　这种哺乳的方式可能会有一个缺点，那就是宝宝喝不完奶瓶内的配方

> ℹ️ **哺乳安排**
>
> 　　当哺乳方式是采混合交替，也就是有时候亲喂，有时候瓶喂时，建议做好哺乳的安排，让一天的第一餐是亲喂，最后一餐是瓶喂。

奶，因为之前吸吮奶量不多的乳房已经让他疲倦了。

　　此外，母亲通常会因某种程度的焦虑挤奶，导致母乳分泌量更少。但是，只要她懂得平心静气，并且适当哺乳，宝宝经常性的吸吮最后将刺激更大的母乳量。

混合交替哺乳

　　这种哺乳方式指的是一次喂母乳，下一次则是配方奶。除了因为时间限制而造成母亲无法随时照料婴儿的因素之外，混合交替哺乳基本上与喂养宝宝的条件有关。

　　在一种宁静与情绪放松的氛围中喂养宝宝，对他的健康是很重要的。当妈妈觉得疲倦不堪时，通常很难达到这样的条件。因此，交替哺乳的目的在于降低母亲的压力，让她达到充分的身心休息。

> ℹ️ **母乳保存**
> - 室温阴凉处 40 分钟。
> - 4℃冷藏 24 ~ 48 小时。
> - 冷冻 14 天。
>
>
>
> ▶母奶和配方奶一样，都可以在冰箱保存数天。

从母奶到第二阶段奶粉

	8 小时	11 小时	14 小时	17 小时	21 小时
第 1 及第 2 天					
第 3 及第 4 天					
第 5 及第 6 天					
第 7 及第 8 天					

亲喂或瓶喂	第二阶段奶粉	果泥或婴儿副食品

清洁与消毒

配方奶用具的清洁相当重要。牛奶是一种细菌可以迅速滋生的环境，特别是温热的牛奶。所以，为了避免引起宝宝的消化道不适，清洁与消毒都是不可或缺的要素。

清洗

在每次喝完奶之后，必须马上把奶瓶与所有哺乳时用到的物品清洗干净。请遵循以下步骤：

——在水龙头下以冷水清洗瓶身、防护圈、螺纹口与瓶盖。

——将包括奶嘴在内的所有奶瓶零件放入一个装有热水和清洁剂的容器里面，以软化硬掉的牛奶。另外，量杯、漏斗、汤匙、刀子、剪刀和任何一项用来冲泡奶粉所用的用具，也都要放进来。

——用热水清洗所有的用品。

——用奶瓶刷清洁奶瓶内部，以去除任何牛奶残余物，包括螺纹口与瓶口处。

——用盐搓洗奶嘴的正反面，以去掉附着的牛奶颗粒与脂肪；用奶嘴刷清洗，注意奶嘴孔不要堵住了。必要时，可使用针。

▲所有奶瓶等用过物品最传统的消毒方式是煮沸消毒。

——用刷子清洗螺纹口与防护圈。

——将所有用具与奶嘴放在水龙头下，以大量清水冲洗。注意不要有任何清洁剂残留。

以洗碗机清洗

以洗碗机清洗奶瓶和其他用具可节省不少时间。但是，为了更有效率，应该设定热水清洗。即便如此，也要记得，洗碗机只能清洗，不能消毒。

奶嘴不可放在洗碗机里，要另外清洗。

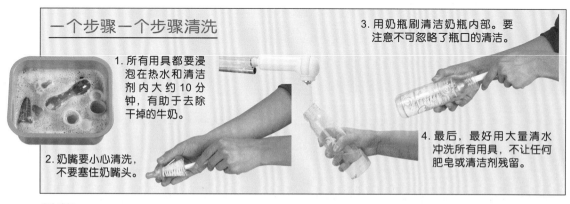

一个步骤一个步骤清洗

3. 用奶瓶刷清洁奶瓶内部。要注意不可忽略了瓶口的清洁。

1. 所有用具都要浸泡在热水和清洁剂内大约10分钟，有助于去除干掉的牛奶。

2. 奶嘴要小心清洗，不要塞住奶嘴头。

4. 最后，最好用大量清水冲洗所有用具，不让任何肥皂或清洁剂残留。

杀菌

奶瓶的清洁必须配合消毒的动作。如此一来，可大大降低污染的危险性，以及宝宝传染若干在牛奶的环境当中生长出来的病毒或细菌。消毒指的是去除微生物。当奶瓶与其它冲泡牛奶的相关用具都已经清洗干净了之后，可透过化学物质或热度来达到消毒的功效。

化学消毒

　　这种消毒方式是使用锭剂或消毒剂，方便又简单，只须按照包装上的使用说明即可。其主要的步骤如下：

——消毒容器装满冷水。

——依厂商指示加入适量的杀菌锭剂并溶解。

——将要消毒的奶瓶和其他用具放入，注意！所有物品都要浸泡在内，不可有气泡，因为空气会影响消毒的功效。

——如果消毒器没有针对奶嘴的特殊装置，就把它浸泡在下方，以免空气滞留其内。

——借助橡皮环与消毒器的上盖，让所有用具都能充分消毒约 3 个小时或厂商所指示的时间。

——消毒液的效用只能维持一段时间，有些只维持24 小时，所以最好在下次消毒时予以更换。

——要使用用具时，将它们从消毒液中取出，用沸水冲洗，再以厨房纸巾擦干。

高温灭菌

　　高温灭菌是最简便且最普及的方法，因为这种方法本身并不需要任何特殊用具。如果手边没有电动消毒器，一个大锅子就已经足够了。

——大锅装满水。

——将使用过的奶瓶和其他用具浸泡在水里。

——把锅放在火炉上加热到水沸腾，并继续煮20 ~ 30 分钟。

　　有另外一种快速简便的方法是蒸气清毒。以电动蒸气消毒器或只是传统的压力锅。唯一的缺点是它的空间只够放奶瓶和奶嘴。

——将干净用具放在压力锅内。

——加入两杯水，开火。

——阀门开始旋转时，继续煮大约7分钟。

——打开盖子，再煮 7 分钟，取出用具，放在厨房纸巾上晾干。

◀电动消毒比用水蒸气消毒更简便。

用锭剂做化学消毒

1. 将锭剂放入水中。　2. 每样东西都完全浸泡在液体当中。　3. 盖上盖子。　4. 依指示静置一段时间。

▲化学消毒可用锭剂或借助消毒液完成。这两种配方都是安全且方便执行的。

ℹ 建议

• 即便可将奶瓶和其他用具一直放在消毒液内，直到下次使用前才取出来，最好还是先把奶嘴取出，并且即刻擦干，收在无菌容器内。

• 不宜将用具放在碗盘沥干架上。

• 可将消毒过的用品擦干的最好工具就是厨房纸巾。

▲如果有适当的容器，可以将全部的哺乳用具放入微波炉消毒。

医师诊疗室
婴儿配方奶喂食

☎ 虽然我希望可以喂母乳，但是我的工作却不能让我如愿，这点让我很苦恼，因为我怕我儿子不能像母乳宝宝一样发育。

在现代生活中，母亲的工作时数较长，而且多半无可避免。无论选择配方奶的动机为何，妈妈都没有必要苦恼。要时刻牢记，宝宝的情感发育与父母亲的宁静与平静心，以及他与父母相处时所感受到的亲密感与温柔关联很大。

就另一方面而言，即便母乳比配方奶的优点更多，这是事实，尤其是母乳可给仍然脆弱的宝宝的身体提供免疫力，但配方奶亦具有所有宝宝所需的营养元素。此外，在必要的情况之下，小儿科医师可以开维生素处方，多半是维生素 D。喝配方奶的宝宝可以和母乳宝宝长得一样健康强壮。

☎ 不间断地清洗消毒奶瓶和其他用具是一件很烦人的事，尤其是消毒，我真的觉得太夸张了。如果可以把奶瓶和奶嘴洗干净，是不是就可以免除这个步骤了呢？

消毒的作用主要在消除不计其数的微生物，而微生物的滋生可能会引发宝宝的腹泻、严重的感染如肠胃炎，以及其他不适感。要注意的是，宝宝的消化器官和其他部位都很脆弱，抵抗力也还不够。而宝宝多数的抵抗力都是通过母乳获得，以对抗若干病毒、微生物和细菌。牛奶是很容易让病毒、微生物和细菌滋生的环境。所以，在宝宝 7 个月以前，消毒是绝对必要的。到了 7 个月的时候，宝宝身体的成熟度已经可以自我保护得比较理想了。

☎ 基于个人动机，我和我先生决定以配方奶来哺育即将出世的女儿。我们常向药师咨询，他会告知我们市面上数种不同的特殊配方奶。可是，我奶奶坚称哪种奶粉都是非必要性的，她说，只要把牛奶冲淡一点就没问题了。

事实上，市面上有多种配方奶品牌，其中有许多种是针对 1 岁以下宝宝各个阶段的不同配方。这些几乎都是以牛奶制成的，但已除去了若干元素，并已加入其他元素，以让这些牛奶更接近母乳的成分。这些经过成分调整并且人乳化的配方奶，也称为母乳化牛奶，它能够像母乳一样提供相同的营养给宝宝，但前提是必须依循小儿科医师的建议与各个奶粉厂商的冲泡指示。

鲜奶不适合任何 1 岁以下的婴儿饮用，即便现在的鲜奶都已经过消毒和均质化处理，仍旧不可以水稀释后给宝宝喝，更不可原封不动地给他喝。我们要提醒读者的是，牛奶是给小牛喝的，不是给婴儿喝的，鲜奶含有一些宝宝纤弱的消化器官

所难以消化的蛋白质和脂肪，它同时也是造成腹泻及其他消化问题的主要原因。鲜奶也可能造成宝宝的食物不耐或引发过敏反应，同时，对于宝宝成长所需要的铁，鲜奶的含量亦极低。

在喂养宝宝的时候，最理想的做法是舍弃鲜奶，并且请教小儿科医师适合的配方奶种类。

我儿子的体重增加比标准值低，让我很担心。我认为原因是我的奶量不够，所以他没有喝饱。我是否应该停止哺喂母乳，并以配方奶取代，以让他正常生长呢？

母乳的分泌与数种因素有关，例如焦虑及饮食不当等，并且可能只是暂时性的。在向医师做了造成母乳分泌量少与宝宝体重增加曲线的必要性咨询之后，建议维持哺喂母乳，并以配方奶补强。在这样的情况下，最好是早上喂母乳，因为早上的奶量最多，然后晚上喂配方奶。此外，建议宝宝每次都吸光两边乳房的母乳，之后再以小儿科医师开立的配方奶来补充。要提醒读者的一点是，吸吮会刺激乳汁的分泌，而均衡的饮食、喝大量的液体、精神放松与宁静也能促进乳汁的分泌。

当我那刚出生的宝宝因饥饿醒来，并开始哭的时候，不管是白天或晚上，对我都是一种折磨。当我和丈夫在冲泡他的牛奶时，他的哭声简直让我受不了。于是我不想再帮他泡牛奶了，而把这个工作交给我丈夫，因为我发现当我这么做的时候，宝宝有腹痛的情形，他的便便也变得很软。

哭声是宝宝的语言，他们特别会运用哭声来表达肚子饿了，或是哪里痛了。这个问题很容易解决；新生儿肚子饿的时候，一刻也不能等，这是正常的现象。他不知道爸爸或妈妈已经去泡牛奶了，宝宝不懂得什么叫做耐心。他只感到饿，唯一想要的就是吃。在这样的状况之下，很有可能宝宝持续性的哭声会让父母的神经紧绷，父母也可能因此无意中把配方弄错了。

这些小错误可能是腹痛或是牛奶消化不良的原因，也可能是因为宝宝本身的紧张而吞下过多空气，而父母又没有帮他正确的拍嗝。所以，这里所要强调的是，不要让宝宝因为饿而哭太久。父母只需一次准备多次的分量，冰在冰箱里，之后再温热给宝宝喝就可以了。可以使用电动温奶器或隔水加热，但是不可以微波炉加热，因为辐射线会使牛奶中的某些成分升温较快，而使宝宝烫伤或生气。

实例
婴儿配方奶喂食

幸亏有了奶瓶，我成了快乐的爸爸

从我太太怀孕开始，一直到儿子出生的那一刻，我太太便决定要喂母乳了。她说，对于一个母亲来说，没有任何事比亲自喂养怀胎十个月的宝宝更美好的了。我以前也这么认为，可是，宝宝出生之后，却发现我们的职业会让喂母乳的工作困难重重，更何况我太太是建筑师，经常要出差，那更是难上加难。在经过长时间的讨论与分析优缺点之后，我们认为，除了配方奶之外，已经没有其他的解决方法了。

虽然我太太了解所有原因，却仍难免因必须喂宝宝喝配方奶而感到自责。她以为这样会改变亲子关系，我们的儿子无法像其他孩子一样成长。她的苦恼让我开始担心她的健康和她焦虑的心情。于是，当我们去小儿科门诊的时候，提出了这样的问题。与医师的对话内容非常有建设性，因为他让我们了解了从食物与亲情的观点来看，孩子从我们身上接收到的照顾不会因此比较少。配方奶不仅含有所有必要的营养素，最重要的是我们知道配方奶并不会降低我们与他的关系，因为一切都掌握在我们的手中。了解了我们最担忧的部分"掌握在我们的手中"，这点让我太太安心了。医师也帮助我了解身为父亲的角色，特别是我的工作是在家中。

宝宝满月后，我太太重新回到职场，而我则一边在家工作，一边由一位保姆帮忙照顾宝宝。一开始，我太太一个小时会打回来一次电话。但是，过了几天之后，她渐渐安心了，因为她发现我表现得很称职，而且她也知道不能喂母乳也不是什么失败的事。

她没有出差的时候，我们会晚上一起泡牛奶，并且亲自完成所有用具的清洁与消毒的工作。她在家的时候，她会喂奶、哄宝宝睡觉、对他说话和唱歌。当她不在家或出差的时候，我会模仿妈妈的动作，如法炮制。如此一来，我可以慢慢观察孩子的变化，发现他新的动作和声音，让自己的感觉灵敏，同时认识他所有微小的反应。有时候，只要从他挥动小手的小动作、咕哝或啼哭，我就可以知道他要什么了。我知道他什么时候是因为肚子饿在哭，什么时候是因为疼痛或不舒服在哭。我经历了很美好的一切。我很肯定的一点是，如果不是因为配方奶，我可能早已失去身为父亲极为重要的一个部分。我想说的是，在抚养与喂养宝宝的任务上，父亲不仅是食物的"供货人"，他也可以与宝宝建立起来就像专属于母亲一样的亲密关系。

婴儿常见的消化问题

10

宝宝在出生的第一年可能会有一些消化不良的情形，但大部分都是轻微的。以正确的方法准备食物和喂食，对于良好的消化状况与食物营养的吸收具有同样的重要性。因此好的饮食习惯、适当的姿势与喂食时宝宝的情绪平静等，均能避免日后的消化问题，所以父母千万不可轻忽。

腹泻与便秘

肠绞痛

溢奶与呕吐

过敏与不耐

体重控制

体重没有增加的幼儿

溢奶与呕吐

溢奶与呕吐是几个月大宝宝常见的轻微问题。一般来说，是因为消化器官不成熟，或是不具临床重要性的食物问题所引起的，很少是由某种疾病所引起的。

溢奶

多数的宝宝都会溢奶，也就是在喝奶之后，毫不费力地回流一点点奶水。当他们刚吃饱打嗝时，也会有溢奶的情况。有些宝宝则会重复溢奶2～3次。

基本上，即使黏膜和胃腺都已发育完全，在消化过程中使用的胃肌却仍未发育好，所以溢奶是一种轻微的不适。

当食物到达胃的时候，胃部肌肉会收缩以将宝宝吸入的空气挤出。这种挤出的空气就是嗳气。当嗳气伴随些许已吞进的牛奶时，就会发生溢奶的状况。溢奶在前几个月是正常的，可是，如果情况没有改善，最好请教小儿科医师。

▲ 在宝宝背部轻拍几下有助于打嗝。打嗝时，通常还会吐出一点牛奶。

呕吐

呕吐与溢奶不同，呕吐是将吃下的食物猛力喷出，通常还伴随恶心感。呕吐的特征与次数通常与它造成的原因或多或少有关联，同时直接关系到治疗的方式。

当宝宝的呕吐是温和的，也没有剧烈的动作，通常是因为他的胃肌还没有发育完全，或是有食道运动神经元异常的现象。这种呕吐发生的频率很高，不具有任何的临床重要性。

如果在呕吐之前有恶心感，而且是很剧烈地喷出食物，那么原因可能是某种身体问题，或是对某种食物不耐。不管是何种情形，小儿科医师都能够找到原因，并以适当的方式治疗。

▼为避免宝宝吐出刚喝下的牛奶，在喂奶后，不应和他玩得太过激烈。最好先让他休息。

> **！经常性呕吐**
>
> 宝宝经常性的呕吐常是因喂食方式不正确所造成的。其主要原因如喝太多牛奶，或是因为奶嘴孔过小而吞入空气。
>
> 可通过以下方式避免经常性的呕吐：
>
> ·正确喂食。
>
> ·准备比较浓稠的菜糊。
>
> ·餐后一小时再哄他入睡。
>
> ·睡觉的时候，头部稍微抬高。

病理性呕吐

如果呕吐的方式是涌出或喷出，并带有奶块及强烈的酸味，且宝宝体重下降，或是即便食欲很好，体重增加仍不如预期，那有可能是因为某种器官问题所引起的。最常引发前述症状的疾病称为肥厚性幽门狭窄症。

幽门是胃出口的洞。幽门狭窄使食物不易从胃进入肠道，而阻碍食物的消化与养分的吸收。

如果罹患肥厚性幽门狭窄症，症状会在出生后第3及第4周变得明显。只要以超音波检查，小儿科医师就可以确定诊断。治疗的方式是外科手术。

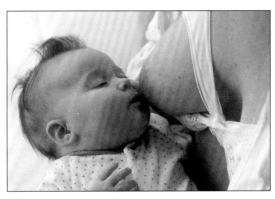

婴儿床里的宝宝

宝宝在婴儿床里的姿势对于消化和安静的睡眠影响很大。最常见且最正确的睡姿是仰睡，或最好是侧睡，枕头稍微抬高，因为万一溢奶或吐奶时，可避免回流的食物被吸入呼吸道内。此外，亦可轻易地清除呕吐物。

打嗝

打嗝指的是因横隔膜痉挛而引起的胸腔与腹腔剧烈震动。打嗝典型的声音是由突然从肺部挤出的空气所产生。

婴儿打嗝的情形很普遍，不必太担心。虽然有时候会持续相当长的一段时间，并不会造成婴儿不适。即便打嗝情形严重，他们依旧会入睡的。

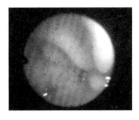

◀肥厚性幽门狭窄症可通过内视镜确认。外科手术可矫正这种连接胃与肠道的孔洞异常现象。

吞气症与嗳气

宝宝在喝奶或吃菜糊的时候会吞进空气，然后积在胃里。由于宝宝的胃还很小，而且肌肉还没发育好，所以常会有一点空气滞留。这种空气滞留的情形叫做吞气症，通常会引起宝宝疼痛、啼哭的情形。

只要有打嗝，也就是突然从口部排出气体，就可以避免吞气症。所以，建议如下：

——宝宝用餐时，维持他身体的挺直。

——从奶嘴孔流出的牛奶应尽量维持顺畅，以避免吞入空气。

——营造一个宁静的喝奶环境。

——让宝宝右侧睡，以方便排出嗳气。

◀为减少受吞气症之苦，宝宝喝奶时，以尽量少吞进空气为原则。

▼餐后良好的睡姿是仰卧在一个让他的身体可稍微抬高的柔软表面，头部侧向一边。

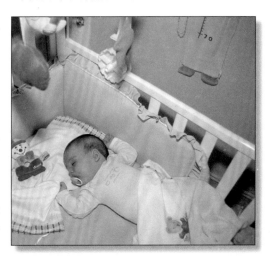

腹泻与便秘

宝宝腹泻或便秘等排泄物异常的状况，通常是饮食不均衡所起或为某种感染疾病的症状。一般来说，父母不用因这类的消化异常而太过担心，最好即时透过小儿科医师的建议，采取适当的因应方法。

◀腹泻多半是由病原菌引起。所以，不建议将脏手指等异物放入宝宝的嘴中。

腹泻

腹泻指的是经常性的液状排泄物，有时候粪便中会伴随黏液，气味很重又不好闻。

并不是所有的液状经常性排便就是所谓的腹泻，但父母多半会将它当做是腹泻。腹泻是几乎持续性的排空含水粪便，通常伴随其他如发烧、没有胃口、恶心或呕吐等症状。

腹泻可能只是单纯性对某些食物不耐，最常见的原因可能是消化道感染。无论如何，宝宝腹泻时最严重的情况是　连串的并发症。

因腹泻引起的最严重并发症之一是脱水，也就是流失身体的水分和盐分。孩子年龄越小，脱水的速度越快，强度也越强。所以，父母必须要能够清楚分辨何时是无关紧要的排水，而何时是真正腹泻了。

急性腹泻与慢性腹泻

腹泻分成急性与慢性。急性腹泻往往突然发生，通常是由感染源、病毒、细菌或寄生虫所引起的，常会伴随发烧和腹痛。此时，必须紧急送医，以避免急速脱水或其他并发症。

慢性腹泻的表现方式是渐进式的，同时也是造成儿童脱水和营养不良的原因。这种腹泻的原因通常与肠道受损有关，例如所谓的肠躁症，或是食物吸收与消化的能力不足等。通常是因为食物过敏、乳糜泻、不耐面筋或是囊肿性纤维化等造成。

腹泻治疗

从腹泻症状一出现，一直到医生检查完成之后，父母应该寻找时间完成下列工作：

——即刻停止喂食。

——每 1 ～ 2 小时就给宝宝小口喝下加入少许盐的糖水。

◀液体是避免持续性腹泻导致脱水的必要物质。

肠胃炎

肠胃炎是由病毒、细菌或寄生虫感染所引起的胃部和肠道发炎。其中一个症状是急性腹泻，如果发生在婴儿身上，可能会引发快速脱水。此时，很重要的一点是中断进食，尤其是牛奶，因为在某一段时间里，孩子会有乳糖不耐的情况，而乳糖则是牛奶中的碳水化合物。

便秘

便秘指的是排便次数减少，有时候还会有硬便的情况。孩子便秘的时候，会提高排便的困难度，因为粪便无法从肠道内顺利排出。此时，为了将粪便排出，孩子会缩起双脚，用力到脸涨红，并且发出小小的咕哝声。

在哺乳期，母乳宝宝很少会有便秘的现象，而配方奶宝宝发生的概率则很高。这点为食物是否准备不当的指标。

肠道功能不良也可能引起便秘。所谓的肠道功能不良，有时候是因为肠蠕动不正常，也就是肠道用以将粪便推向肛门的动作不正常。

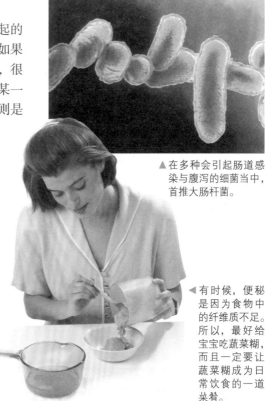

▲在多种会引起肠道感染与腹泻的细菌当中，首推大肠杆菌。

◀有时候，便秘是因为食物中的纤维质不足。所以，最好给宝宝吃蔬菜糊，而且一定要让蔬菜糊成为日常饮食的一道菜肴。

ℹ️ 口服电解水

药房有卖口服补充液包，其配方包含葡萄糖、重碳酸盐、钾、钠及氯。通常这些补充液包是以1升的水稀释（视每一个厂商的包装而定，并应遵照说明内容处理）之后给宝宝喝。稀释了之后，必须在24小时内喝完。在家也可以自制口服补充液，就是将3平匙的糖和半匙的盐溶解在半升煮沸并已冷却的开水中。

解除便秘的方法

如果宝宝有经常性便秘，以下方式可缓和症状，包括：

——提高婴儿每日饮食中的液体量。

——提供宝宝富含纤维质的食物，为他准备完全煮熟且不要切得太细的蔬菜和豆类。

——让他喝下一瓶混合开水与蜂蜜的饮料。

——给他喝一汤匙刚榨好的柳橙汁或枣汁，不用过滤，以水稀释。

——在肛门周围涂抹一点凡士林，帮助他排便。

过敏与不耐

消化器官不成熟、某些例如肠胃炎等感染性疾病，或是某些腺体的异常现象都是宝宝出现过敏与食物不耐的起因。多数异常现象都是暂时性的，需要父母特别的照顾与遵照医师的建议。乳制品、红色水果与蛋类都是引发过敏的主因。

食物过敏

一般的过敏可能会被当成是身体免疫系统对无害物质的不当反应。由于宝宝的消化器官仍不成熟，有许多蛋白质无法适当地代谢掉。

▲异位性皮炎是一种良性皮肤病，有时候是因为食物过敏所引起的，通常会在宝宝两岁时自然消失。

此外，宝宝肠壁的渗透能力会在某些由肠胃炎等疾病引发发炎时增强，而这样的渗透力会让不适合宝宝吸收的蛋白质通过。无法吸收的蛋白质通常会引起过敏反应，或对某些食物的不耐症状。

这些过敏最常见的症状通常是腹泻或便秘、呕吐、肠绞痛、没有胃口、荨麻疹或湿疹等。多数因幼儿消化器官生理性不成熟引起的过敏或不耐，通常会随着宝宝的成长而逐渐消失。

当有这样的现象出现时，均衡的饮食与正确的用餐习惯都能大大改善消化器官的正常功能，特别是食道，以及在消化食物方面担任重要角色的肝脏和胰脏。

对麸质过敏

燕麦、大麦、小麦或是黑麦等谷物含有一种称为麸质的蛋白质。这类的蛋白质很难为宝宝的消化器官所吸收，尤其是在 7 岁以前。

麸质的不当吸收会表现在对谷物排斥或不耐。这种不耐的现象称为"乳糜泻"。

宝宝对麸质不耐或乳糜泻的最明显症状，是体重无法增加、伴随恶臭的大量腹泻，以及腹胀等。对于较大儿童来说，贫血与长不大可能也是乳糜泻的其中两种症状。

经医师诊断为这种不耐症之后，父母应该喂孩子吃不含麸质的食品。

▲不耐麸质的情况时有所闻。市面上有多种不含麸质的谷物饮料，可避免所有因这种对谷物排斥或不耐所引起的不适感。

蛋和草莓

最典型的红色水果是草莓和桃子，含有大量的过敏源，也就是可能会引发过敏的蛋白质。因此，在宝宝 2 岁之前，最好不要给他这类水果。

基于相同的理由，也不建议给宝宝吃蛋，特别是蛋白。蛋白含有丰富的白蛋白，这是一种会引发过敏反应的蛋白质。

对乳制品排斥

最常发生在婴儿身上的过敏物是乳制品。更确切地说，是对牛奶中的某些蛋白质过敏，而产生乳糖不耐。

牛奶含有丰富的蛋白质、脂肪和碳水化合物或糖，其中又以乳糖为最重要。乳糖是通过乳糖的作用而吸收，而乳糖酶是负责分解的消化酶。

当乳糖未履行其消化功能时，有时就会发生乳糖不耐的现象。乳糖功能不佳多数与因腹泻或某种消化器官的疾病所引起的肠道黏膜发炎有关。一般来说，这是一种暂时性的不耐，会在 2 ~ 4 星期之内消失。

对鲜奶过敏多半是对鲜奶中的蛋白质过敏。之所以会产生过敏的原因，是鲜奶中的蛋白质不容易为儿童的消化器官所吸收。此外，鲜奶含有丰富的矿物质，例如钾和钠，无法为不成熟的肾脏所正常排除。因此，宝宝在 10 ~ 12 个月之前，不建议提供他鲜奶。

▼宝宝的衣物和睡衣都必须是棉制品，以减少感染异位性皮肤炎的风险。

▼有些如草莓或以牛奶制成的产品，含有某些可能会造成过敏反应的过敏源。

缓和湿疹

——每天用温水清洁婴儿皮肤，再以润肤乳液（润滑油等）呵护其皮肤。
——帮宝宝穿上棉制品。
——维持适中的环境温度。

过敏性湿疹（异位性皮炎）

湿疹是一种皮肤的过敏疾病，可能会出现有刺痛感的红色小水痘。用手抓它时，这些水痘会分泌一种液体，凝结时，会形成偏黄的痂和鳞片。

湿疹是因为某些化妆品或药物的刺激作用所产生，或是因某种食物过敏的症状。当孩子同时罹患过敏性鼻炎或气喘的时候，会让湿疹更加恶化。

头皮、双颊、手腕、肩膀或是皮肤皱褶处通常是最常发生湿疹的部位。这种疾病常会在宝宝 2 个月或 3 个月大时出现，并且会在接近 2 岁的时候自动消失。当有湿疹的症状时，医师通常会开药膏、油脂与适当饮食的处方笺。

肠绞痛

宝宝在出生后 3～4 个月之间，常会在喝完奶后大哭，无法安抚，这种激烈的啼哭常常是由于所谓的婴儿肠绞痛所引起的。造成的原因很多，通常不用担心，因为会随着消化器官的成熟而消失。肠绞痛很难治愈，却可以用简单的方法缓和。

婴儿肠绞痛

临床上，会将数种消化与泌尿器官的平滑肌因胀缩作用而产生的肠绞痛，称为婴儿肠绞痛。

婴儿在 3～4 个月的时候，常会因肠胃痉挛而肠绞痛。由于这段时间发生肠绞痛的概率颇高，所以也称为婴儿肠绞痛。肠绞痛是一种断断续续的疼痛感，也就是说会有强度的不同，也会有不同的波动变化。所以，当婴儿有肠绞痛的情形时，他的哭声会有不同的强度。一开始会先尖叫，脸部涨红，几分钟内不容易安抚。在大哭之后，会开始呜咽。安静一小段时间之后，又再次大哭，同时挥动手脚。

◀许多宝宝在喝奶过后没多久啼哭，主要是因为婴儿肠绞痛。

肠绞痛的原因

婴儿肠绞痛最常见的原因是消化器官的生理性不成熟。因此，婴儿的不适感主要是来自使用奶瓶。母乳宝宝也可能会有肠绞痛的情形，但是不需停止哺喂母乳。造成肠绞痛的主要原因包括：

——**吞气**。因急着吸吮母乳、奶嘴的出乳洞眼太小、啼哭或鼻塞等，都会造成胃部肌肉动作而引发肠绞痛。

——**过敏或食物不耐**。当乳糖或某些食物中的蛋白质消化不良时，常会引起肠绞痛。

——**消化感染疾病**，例如肠胃炎。

——**胃结肠反射**增加。

——**其他器官原因**，特别是当孩子没有精神、发烧、拉肚子和经常性呕吐时。

▶当婴儿肠绞痛时，父母可以让他趴在大腿上以达缓和的功效。

缓和肠绞痛的方法

虽然至今仍不知道如何治愈婴儿肠绞痛，但是可通过一些简便的方法，并且遵循小儿科医师的建议来加以缓和。具体方法如下：

——让宝宝慢慢地喝奶，身体挺直。

——暂时停止喂奶，让他坐在膝盖上一会儿。

——确认奶嘴的洞眼大小适当，避免他因为用力而吸入过多空气。

——宝宝喝完奶后，避免立刻和他玩或震动他的身体。

——哭的时候，让他斜靠在肩膀上或是躺在膝盖上，以安抚他的情绪。

——以手掌从上到下做腹部的环形按摩，以帮助排气。

——让婴儿趴卧在膝盖或上臂，轻轻按压腹部。

——少量多餐。

——以棉质的热手帕，或只装一半的水袋以毛巾或手帕包起来，热敷胃部。

——有些小儿科医师会建议给宝宝喝某些温和的菊花茶或茴香茶。

——有时候，小儿科医师可能会开抗痉挛的药，请在喝奶前的几分钟服下。

当孩子肠绞痛的时候，父母一定要保持镇静，因为肠绞痛几乎没有任何临床意义。

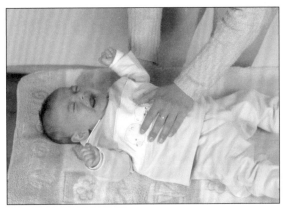

▲让宝宝背部斜躺，并做轻柔的腹部环形按摩，是一个减缓肠绞痛不适的有效方法。

胃结肠反射

胃结肠反射指的是胃壁与肠壁在食物送达之前的肌肉反应。这种反应的作用是为了开始消化食物、排出喝奶时吞入的空气，以及帮助食物残渣在肠道内前进。有时候，在喝奶中或喝奶后马上排便也是因为胃结肠反射的缘故。

由于婴儿的消化系统仍很脆弱，胃结肠反射常会加剧，并且引发疼痛。随着他们的消化器官的成熟，因消化不良所引起的婴儿肠绞痛会在第3～第4个月起消失。

母亲的饮食

另一个缓和母乳宝宝肠绞痛的方法，是妈妈不要喝牛奶和吃乳制品、蛋、酸性水果、咖啡和小麦制品。

▶因吞气而造成的婴儿肠绞痛，可通过正确的瓶喂，不让宝宝吞入空气来加以避免。

> **! 特例**
>
> 如果宝宝出现剧痛，同时伴随呕吐或便秘或不排便，那么有可能是有粪石。粪石是一种变硬的粪球，它会堵住大肠。依据硬度的不同，有可能必须做外科手术。

体重控制

　　宝宝在 1 岁之前的体重控制，对于确保其依据生长曲线成长是很重要的。生长曲线具有数据价值，所以，少许的小变化完全是在许可范围之内的，父母不必惊慌，除非是出现太大的改变，那么就要怀疑是否出现了严重异状。如果不是暂时性的没有胃口或胃口太好，都必须求助于小儿科医师。幼儿肥胖和瘦小不同，肥胖通常不会让父母担忧，但是过于肥胖就应该要加以控制，以避免孩子最后成了肥胖的成人了。

体重增加

　　宝宝 1 岁前体重的增加是持续性的，而且其增加的速度也是一生中最快的。因此，从第 2 至第 3 周起，宝宝体重可能会每天增加 15 ~ 30 克，到了第 5 个月，他的重量将是出生时的两倍。满周岁时，他的体重就已经达到三倍了。

　　如果宝宝一开始的体重增加不够，小儿科医师会想知道他是否摄取了足够的热量。所以，他会询问宝宝一天喝几次奶、每次喝奶时间多长、排便次数、粪便的软硬度与排尿的次数。如果宝宝吃得好，排便的软硬和量也都正常，那么父母不必担心，因为那可能只是因为宝宝一开始长得慢，在不久之后就会正常化了。总之，小儿科医师的追踪是必要的，他也将评估状况，最后决定因应措施。

　　从第 4 或第 5 个月起，体重增加的速度会减缓，宝宝通常是每个月增加 600 ~ 700 克，之后会每个月慢慢降下来，直到第 11 个月时的每个月 300 克为止。

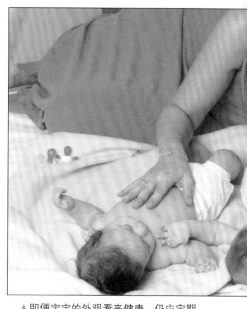

▲ 即便宝宝的外观看来健康，仍应定期控制体重。

> **！ 小心脂肪**
>
> 　　含有丰富蛋白质和脂肪的食物会让体重增加。如果摄取过多这类食物，会让体重过重，而造成肥胖。

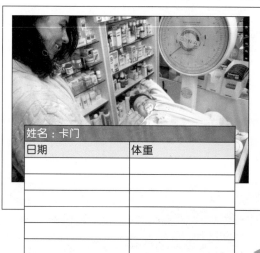

姓名：卡门	
日期	体重

> **ℹ 宝宝量体重**
>
> 　　在出生后前 5 个月，最好每星期称一次体重。除非是小儿科医师的特别指示，否则应该从第 5 个月起，每 15 天称一次体重，一直到满周岁为止。
>
> 　　为了能有效控制体重，没有误差，每次都要在相同条件下测量宝宝的体重。意思是，每次测量的时间点一致，并且一定要在喝奶前量，以避免喝进去的食物影响到测量结果。此外，每次都要穿一样的衣服。如果这点无法达成，那么不必须将当次和前次所穿的衣服重量差异一并列入考量。

◀药房提供的卡片，用以记录宝宝每次的体重。

胃口异常

宝宝的胃口是健康状态的指标。暂时性的胃口不好或太好并不重要，但却必须留意其发生频率，如果这些异常现象成为持续性的现象，那么就可能是某种其他问题的症状，并可能对未来产生影响，因为胃口会影响营养状态，进而影响孩子的生长和发育。

宝宝在第一年和第二年会学习独立，而他表现的方式有很多种，其中包括要求或拒绝食物。当这样的情况发生的时候，父母应该保持镇静，并且依据小儿科医师的指示，以适当的速度和量来供应食物。有些父母认为孩子是因为饿了才哭，甚至可能在非用餐时刻提供他食物，这一点也不足为奇。父母应该要了解，富含蛋白质和脂质的食物是很容易造成肥胖的。

留意变化

只要孩子的生长曲线正常，符合医师的数值，那么体重增加或减轻都不必惊慌。

但是，当孩子生长速度过慢或过快，或是突然体重增加或减轻太多的时候，就真的要注意了。

▲ 1岁前是身体成长速度最快的时期。因此，必须注意幼儿的胃口变化，不要让他变成小胖子了。

预防肥胖

美国小儿科学会提出若干预防儿童肥胖的措施：

——喂母奶。母奶比配方奶更具有生理性与心理性的优势。

——延后宝宝吃固体食物的时间，至少要在宝宝满4个月之后。

——最好留意"宝宝一发出饥饿讯息时就提供他食物"之表现。

——加强身体运动。

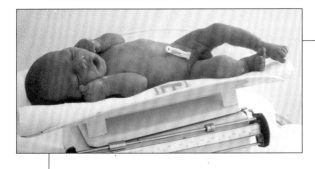

ℹ 小胖子

孩子在小的时候，肥胖或瘦小的状态都只是生长的自然阶段。但是，基于父母不应将瘦小视为生病症状的相同理由，他们也不应把肥胖视为一种良好的健康状态。胖小孩不一定代表健康。

配方奶宝宝在哺乳期通常比较会有体重高低起伏的情形，那是因为饮食的成分与食用不均衡的原因。一般来就，由于宝宝的生长与发育较快，这些阶段的孩子通常会胃口很好。因此，父母必须试着调整成医师所建议的食量与用餐时间，以免养成孩子不良的饮食习惯。

肥胖的婴儿因为还不成熟的身体有机能障碍的问题，所以比较容易生病。胃肠还可能因为过多的食物而引起常见的呕吐与腹泻。

就另一方面来看，哺乳期养成的不良饮食习惯很难改正，而且还会影响到未来的体质和健康。事实上，哺乳期持续性的肥胖，与成人肥胖及随之而起的健康问题之间具有经常关联性。

体重没有增加的幼儿

孩子固执地拒绝食物是一大警讯。一般而言，父母会将自己瘦小的孩子看做是疾病的症状，但是，多数的情况是没有根据的。均衡的饮食以及养成适当的饮食习惯，可以保障孩子的健康和正常的发育。

瘦小

瘦小指的是体重低于其身高应有的标准值。较低的体重来自于脂肪组织与其他组织的缩减。即便这种状态可能是由某种疾病所引起的，但是也有可能是个人体质的问题。原则上，父母不应为孩子瘦小而惊慌，因为有许多起因都属正常范围，而也多半与不同的阶段、不同的生长速度、食物与饮食习惯，以及婴儿的胃口好或胃口不好有关。

胃口改变

胃口或食欲是我们满足身体营养需求的本能。因此，胃口的好坏也被视为健康或某些疾病症状的指标。

儿童经常出现胃口改变的现象，例如缺乏食欲，常常是造成父母忧心的原因。当孩子瘦小，而且体重和身高并未如他的年龄增加时，父母会更担心。

造成胃口改变的原因之一，是因为消化系统自然的生理不成熟所造成的机能不全，进而对消化和食物代谢能力造成影响。环境

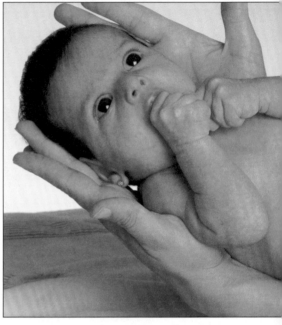

▲许多时候，瘦小并不是病理现象，除非孩子长期体重没有增加，否则父母不须担心。

条件与正确饮食习惯的发展亦具有相同的重要性。

没有胃口

通常在孩子2岁时，就可以开始评估他是否没有胃口或没有食欲了。在哺乳期的时候，宝宝几乎不会抗拒食物，因为他极快的生长速度会催促他进食，以满足其高热量与能量需求。

经过了哺乳期之后，环境因素、家庭关系、饮食习惯，再加上较为复杂的食物内容，常会打乱了孩子的胃口。

一般来说，只要孩子健康，父母就不用担心他没有胃口。有些孩子的确吃得不多，而不该认为他们是胃口不好。另外，如果孩子在某个阶段胃口不好，父母也不应大惊小怪。

◀婴儿胃口不好的情形并不多见。如果好几天都胃口不好，那应该是因为器官的问题。此时就必须请小儿科医师加以诊断，以进行适当的治疗。

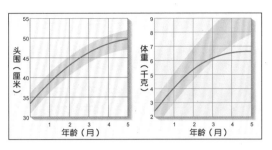

◄第一年的头围与体重数据曲线图。体重长期停滞未增加表示有异状，必须尽快矫正。

生长与瘦小

　　宝宝瘦小并不影响他的健康和发育，这只是小儿科医师在做身高和体重注记时会检查的项目而已。体重总是与身高有关，而身高又与头围有关。

　　即便有一些一般性的指标，但我们并不能肯定有适用于所有孩子的固定值。纵使每个孩子的饮食与喝奶习惯都类似，也会因个人的生长速度而有所不同。所以，有些孩子比较不会囤积脂肪，或是生长速度比较慢。只要孩子健康，父母不须因为他吃得少或比其他同龄孩子还瘦小而担心。孩子会依据本身的体质而让体重、身高慢慢正常化。

慢性食欲不佳

　　婴儿食欲不佳通常是因为吃了不熟悉的食物或罹患了中耳炎、肠胃炎或呼吸疾病等等，或是用餐习惯改变了。

　　不可将婴儿慢性食欲不佳与大人的紧张性厌食混为一谈。婴儿慢性食欲不佳通常是由器官问题所引起的，小儿科医师必须视个案诊断。

良好的习惯

——尊重宝宝的用餐时间。

——营造一个愉悦的环境。

——不要以其他食物取代宝宝拒吃的食物。

——如果宝宝拒吃，不要失去耐心；晚一点再让他吃吃看。

——不要强迫宝宝吃；一点一点让他尝试新的口味。

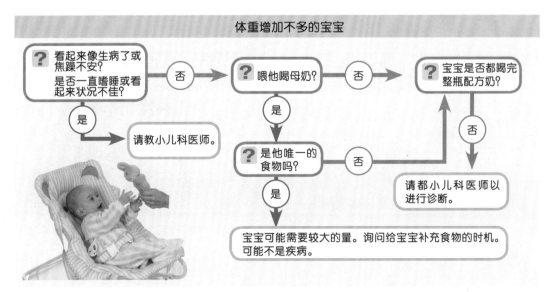

体重增加不多的宝宝

❓ 看起来像生病了或焦躁不安？是否一直嗜睡或看起来状况不佳？ —否→ ❓ 喂他喝母奶？ —否→ ❓ 宝宝是否都喝完整瓶配方奶？

是↓

请教小儿科医师。

是↓

❓ 是他唯一的食物吗？ —否→ 请都小儿科医师以进行诊断。

否↑

是↓

宝宝可能需要较大的量。询问给宝宝补充食物的时机。可能不是疾病。

医师诊疗室
婴儿常见的消化问题

☎ 1 个月大的儿子一直都有连续性打嗝的问题，甚至包括在睡着的时候，我们很为他难过，但我们不知道如何帮他解决问题。莫非是某种疾病的症状？

小宝宝打嗝是很正常的事。那是一种横隔膜剧烈且痉挛性的收缩，会引起腹部和胸腔肌肉的震动。打嗝是一种刺激性反射，其所引发的痉挛会造成肺部空气猛烈排出与典型的声音。由于胃处于横隔膜的正下方，当胃充满食物和空气的时候，会压迫分隔腹部和胸腔的肌肉，并产生痉挛的现象。打嗝不要紧，通常会自然消失。

☎ 我发现 4 个月大的女儿排便有困难，有时候甚至 2 天完全没排便。喝过奶后，我看到她屈曲着小腿，整个脸涨红，还发出很用力的声音。朋友建议我帮女儿放置一个甘油栓，甚至是灌肠。

依你女儿的情况来看，她便秘可能是因为饮食不均衡所引起的。小儿科医师会教导你喂食含有丰富纤维的食物，主要是果汁或菜糊，以帮助肠道蠕动和排便顺畅。此外，为了改善你女儿便秘的问题，可以在她的食物里面添加更多的液体，也可以手掌做腹部按摩，或是用沾了凡士林的温度计刺激他的肛门。只有在小儿科医师认为适合的时候，才可以使用甘油栓。至于灌肠，特别是自制品与轻泻剂的使用则是完全禁止的。即使是在医师的同意下灌肠，它还是一个不建议用来改善婴儿便秘的极端方法。

☎ 因为我和我先生每天上班，所以是由我母亲来照顾我那已经 5 个月大的儿子。我儿子胖胖的，而我母亲说，越胖的小孩以后长大越健康强壮；可是坦白地说，我很疑惑，因为小孩只会随时要东西吃而已。

根据古老而错误的认知，胖小孩等于健康的小孩；等这样的小孩长大之后，会比较强壮。其实相反地，胖小孩因为身体负担比较大，所以更容易罹患数种疾病。过多的脂肪造成孩子体重过重，这并不是一个好现象。胖小孩很有可能在未来发展成为肥胖的大人，也因此带来种种的异状，例如心脏病和循环性疾病、关节疾病、皮炎和背痛等等。成人肥胖常是因为含有脂肪的细胞，也就是所谓的脂肪细胞，渐近式增生。当增生到了一个程度的时候，已经无法再通过饮食或运动让它消失了。即便是在家族成员容易肥胖的家庭当中，还是有可能避免的。因此，最好听从小儿科医师的指示，随时注意小朋友的体重，同时提供他营养和菜量均衡的食物。你应该要和你母亲沟通，注意不要以言语刺激到外婆的感受，说服她不要给小朋友吃超出小儿科医师建议的量，而只要固定用餐时间给他吃东西。如果现在不这么做，以后就会太迟了。

虽然我儿子看起来健康，而且也长得很好，可是我还是担心，因为他每次吃完就哭。他会哭好一阵子之后，才终于打嗝，我怕是母乳的原因，才让他不舒服。我应该停止喂母乳，然后让他喝配方奶吗？

如果就你的观察，小朋友长得好，而且健康，那就不用因为他餐后必哭而担心了。那是因为他吃奶的时候所累积的气体，而造成他腹部疼痛，这种疼痛在打嗝的时候就会消失了。没有必要停止喂母乳，只要试着让他不要喝得那么急就可以了。这样做可以避免他吞入过多的空气。只要你在喂奶的时候放松，就可以达到这样的功效。

哪些食物会造成小朋友过敏？

有些食物含有较多的过敏源，也因此会比较容易引发过敏。最常见的过敏性食物是新鲜牛奶和乳制品、小麦及其制成品、蛋、某些水果，特别是浆果和红色水果，以及白鱼等。为了避免因小朋友消化系统发育未成熟而造成的过敏反应或不耐的状况，建议在他1岁之后才让他吃这些食物，特别是那些比较容易有过敏反应的孩子。

 我儿子看来很健康，可是很瘦，也吃得很少，我要怎么样让他多吃一点、增胖一点？

即便过去认为胖小孩表示健康，而瘦小孩则看起来病奄奄的，事实并非全然如此。长期性的儿童肥胖会让孩子更容易罹患疾病，也是造成日后成人肥胖的主因。在哺乳期的孩子很少会拒绝食物，如果他拒吃，那是因为某种不适所引起的。幼儿从2岁开始，会基于身体、环境或习惯因素而表现出胃口的改变。如果根据小儿科医师的追踪记录，孩子健康也长得良好，那么建议尊重小朋友吃东西的意愿，不要强迫他吃太多。

有什么药可以给我那2个月大的女儿吃？她每次喝完奶后就胃痛怎么办？

首先你应该知道，由于宝宝的消化系统仍具有生理上的不成熟度，所以常会因肠道问题而引起绞痛。没有任何真正有效的药物，可减缓这些因消化机制不当而产生的疼痛。为了避免或减轻疼痛，建议不要让宝宝吃太多、让他的身体挺直，并以掌心帮他做腹部按摩，一直到他打嗝为止。另外也要避免用餐后马上玩耍。

我儿子胃口很不好，吃东西变成一场又一场的噩梦。为什么有些孩子总是没有胃口呢？

婴儿在5～8个月大的时候，会有厌食的状况，但并没有其他任何的病兆。通常这是因为妈妈喂食态度强硬、生气或过度完美主义所造成的。从2岁或3岁开始，小朋友通常在早餐和点心时间都会表现良好，不过却拒吃正餐和晚餐。有时候，他们因为在两餐之间吃太多甜食或甚至喝了饮料，所以让他们以为自己已经饱了。

实例
婴儿常见的消化问题

女儿的体重改变了我们的生活

我和我先生的家族都有肥胖倾向，所以我们两个以前也都很胖。当女儿出生的时候，我们马上察觉她以后也会像我们一样胖胖的。几乎所有的邻居都夸奖我们的女儿气色红润。我母亲骄傲地说："她以后会像外公　样健壮。"或许是从那时起，我们夫妇俩开始担心起来。一年前，我那年仅 58 岁的父亲因脑栓塞而过世。医生说我父亲有高血压的毛病，胆固醇也很高，这是造成栓塞的原因。一切就像电影情节一样，我看到我父母和所有家庭成员都是胖胖的，甚至包括我们夫妻在内，然后每天重复一样的问题：背痛、呼吸不顺、双腿因摩擦而受到刺激，以及我母亲的静脉曲张。现在连我都发现自己有静脉曲张的问题了。

我们夫妇真的不希望女儿以后像她外公和我们"一样强壮"。我们不要这种过胖所营造的健康假象。于是我们和医师讨论，他给我们许多很有用的建议，以预防我女儿的肥胖。他的建议主要是针对我女儿的饮食安排，特别是她和我们的用餐习惯。他建议我们去看内分泌科医师，让他对我们减重的方式提出建议，并且获得更好的生活品质。

医生说，有一种肥胖属于遗传性肥胖，和体质有关；另一种则是食量太大或消化问题所引起的症状性肥胖，也就是新陈代谢的问题。医生还解释为何有些肥胖的人，如果他小时候父母有留意他的肥胖问题，那在长大之后就不会有这样的问题。他也解释为什么有些人跟我们一样，饮食再怎么注意，运动做得再多，在减重上还是会有一个限度的原因。他说，如果让小朋友吃太多，组织除了吸收太多液体之外，脂肪细胞还会不断增生。随着孩子的成长，这些细胞越来越多，也越来越充满脂肪。发展到一个程度之后，就会无法去除了。到了这个时候，在运动和饮食上再多的牺牲，也都没有作用了。

女儿的出生，以及我们在她的小脸蛋上看到的"健康"，让我们的生命出现了重大变化。即便我们会避开某些热量太高的食物，也不会因此剥夺她的权利，我们一样会提供多样化且均衡的食物。我们固定时间用餐，边用餐边聊天，走很久的路；她还练习游泳。虽然我们夫妇还是胖胖的，但我们的生活品质已经有所改善了。

3个月后的饮食

11

　　宝宝的饮食和营养是让他们长得健康快乐的两大课题。宝宝身体所需的营养来自父母所提供的均衡食物。断奶和新的固体食物成为孩子适应过程的重要部分。因此，孩子不只要学习怎么吃、培养好的用餐习惯，也必须融入他们的家庭和社会生活。

加入新食物

6 个月以后的菜单

断奶

水果、蔬菜、谷物和乳制品

9 个月以后的菜单

家庭用餐

断奶

停止喂母乳或配方奶，是让他的身体适应更复杂完整的食物形态的第一步。断奶是幼儿展开全新生命阶段的里程碑，它同时也是母亲必须思考宝宝的食物与情感需求，以及个人状况的时候。

▶宝宝出生后前几个月唯一的食物是母乳或配方奶，但到了某一个阶段之后，就必须加入新食物了。

断奶时机

断奶意指以他种食物取代母乳或配方奶。即便不久之前，人们认为断奶是停喂母乳，并以配方奶取代；现代人则认为，断奶的意思是母乳和配方奶不再是宝宝的单一食物。

断奶的理想时机基本上与母亲和宝宝有关；如果妈妈感觉方便，而且也享受哺喂母乳；或如果妈妈健康、有空，而且分泌足够的奶水，那么理想的断奶时机通常是在 3 ~ 4 个月之间。3 ~ 4 个月是宝宝断奶的理想时间点，但是应依照宝宝的健康状况来决定。

断奶的方法

母亲必须知道，断奶会使孩子的饮食有重大变化，不只影响他的身体功能，甚至也是双方之间现存之情感习惯的改变。因此，断奶的速度不宜太快。

第一，渐进式的断奶可让宝宝自然接受新的食物，而不会有太大的困难。第二，母亲的身体也要做好准备，因为乳房会继续分泌奶水，突然中断哺乳可能会造成某些异状。乳汁的分泌需要一段时间才会停止下来。（审校者注：建议哺喂母乳到 2 岁。）

母亲如何断奶

——先停喂一边，至少 3 天再停喂另一边。

——尽量维持早上（因为早上的乳汁分泌最多）和晚上哺喂（因为具有放松效果）。

——不要挤压乳房以舒缓胀奶的感觉，因为排空和宝宝的吸吮一样会刺激乳汁分泌。母乳会在接下来的几天之内再度被吸收。

——减少液体的摄取量。

▶不需骤然断奶，应该在轻松的情境中接触新的食物。

宝宝如何断奶

——喝母乳的情况与喝配方奶相同。

——让宝宝习惯奶嘴。

——让宝宝习惯配方奶的味道。

——中午那一餐最适合先改掉，也可以顺便让他习惯另一种食物。

断奶的前几个步骤

从宝宝第3或第4个月起，可依以下方式断奶：

——早晨。减少喝母乳3个星期，并在第4个星期以配方奶取代，从第5个星期起停喂母乳。

——早餐。从第5个星期起以配方奶取代母乳。

——中午。第1个星期以配方奶取代母乳。从第2个星期开始，在奶中加入菜糊。

——下午点心。从第2个星期开始，以配方奶取代母乳。从第5个星期开始加固体食物。

——晚上。维持母乳，一直到第3个星期，从第四个星期开始改喂配方奶。

父亲的角色

对于母亲和孩子来说，断奶都是一个必须小心翼翼与感觉困难的过程，因为那是一种情感的分离。在这个时候，父亲的介入是很重要的。如果父亲可以负责喂奶的工作，那对于母亲来说，将是她在最辛苦的阶段当中的一大解脱。至于小孩，一方面是让他不再只是将母亲与食物画上等号，同时也与父亲建立一个特别的情感关系，他对父亲的感受也会在愉悦的气氛之下升华了。

拒绝奶瓶

即便是渐进式断奶，母乳宝宝在一开始还是会拒绝奶

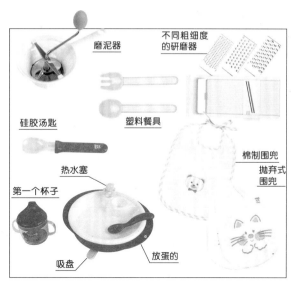

瓶。适应需要很大的耐心和遵循某些步骤：

——在一开始的前几天让他用奶瓶喝水或喝果汁。

——注意消毒奶瓶的液体或产品不要有怪味道；最好是将奶瓶煮沸。

——就算宝宝不吃奶嘴，也可以让他含在嘴巴里玩，让他熟悉奶嘴的触感和味道；轻轻握住它。或许宝宝一开始会用舌头拒绝或做出不喜欢的怪表情。

——喂配方奶的时候，用会动的物体分散他的注意力。

——如果他拒绝喝奶并开始哭，带着他在房间里散步，帮助他放松，然后让他在几乎不注意的时候开始喝奶。

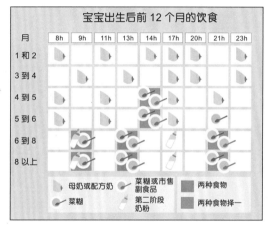

加入新食物

从喝奶到比较多样化的饮食，所代表的意义是让宝宝开始接触新的滋味和口感。这是加入新食物的时机，其目的在于满足宝宝身体所需的营养素，单单只是喝奶是不能真正获得所有的养分。

味觉的准备

在宝宝喝母乳或第二阶段奶粉的时候，所需的营养都可获得满足。但是，从第 3 个月开始，小儿科医师建议给宝宝喝几小匙稀释果汁，让宝宝开始发掘不同于牛奶的新滋味。

让宝宝的味觉为加入新食物做准备是相当重要的，因此所有的口味都要是原味的。也就是说，不建议在宝宝的开水或果汁里加糖。

喂宝宝喝果汁或蔬菜汁的重点不在于营养成分，而是这些味道的品尝有助于增加其食物的多样性。

前几项固体食物

在宝宝 3 ~ 4 个月大的时候，开始给他吃固体食物。这个年龄通常符合断奶阶段，所以固体食物可与午餐喝的奶交互替换，或是取代点心所喝的奶。

3 个月大的时候，如果小儿科医师不觉得不妥，那么就可以在宝宝的食物里加入无

麸质谷物了。这个时候可以让他在点心时间尝试 1 ~ 2 小匙的玉米糊或米糊配果汁，或是蔬菜糊。

接下来的两个星期当中，慢慢地在每餐增加 3 ~ 4 小匙的玉米糊或其他无麸质谷物，并从第 5 周开始，在晚餐中重复准备。这些固体食物一定要切得很细，浓稠度上几乎要是液状的。

在让他尝试前几项固体食物的第 4 或第 5 周之后，也就是宝宝已经 4 个月或 5 个月大的时候，他的味觉已经习惯某些无麸质谷物和水果的味道，也已经可以比较容易接受煮过和切碎的蔬菜以及蔬菜汤了。

食物和烹调

最先喂食宝宝的固体食物是米、玉米及其他无麸质谷物，水果和蔬菜。

最初喂食的食物应该要软软的，味道简单，做成水状无颗粒的菜糊，而且一定不加盐和糖，更不可加香料。

一开始最常加入的蔬菜是红萝卜、瓠瓜、南瓜、菠菜、海带、甜菜、四季豆、番茄、菊芋、马铃薯等。

这个阶段最常见的水果是苹果、梨、香蕉等。不建议给宝宝吃高过敏源或是果肉中含有硬籽的水果，例如草莓、覆盆子、黑莓和水蜜桃等。

蔬菜和水果要洗干净、剥皮、去籽和纤维，再加以水煮或蒸煮，但是香蕉和木瓜除外。

蔬菜和水果切得很细，一直到变成很细致且均匀的泥状为止，不要加盐或糖。

加入新食物

新食物必须慢慢加入，从水果开始，最后才是蛋。

	水果	谷物	牛奶和乳制品 0 ~ 4 个月大
4 ~ 6			
	肉	蔬菜	
6 ~ 8			
鱼			
4 ~ 6			
蛋			
9 ~ 12			

◀并不是所有宝宝都能够接受新的食物，父母应该学着更有耐性。

5个月大宝宝的食物

　　到了5个月或6个月大的时候，宝宝的上颚已经习惯多样化的食物，而他的消化器官也比较成熟了。这是在他的饮食当中加入肉、鱼和蛋等动物性固体食物的好时机，可以用这些食材准备比较复杂的混合食物。

　　所有肉类基本上都对宝宝有帮助的。不管是红肉还是白肉，以少油烹调是不可省略的步骤。此外，适合宝宝吃的鱼要是味道温和且含油量少的。至于鸡蛋，一开始只建议吃蛋黄。红肉或白肉、鱼、蛋和蔬菜以及不含麸质的谷物相同，都要氽烫切细，可以用筛孔比较大的过滤器来做。常喂宝宝吃这些食材与蔬菜糊混合的食物。

耐心的问题

　　在为宝宝饮食内加入固体食物时需要很有耐心来完成。父母应该要有的认知是，宝宝一开始会拒吃或难以接受新口味，或许是因为他的肠道菌丛仍适应不完全，所以有些食物可能会引起消化的问题。根据这样的认知，最好让他一次尝试一种新食物，待几天之后，再给他另一种新的食物。

▲宝宝一开始吃的米糊必须稀一点。谷物需不含麸质，以避免过敏的情况产生。做法是将3汤匙的谷物与100毫升的水混合拌匀。

◀米糊拌好了之后，如果觉得还太稠，可以加入更多的热开水，或是如果原先的米糊内不含牛奶，也可以加入牛奶。

▼准备好米糊之后，应该等它变温了之后，再喂宝宝吃。

水果、蔬菜、谷物和乳制品

6 到 12 个月的宝宝食物当中应该要有明显的进展。在这段期间，牛奶还是基本食物，不只会出现无麸质谷物等新的食物，也会开始改变口感、食物的样式，以及用餐的方式和姿势。

家庭的食物

宝宝 6 ~ 7 个月大的时候，消化系统已经准备好要接受其他家庭成员所吃的大部分食物了，但是仍有若干先决条件必须注意。

随着乳制品、肉、鱼、水果和蔬菜、面包和饼干的加入，宝宝的食物内容变得多样化了，同时也提供了广泛的营养成分。这些食物所含的蛋白质、维生素、碳水化合物、脂肪和矿物质，可以补充在断奶前以母乳与配方奶为主食的营养。

乳制品

以奶类制成的食物，包括天然酸奶、新鲜奶酪，以及低脂肪含量的干酪，都可慢慢加入宝宝的食物当中。所有食物都要尽量不添加香精与甜味剂，以让宝宝适应原始的味道。总之，在乳制品当中加入 1 小匙的果酱、糖浆或蜂蜜也无所谓（审校者注：不建议在 1 岁前喂食蜂蜜）。在宝宝 12 个月，甚至在 1 岁半之前，都不建议给他喝鲜奶。

谷物及其他制成品

宝宝从第 6 或第 7 个月起吃的新食物包括含麸质谷物及其制成品，例如粗面粉、面条、面包和饼干。

烹调方式是将谷物、面条或粗面粉放在加了一点点食盐的水、蔬菜汤或是第二阶段牛奶中煮开。粗面粉和面条烹调的时间正常，米则需要较长的时间。

▶宝宝的身体至少在满周岁之前是无法适应鲜奶的。

▲加入新食物的意识超过营养层面。孩子会学习一种新的烹调文化，并将成为他成人后的行为模式。

一般来说，饼干的甜味可能会让孩子一下子吃太多，所以最好给他一片面包皮来啃。

蔬菜和水果

蔬菜和水果已经成为宝宝食物的一部分，但是，最好知道，除了香蕉、木瓜或酪梨之外，最佳的烹调方式是蒸熟，以保存其营养价值。但是，由于这个年纪尝试的食物量仍少，这些食物所提供的营养素仍不是最主要的。最重要的是让孩子学会品尝蔬果，并且养成吃蔬菜的习惯，让它成为饮食中的一部分。

动物性食材

当把蔬菜、水果和谷物加到孩子的食物之后，奶量就会减少。奶量减少之后，宝宝身体所吸收的动物性蛋白质也会相对减少。为了弥补营养上的不足，会开始加入动物性食材。

红肉和鸡肉、小牛、小羊和猪肝、鱼，特别是味道温和的鱼以及蛋类，都是动物性蛋白质的来源。所有肉类和鱼类都要汆烫或炙烤。蛋类一定要煮熟，至少煮 7 分钟。

口感变化

宝宝的食物除了加入不同食材之外，另外在浓稠度方面，也会产生渐近式变化。这些食物口感的变化主要是让孩子学习咀嚼。

基于这样的动机，在宝宝 6 ~ 8 个月大的时候，就可以慢慢加入切细或弄碎的较硬食物了。一定要去掉食物的果核、果皮、脂肪和筋腱等部分。

做蔬菜糊的方法

——蔬菜削皮洗净。

——切成适当大小的块状。

——以少量的水烹煮或蒸煮，直到变软。

——把煮好的蔬菜放入粉碎机内，直到变成细致且均匀的混合物。

——加入水烹煮，让切碎的蔬菜变成细致无颗粒的糊状物。

市售副食品

市售副食品是专为宝宝准备的食物，含有所有需要的营养素。好处是除了方便之外，也有多种口味的变化。但是，要提醒读者的是，打开之后，没吃完的部分储存在冰箱内不要超过 48 小时。

到了 12 ~ 18 个月大的时候，切块的食物取代切碎的食物，但是宝宝的接受度则视个人而有很大的不同。到了这个年龄，已经可以给他吃切碎的肉、蔬菜和水果了。甚至有些像是胡萝卜或是绿色四季豆的蔬菜，已经可以整条给他，让他用手拿了。盘子里新食物的形状和颜色，是另一个吸引宝宝注意力的地方。

▼ 切成大块以保存维生素，并放入切碎机内做成蔬菜糊。

▼ 烹煮宝宝食用之蔬菜的最佳方式是蒸煮。

◀ 切碎之后，加入水烹煮，可以让食物不会那么浓。

▼ 市售副食品已经是完成品，同时也含有宝宝所需的营养成分。但是，建议也让宝宝吃天然食物。

6个月以后的菜单

满6个月以后的宝宝已经每天吃三餐，并且食物的内容也已经很多样化了。每天的菜单应该符合多样化与均衡的条件，包含所有必要营养素，并有助于培养孩子良好的饮食习惯。

多样化的原则

断奶后第一阶段的喂食目的，在于让宝宝的身体和上颚做好迎接新食物的准备。

接下来的阶段则是要让孩子的食物更多样化，口感也更硬。不论是哪一种情况，分配在三餐的食物首要的目的在于控制宝宝的生长、发育和健康。

宝宝到了6～8个月时的体重，男孩大约是8.3千克，女孩大约是8千克。这个年龄层的宝宝能量需求大约是每千克4 600千焦，食物必须提供15%的蛋白质、40～50%的碳水化合物、最多35%的脂肪，以及维生素和矿物质。

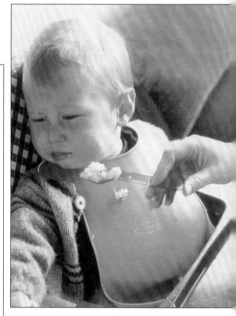

▲ 宝宝拒绝新食物是正常的现象，因为对他来说，要适应是很困难的。

> ℹ **马铃薯牛肉（第6个月）**
>
> 材料：
> 马铃薯100克
> 牛肉45克
> 即食谷糊20克
> 纯橄榄油1小匙
> 奶酪粉1小匙
> 美生菜2片、香菜少许
>
> 做法：
> • 将马铃薯和生菜清洗后切碎。
> • 在装水的锅子煮沸蔬菜；取出蔬菜，保留汤汁。
> • 将肉切碎，蒸熟；放入果汁机中。
> • 将谷物糊倒入半杯的汤汁内；以抹刀搅拌，注意不要有颗粒形成。
> • 将马铃薯放入果汁机中；与肉混合；加入油与奶酪，拌匀即可食用。

不同年龄层的食物

——6～7个月：早餐—谷糊和果汁。

午餐：全部切碎或弄碎的肉或鱼拌蔬菜；酸奶或新鲜奶酪当点心，以及稀释的果汁。

下午点心：水果酸奶配饼干。

晚餐:熟火腿或奶酪夹一片薄面包、一杯牛奶。

——7～8个月：早餐—谷物牛奶和一片薄面包涂果酱。

午餐：奶酪、鱼、鸡肉或切碎的肉拌蔬菜；布丁、新鲜水果或水果糊当点心；水或稀释果汁当饮料。

下午点心：水果酸奶配饼干。

晚餐：切碎的干酪、鱼或肉配面包；煮熟的水果配一杯牛奶。

> ℹ **火鸡胸肉（第7个月）**
>
> 材料：
> 火鸡胸肉50克
> 数种蔬菜300克（马铃薯、胡萝卜等）
> 玉米20克
> 橄榄油1小匙
> 帕玛森奶酪粉1小匙
>
> 做法：
> • 蔬菜清洗切碎，在装水的锅子内烹煮。
> • 将玉米放入半杯蔬菜汤内煮溶。
> • 将火鸡胸肉蒸熟；并切成小块或肉末。
> • 将蔬菜放入果汁机；与鸡胸肉和玉米糊混合；加入橄榄油和奶酪，搅动后即可食用。

点心（第8个月）

材料：

酸奶 1 份　　　　梨 50 克
香蕉 50 克　　　糖 1 小匙

做法：

- 将梨清洗干净并切成小块；香蕉去皮，取出纤维，切成小块。
- 把水果放入果汁机内；与酸奶和糖混合即可食用。

以汤匙用餐

孩子开始吃固体食物的同时，也开始学习使用汤匙。要用汤匙吃东西，首先孩子必须熟悉汤匙，之后学习如何正确握住汤匙。由于宝宝到了这个阶段的时候，多半都只是吸吮母乳或奶瓶，因此一开始会有些困惑，甚至会不想接受新的用餐方式。

这个时候父母应该要有耐心，帮助他熟悉这种用具的形状和触感。除了让他用汤匙吃东西之外，也建议在非用餐时间给他一支小的塑料汤匙玩。另外一种学习的方式，是让他用手指抓食物吃。

到了某一天，孩子会不让父母喂他吃饭，因为他会想要自己拿汤匙。刚开始使用时会有点笨拙，会把脸弄脏或把食物丢掉，但是，父母必须要有耐心，放任他这么做。

菜量

6 ~ 7 个月大宝宝的菜量依食物与食量而有所不同。例如，肉和鱼的量会每天增加 10 ~ 30 克。

给他喝液体是很重要的一点，尤其是煮沸过的温水和无糖的稀释果汁。

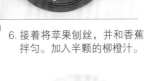

5. 若要做香蕉苹果泥，首先要以叉子将香蕉压碎。

1. 要做果泥之前，首先要把水果切成大块状。

2. 接着准备柳橙汁。一片就够了。

3. 将果汁加到切块的水果里面，以果汁机打匀。

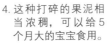

4. 这种打碎的果泥相当浓稠，可以给 5 个月大的宝宝食用。

6. 接着将苹果刨丝，并和香蕉拌匀。加入半颗的柳橙汁。

7. 这种有点凝块的果泥可以再加入几块饼干。建议等宝宝 8 个月大后再给。

9个月以后的菜单

宝宝到了9个月大的时候，他的固体食物已经固定成为饮食的一部分。菜肴材料的硬度比较高，而宝宝的身体也几乎能让他吃掉全部的食物。到了这个年龄，他已经准备好要咀嚼和坐在餐桌前了。

餐食和内容

小朋友的饮食应该要保证是完整均衡的食物。他的菜单应该随着适合其身体发育和消化系统的成熟而做调整。宝宝在1岁前生长的速度比其他时候都还要快，所以，在这个阶段提供给他的食物，也应该要能满足他身体健康成长需要的所有营养。

从宝宝9个月大到12个月大，每日四餐当中应包括以下食物：

——**早餐**：谷物加牛奶，面包涂奶油和果酱。

——**午餐**：切碎、弄碎和切块的牛肉、羊肉、猪肉、鸡肉和鱼肉，可单独吃或与煮熟的蔬菜，甚至是生菜混合；奶酪和布丁或新鲜的水果当点心，配水或是稀释的果汁当饮料喝。

——**下午点心**：水果酸奶和块状饼干。

——**晚餐**：面汤；法式吐司、面包和一杯牛奶。

ℹ️ 面汤（第9个月）

材料：

小面条10克	用来熬汤的蔬菜200克
牛骨300克	蛋1个
奶酪粉1小匙	橄榄油1小匙

做法：

· 将牛骨和蔬菜放入1升的水里煮。

· 滤出汤汁，将面条放进去煮；做水煮蛋。

· 将蛋黄取出；以汤匙按压蛋黄。

· 面煮好的时候，加入压碎的蛋黄、奶酪和油，给孩子喝汤。

宝宝上桌一起用餐

大约从第7个月起，宝宝就可以坐在特别设计的餐椅上了。那是一种有固定带和安全装置的椅子，避免小朋友滑脱，另外还有一个可放置食物的餐盘。椅子上最好覆盖上一层可清洗的椅套，因为小朋友会把食物散落一地。

这种高脚椅可提供宝宝一个安全的用餐环境，尤其是当他已经可以抓食物吃，也想自己吃的时候。

高脚椅的另一个优点是小朋友可以和其他家庭成员一起坐在餐桌前。

▲高脚椅可让小孩与其他家庭成员一起坐在餐桌前。

▲虽然宝宝到了第9个月时已经可以吃小肉块了，但是最好还是把肉切好再给他吃。

新鲜鳗鱼（第10个月）

材料：
新鲜鳗鱼 70 克　　马铃薯 1 个
胡萝卜 1 个　　　　芹菜梗 1 根
番茄 2 个　　　　　橄榄油 1 小匙
香菜 1 片叶　　　　柠檬 1 个

做法：
• 将马铃薯削皮,胡萝卜和芹菜刮削后;
　全部切成小块。
• 把蔬菜放在装有水的锅子里;烹煮成
　高汤。
• 把鳗鱼丢到汤里熬煮。

• 准备番茄酱;番茄洗好后浸
　泡在热水里;过滤做成番茄
　酱,加入 1 小匙橄榄油调味。
• 从高汤里取出鳗鱼;沥干,
　切成小块并弄碎。
• 加入碎香菜、剩下的橄榄油
　和几滴柠檬汁调味。
• 淋上番茄酱后即可食用。

1 岁宝宝建议之每日菜单

早餐 8～9点	含麸质谷糊:	
	牛奶	250 克
	面粉	25 克
中餐 12～13点	生菜或熟菜	100 克
	马铃薯或面	100 克
	肉或鸡肉	50 克
	油	10 克
	水果	100 克
点心 16～17点	优格	150 克
	饼干	20 克
	水果	80 克
	糖	5 克
晚餐 20～21点	汤或蔬菜	120 克
	肉、蛋或鱼	50 克
	油	10 克
	牛奶	120 毫升
	糖	10 克
	总热量（焦耳）	5430
	蛋白质	39 克
	脂肪	44 克
	碳水化合物	163 克

 肉丸子（第11个月）

材料：
现切碎的牛肉 40 克　　奶酪粉 20 克
碎香菜

做法：
• 把奶酪粉和一点香菜加到肉里;揉成小丸子的形状。
• 蒸煮肉丸子。

用有把手或没有把手的杯子装水

　　把奶瓶换成有把手或没有把手的杯子可能会让宝宝觉得好玩。

——使用有把手或没有把手的塑料杯。
——在给他奶瓶之前,先用杯子装水;教他怎么喝。
——给他空杯子,让他熟悉。由于他会把所有物品都往嘴巴塞,所以空杯子可让他玩,也可让他喝。
——喝水的时候,就算漏出来也没关系;最好是倒少一水。

——喝完水后,从他手中拿走杯子;用餐的时候,再给他水喝。
——有喷嘴的杯子较好用,但是无法避免小朋友打翻水杯。
——当他手上有杯子的时候,一定要随时注意。

▶ 如果能够利用小朋友会把所有物品都往嘴巴塞的自然倾向,那么让他学会使用杯子就不是什么难事了。

家庭用餐

宝宝从出生起，用餐行为就是他与妈妈关系与亲情的表现。但是随着他的成长，特别是从哺乳转变到比较多样化的饮食时，便将宝宝的亲密范围延展到其他家庭成员的身上。

孩子与全新感受

对于孩子来说，饮食方式的改变是他生命中一个很重要的变化。在宝宝出生第一年，他与世界的沟通几乎都是透过食物。

当开始进入断奶期时，它会改变宝宝一直以来所维持的饮食方式以及与母亲的关系。宝宝于是开始透过食物探索全新的感受，以及有其他人出现的环境：他的家人。

这个阶段对于孩子目前和未来的健康、情感能力及其与其他家人关系的发展，都有极大的重要性。

良好的习惯

从第 6 个月起加入固体食物，这是宝宝

▲ 和其他家人一起用餐是儿童社会化的一个里程碑，可以从第 6 或第 7 个月开始。

▲ 孩子必须学习建立与食物的关系，所以最好教他自己吃。这同时也是教导他卫生习惯的时机。

透过自身的饮食习惯，开始适应大人世界的起点。所以，从一开始就该帮他培养良好的饮食习惯。

良好的饮食习惯从为他准备健康均衡的食物开始，可加入极为多样化的食物，各种不同的风味与口感，让宝宝获得他身体所需的所有营养。但是，除了健康营养的食物之外，也必须在适当的时间点准备这些食物，而且要教导小朋友如何吃和如何表现。也就是说，要将用餐时刻视为一种社会行为。

每个孩子面对食物的行为都不一样。有些乐在其中的孩子会吃得很自然，有些则毫无表情地看着盘子。前者将不会在未来面临饮食的问题，后者则需加以鼓励，并为他们建立适当的环境，让他们把用餐当成是愉快的活动。

不管是哪一种状况，父亲或母亲都必须要在喂食的时候有充裕的时间和耐心，并应营造一个愉悦的气氛。

与家人 共同用餐的好处

当宝宝6～7个月大的时候，他已经具备坐在餐桌前的能力，这对于将他用餐这件事与其他家人联系起来是很重要的一个步骤。虽然会有一些令人不舒服的噪音和某种程度的混乱，但是，让宝宝与其他较大的家人坐在一起用餐，可让他自然融入社会生活当中。宝宝可在成人的陪伴之下，很快地学会良好的仪态。

让宝宝和家人一起用餐，同时也可让他与其他人共享餐食，但是，他的好奇心会让他想尝试其他食物。另外，也要试着调整每一周的烹调方式和食材。

宝宝良好用餐习惯的建议

——**准备简单的食物**。宝宝的味觉还没有做好复杂口味的准备，而拒食通常会引发父母的不悦，特别是如果父母花了很多时间在烹煮食物之后。

——**定时**。在正确的时间点用餐，可教导他与其他家人共享用餐的片刻。

——**营造愉悦的气氛**。用餐的时候，母亲、父亲或喂食的人应该让他安静、放松地坐着，而且要很有耐心。

——**和食物共同玩耍**。即便宝宝的协调性仍不足以让他把食物送到嘴里，但是他已经试着自己吃了。在这样的情况之下，除了提供他可以用手抓的食物之外，建议在他用汤匙吃的时候，也让他和食物共同玩耍。

——**给他想要的分量**。建议不要强迫宝宝吃更多，或要他吞下所有大人塞进他嘴里的食物，也不需让盘子太干净，不留下任何残渣。盘子不要装太满，才不会让宝宝觉得有负担，宁可重复添加。

——**给他喜欢的食物**。不要强迫孩子吃他不喜欢的食物。如果他成功吃下了食物，也要奖励他。

——想想如何以食物的香味刺激胃口。以爱准备食物，让香味传到宝宝鼻子。

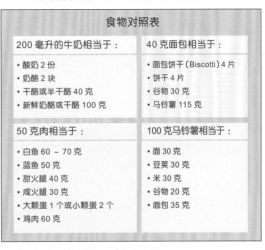

食物对照表

200 毫升的牛奶相当于：	40 克面包相当于：
• 酸奶 2 份	• 面包饼干（Biscotti）4 片
• 奶酪 2 块	• 饼干 4 片
• 干酪或半干酪 40 克	• 谷物 30 克
• 新鲜奶酪或干酪 100 克	• 马铃薯 115 克

50 克肉相当于：	100 克马铃薯相当于：
• 白鱼 60～70 克	• 面 30 克
• 蓝鱼 50 克	• 豆荚 30 克
• 甜火腿 40 克	• 米 30 克
• 咸火腿 30 克	• 谷物 20 克
• 大颗蛋 1 个或小颗蛋 2 个	• 面包 35 克
• 鸡肉 60 克	

大人与宝宝一起用餐

除了家中所吃的食物之外，大人也应该习惯小孩的步调。意思是包括用餐的时间不可以太长。如果时间拖太长，宝宝会觉得累和无聊，他不会哭，但是通常他的表现都会让人不太高兴。

◀以吸引人的方式呈现食物，或许是激励宝宝不拒绝食物的一种方式。

▲小餐椅是让宝宝开始享受家中餐食很有用的工具。

医师诊疗室
3 个月后的饮食

当我开始为宝宝准备食物和点心的时候，我会尝味道。其味道真的令人失望，虽然颜色很鲜艳，可是却没什么味道，于是我开始撒一点盐和糖，让食物美味一点。一切都很顺利，一直到有一位朋友跟我说，宝宝的食物调味不好。于是不放盐和糖，但是我的宝宝却拒绝吃了。

原则上，不应与小孩唱反调，因为他们很固执，而且到最后父母会因为怕小孩生病、感觉不舒服，或是营养不够而让步了。但是，父母应该将一件事谨记在心，那就是有一些行为准则与饮食习惯是必须遵守的。在孩子已经尝过调了味的食物之后，很难再让他们吃平淡无味的食物了。所以，此时必须重新教育他的味蕾。这种重新教育的工作所需要做的是，一点一点地去掉盐和糖，同时为他准备糊状食物，再加入适量的蔬菜，但是，各种蔬菜的量必须要做调整，让菜肴的口味和颜色都有变化。也就是说，总菜量要固定，但是有时候可以让马铃薯比红萝卜多一点，或是菠菜比菊苣根多一些等等。关于这些菜的调味方法，可以加一点点奶酪或橄榄油，但是绝对不要加盐或是糖。一定要让孩子自己辨识食物本身的味道，唯有如此，等他长大的时候，他才能更珍惜与好好品尝食物。许多大人之所以会拒吃某些食材，那是因为他们在小时候不懂得要习惯那些食物的味道的关系。

我的奶量很充足，也很享受喂女儿喝母乳，可是我还是会感觉很疲累，我什么时候可以开始断奶呢？

婴儿断奶的时机由母亲决定。母亲必须衡量自身的状态和条件，以及宝宝的需求。重点在于断奶必须是渐进式的，让妈妈和宝宝都不会感受到饮食的突然改变。即便过去认为母乳或配方奶应该喂到第12 或第 13 个月，小儿科学的趋势却建议从大约第 3 或第 4 个月起加入固体食物。家长应该知道，宝宝在第一年的生长速度很快，这也代表着巨大的能量消耗。所以，虽然母乳营养价值很高，但是从 4 ~ 6 个月起，母乳已经无法满足宝宝的营养，而宝宝的身体需要补充其他饮食是合理的。

我那 3 个月大的宝宝在饮食上没有任何问题，我同时喂他母乳和配方奶，他长得很好。但是我很好奇，当我要开始喂他吃其他和牛奶不一样的食物时，他会有什么样的反应？

在宝宝的饮食当中加入固体食物，通常是从他 4 个月大的时候开始做起。但是，从他 3 个月起，他就已经准备好要尝试新口味了。这表示从 3 个月起，就可以开始教育他的味觉，让他真正开始接受补充性饮食，新食物的滋味和口感不致让他太震撼。基于这样的想法，有些妈妈在哺喂母乳或配方奶喂到一半的时候，她们会开始让宝宝尝试一小匙固体食物。建议轻轻地把汤匙放在嘴唇上。前几次宝宝一定会拒绝食物和汤匙。宝宝会这么做，那是因为他对汤匙的触感陌生，或是他不喜欢食物的味道。但是，只要和他说说话，再温柔地继续将其他食物放在汤匙前端让他吃，或是用手指沾着让他吸，最后他一定会在继续喝每天的奶之前，体验到一种愉快的感受。

❓ 我希望我的孩子长得又健康又强壮，可是我不懂得分辨什么食物可以喂他吃，什么不可以。我婆婆建议我先给他喝鲜奶，因为鲜奶含有丰富的维生素和矿物质，可是我姐姐又说鲜奶不好。

固体食物的加入必须是渐进式，并且与宝宝消化系统的成熟度有关。蔬菜、米等无麸质谷物，以及稀释果汁都可作为断奶第一阶段的食物。含麸质谷物、肉类和蜂蜜不建议在6个月前提供，鲜奶也不适合在12个月前提供。桃子、草莓、覆盆子和其他小种子水果因为会引起过敏反应，所以都不适合在一开始就给宝宝吃。

只要食物多样且适龄，宝宝就会长得又健康又强壮。但有一点可能与某些父母的认知相左，就是不要强迫孩子吃太多，因为会造成日后不良的饮食习惯，进而让健康亮红灯。

❓ 我和我先生很担心，因为我们的女儿已经7个月大了，她还是不想尝试任何的固体食物，她唯一接受的只有奶瓶。

基本上，没有什么好担心的。父母此时应该了解孩子拒吃的原因，找到原因之后，即刻应变。最常见的拒吃动机是太饿了，导致他宁可选择可以让他满足的奶瓶。解决的方法很简单，只要先给他喝一点奶止饥，之后再给他新的固体食物。也可能是他不喜欢某一道菜、口感不好，或是食物太烫了。如果是第一种状况，只要尝试不同的食物搭配方式和食材就可以了；第二种状况则是试着给他一把小一点的汤匙吃东西，小汤匙必须要能放在他的下嘴唇；至于第三种状况，食物的温度要适中，不要太低也不要太高。

❓ 为宝宝烹煮食物的最佳方式为何？

最适合宝宝食用的烹调方式是水煮、蒸煮或烧烤。另外，也可使用微波炉，但是，微波炉的温度可能不一致，所以可能会有一部分的食物温度过高而烫伤了宝宝。另外，也不建议用油炸的方式处理，除非是用很少的油，因为炸过的食物比较不好消化，而且通常会增加胆固醇的浓度。

实例
3个月后的饮食

食物万岁

我现在可以大方喊着食物万岁，或者我应该喊的是：丈夫的耐心和爱心胜利了。断奶对我和宝宝来说，真的是一场恶梦，差点让我们母子俩都生病了。但是，后来我先生插手了，有了他的帮忙和鼓励，我们得以克服一段困难期，因为就像我前面所说的，断奶已经让我和宝宝的健康陷入危境，也严重影响了家人的情感稳定性。

虽然我的奶量充足，可是，小儿科医师在我的宝宝7个月大的时候，就已经建议我们要开始断奶了，他也教我们如何断奶。但是，我只要少喂他喝一餐奶，改给他吃固体食物，让他尝试看看，然后之后再改回来喂母乳，我就会有很深的罪恶感。我的小宝宝会紧紧黏在我的胸口上，一直吸一直吸。当我抽身时，他就开始哭不停。我听到他哭得那么伤心，就会感觉自己像个叛徒。尤其是当我靠近他，他表现出排斥我的样子，更是让我难过。我当时的心都碎了，不知该怎么办才好。如果我喂他喝母乳，我就不能开始给他更完整的食物；如果不给他喝，而他又不吃我们喂他的食物，他可能会因为营养不良而生病了。

他睡着之后，走到他的床边，常看到他绝望地吸着大拇指。甚至之后他随时都吸着大拇指，无法改掉这个习惯。当他醒着的时候，我靠近他，他的小眼睛似乎在谴责着我的行为，就好像在控诉我不是一个好母亲一样。于是我无法再坚持下去，我投降了。我又开始喂他喝母乳，而他则得到了慰藉，但紧咬着吃奶，抓伤我，还咬我，好像是要惩罚我一样。有时候，我先生会支持我，他说他会负责喂他吃东西。于是，我跑到另一边去哭，因为就好像我抛弃了儿子一样。在最困难的那一段时间中，他开始有肠绞痛和腹泻的情形，于是我们必须将他送医。他的情况不太严重，但是无可避免地让我紧张了起来，我真是身心俱疲。

我先生能做的都做了，可是看起来还是很紧张，好像是一个不知所措、迷惑的孩子。有时候，他会边看我，边摇头。我开始以为他对我和儿子厌倦了，我承认这样的想法是不公平的，因为他负责买菜、牛奶和所有宝宝需要的物品。还要准备三人的晚餐、帮我喂小孩。我先生常希望我们两个在下午可以互相帮忙，可是，如果他看我状况很糟糕的话，他就会叫我去听音乐或读一些东西，而他则会与孩子"聊天"。

他不说"我必须去喂他吃东西"，而是说"我必须去和小宝贝聊天"，事实上，他也是和儿子聊天。他以他那轻柔舒服的声音和儿子天南地北地聊，或是向孩子解释当天"男主厨"或"女主厨"为他准备的主餐是"刚切好的绿色菠菜泥"，以及其他无聊的话题。最后，我被他逗笑了，而宝宝也开始觉得好玩，接受食物。一开始，他把它当成是游戏。他喜欢用汤匙敲打菜泥，然后把身体弄脏。

他坐在自己的小椅子上，看起来就像个快乐的小王子。最重要的是，他也会跟我玩了。

现在，只要我回想那段艰难的日子，我知道，虽然自己吃了不少苦头，但我却做了自己该做的。如果我有罪恶感，那是因为没有一个母亲愿意看到自己的孩子受苦。但是换位思考一下，在那么小的年纪，他是不可能理解的。而身为父母的我们，必须具备足够的能力来为孩子做好适应大人世界的准备。

宝宝居家环境

12

　　宝宝出生之后，父母必须确认新生儿能顺利适应家庭，这意味着家庭生活必须重新做调整。除了哺乳之外，还必须保有一个小而独立的空间，因为宝宝多半时间都处于睡眠状态。卫生、洗澡和更换尿布对新手父母来说，是另一个新的工作及责任，有时候，难免会心生恐惧。但是，过不了多久，这些新的习惯就会变成一种例行公事了。

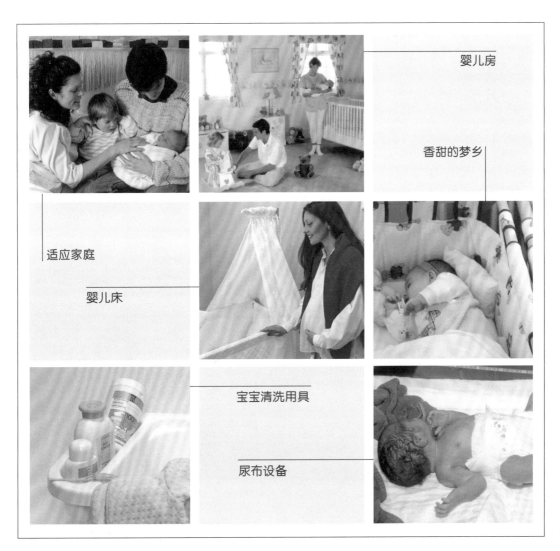

婴儿房

香甜的梦乡

适应家庭

婴儿床

宝宝清洗用具

尿布设备

适应家庭

　　宝宝出生后前几个月所处的社会环境，几乎是缩减到只有与他最直接接触的对象而已：与他维持最重要依存关系的母亲、父亲、兄弟姐妹、家人，及包括陪伴的宠物等等。新家庭关系的处理是促进同居于家中之所有成员彼此之间之平衡的基础。

来到家中

　　出生几天之后，宝宝来到家中，对于新手父母来说，在当时的确是一个陌生的状况。照顾新生儿的责任第一次完全落到父母的身上，通常母亲在这个时候还因分娩时的使力而感到虚弱。持续性的照顾宝宝，包括他的饮食和清洁、不断地更换尿布，可能在母亲身体虚弱与经验缺乏时感到困难重重，尤其是如果仍必须负担其他家务，那更是辛苦。

　　这个时候需要伴侣双方充分的合作与谅解，才能避免压力的产生。有时候，母亲可能会有某种程度的沮丧感，这是因产褥期激素的变化所引起的。

与母亲分离

　　母亲曾经怀胎10月的宝宝，如今在家中占有一个特别的位置。不管有没有哺喂母乳，妈妈都与宝宝维持一种最紧密的依存关系。肉体分离是在分娩时发生，但是精神分离却会拖延一段时日。母亲必须担负起如此特殊的关系，同时避免可能产生的紧绷状态。良好的安排是很重要的，如此一来，便可让母亲不用照顾宝宝，而获得必要的休息。因此，父亲的参与是不可或缺的一环。

　　幸运的是，健康的宝宝通常会在餐与餐之间熟睡好几个小时，所以可以利用这个时候，把无可避免的夜间喂奶时不够的睡眠再补回来。

父亲的角色

　　在生产过程当中，父亲所扮演的角色是次要的，却在新生儿照护上占有举足轻重的地位，他可在多方面与母亲共同分摊工作。最不可思议的是，在现今的社会当中，仍有许多无法喂奶、换尿布或帮宝宝洗澡的父亲。因为社会普遍把照顾孩子的工作当成是女人的责任，所以这些父亲很少直接帮忙，而他们通常在之后会对孩子的抚育意见很多，甚至会以很多礼物来收买孩子的心。

　　当父亲觉得自己还没有准备好，或没有时间而无法担负起自己应有的角色时，应该以间接的方式参与宝宝的照护任务。当在宝宝出现大大小小的问题的时候，父亲应该提供给母亲所有她需要的支持。当一个女人在伴侣关系上是被爱的、快乐的，而且有信心取得另一半的支持时，她便可望成为一个能干且情感平衡的母亲。

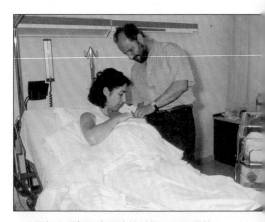

▲父母与宝宝都还在医院的时候，因为医护人员会随时注意母亲与宝宝的需求，所以他们还无法负责照顾小孩。而父母可在那几天观察婴儿室医护人员如何照顾他们的小宝宝。

▲一个宝宝来到家中总是会在家庭核心造成变化和压力。所有家庭成员的参与是很重要的，如此才能使全新的责任不致成为负担。如果在母亲、父亲和哥哥姐姐之间有着紧密的合作，那么就可以很快适应。

陪伴的宠物

许多家庭都有养宠物，而这些宠物也无可避免地将与新生儿产生关系。应该采取的基本措施是卫生和清洁。只要在前几个月避免肢体的接触，那么经过适当控制与接种疫苗的猫狗通常不会对宝宝造成任何风险。有些特例是这些动物会对宝宝表现敌意。如果有这样的情形发生，最好将他们隔离，以避免有任何不愉快的问题产生。其他常见的宠物，如鸟和仓鼠，通常不会与新生儿建立直接的关系，所以也不会有什么问题。当宝宝长到两三岁的时候，会对狗和猫很感兴趣，而狗和猫也通常会温驯地接受小孩有时很粗鲁的动作。

> **！ 出生后前几天的压力**
>
> 在宝宝出生后前几天当中，刚成为父母亲的夫妻，尤其是新手父母应该知道家中将会有小小的变动。夜间休息的状况不会太好，并且将考验着夫妻之间的合作能力。但是，过不了多久，生活就会恢复正常，而新家庭成员的加入所带来的喜悦也将使他们忘却那些曾经经历过的小苦恼。

哥哥姐姐

如果家中还有其他的哥哥姐姐，对于新生儿的接受程度则与哥哥姐姐的年龄和对这件事情的认知能力有关。

年纪比较小的孩子有时候会排斥家里的小弟妹，特别是如果他曾经是家里唯一的孩子，同时享有家人全部的爱。因为失宠而引起的嫉妒心，尤其是在妈妈必须分心照顾新宝宝的时候，都是正常的现象。最好事先为哥哥姐姐做好迎接宝宝的心理建设，教他们把宝宝视为家庭的新成员，而非专属于父母的一个个体。在把婴儿从医院婴儿室抱出来的时候，哥哥姐姐最好也能在场。至少在把宝宝抱回家里的时候，他们要能在场。如此一来，他们肯定会很兴奋的。

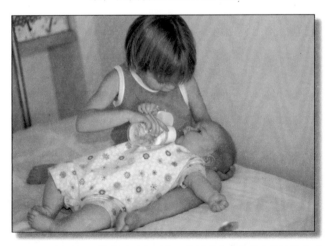

▲避免哥哥姐姐可能会对刚来到家里的新生儿产生妒意的最佳方式，是拜托他们帮忙照顾宝宝。此外，父母也应试着不要把重心全放在新生儿的身上；其他孩子也需要爱。

婴儿房

　　新生儿的世界只局限在他的感官所能接收到的范围；他看得到的空间即是他与外界的第一类接触，同时也是他的第一个体验与记忆。这个空间可带给他安全感，这是维持情绪平衡所必要的一环。因此，一定要注意婴儿房内的所有细节，而婴儿房也成了他个人宇宙的最重要地点了。

到什么时候仍与父母同睡？

　　从婴儿房回到家里之后，让宝宝睡在妈妈的床边几乎是无可避免的需求。让新生儿在晚上睡在旁边可比较立即性地掌握他的状况和反应。此外，也可以让母亲的身体从分娩复原之时，避免走动。

　　宝宝与父母同睡的时间没有一定，因为它视许多情况而定。妈妈对于宝宝的掌握与新生儿夜睡的节奏或许是主要的考量因素。将宝宝移到自己房间睡的时间点，必须要在夜奶时间拉长了之后。总之，父母应该记住，从清洁和预防的角度来看，宝宝睡在自己房里要健康多了。

▲ 宝宝因为对周围很敏感，所以需要一个个人空间。当宝宝才几周大的时候，通常会喜欢他熟悉的物品，例如自己的婴儿提篮或小椅了。

个人的空间

　　如果住家许可，应该为宝宝准备一间房间，并且尽可能让这个房间具备适合宝宝生长的条件。最好空间要大、通风良好，可能的话，有日晒，或至少要光线充足。至于装潢，要简单舒服，建议使用清亮的色彩和耐用的材质，尤其是要方便清洗。以漆木做成的板凳很有用，耐撞又耐用。不要铺设地毯或壁毯，因为一旦聚集灰尘，就会造成过敏。最舒适和温和的地板材质是软木拼装地垫，不仅耐用，而且容易清洁。

周围温度及湿度

　　宝宝睡眠的空间除了要通风良好之外，白天和晚上的温度也应该稳定地维持在 18 ~ 22℃之间，湿度则大约为 60%。如果无法将温度和湿度维持在这样的数值，那么最好再加上大衣或是被套。理想的气候条件是白天和晚上都一致，不需担心宝宝醒来会不会着凉。为了维持如此适合的环境，那么就需要准备空调了。

▶并不是所有家庭都能提供新生儿一个宽敞的空间。在通风良好和温度适中的条件之下，空间够不够宽敞就不是那么重要了。另外，也建议使用方便清洁的地板。

暖气

合适的暖气系统是水暖气或热油暖气。水暖气属于传统的中央暖气系统，比较合适，因为它可以保持整个家中均衡的温度。热油暖气则很适合婴儿房使用。二者都可将热气传送到物体和身体，与热空气暖气系统不同的是，不会让吸入的空气温度太高，也不会让环境太干燥，进而有害于宝宝的呼吸系统。

比较不建议使用的是以烤灯式或燃烧设计的暖气系统。燃烧煤气或柴禾的暖气可能会造成烧烫伤，或因不当燃烧而引发中毒。如果没有其他选择，那么应该格外小心。

◀这种稍后倾的小椅子对宝宝来说，是很舒服的，因为这种姿势可避免喝奶后发生溢奶的情形。

冷气

婴儿房也不建议使用冷气，因为会和暖气一样产生相同的问题。冷气会使环境变得干燥，让悬浮粒子过度循环，有时还会损害宝宝的呼吸系统。如果整个住家都做了空气调节，也就是现在舒适的住家越来越普遍的设备，那么将可定时掌控室内湿度。此外，室内和室外的温差有时是很大的，当宝宝外出散步的时候，可能也会让他不舒服。对于大人来说，这样的温差同样也可能引发感冒。

增加湿度

为了不让宝宝呼吸道内的黏膜过少，他所呼吸的空气应该要有介于50～60%的湿度。湿度则是以室内湿度计来控制。为了让过度干燥的环境变得湿润，只要放一个可以慢慢散出蒸气的盛水容器就可以了。但是，如果想要让效果快一点达到，可以每30～40分钟使用一次装水的喷雾器，或放置一台电动湿度调节器。

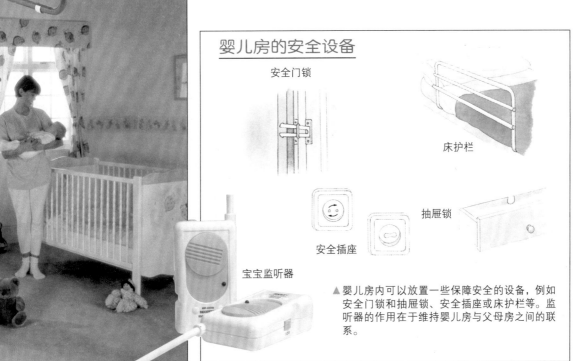

婴儿房的安全设备

安全门锁

床护栏

安全插座

抽屉锁

宝宝监听器

▲婴儿房内可以放置一些保障安全的设备，例如安全门锁和抽屉锁、安全插座或床护栏等。监听器的作用在于维持婴儿房与父母房之间的联系。

婴儿床

　　婴儿床在很长的一段时间之中，是宝宝一个重要的空间，宝宝多数的时间都待在这里面。宝宝在婴儿床里睡觉，婴儿床让他有安全感和受到保护。所以，婴儿床的挑选非常的重要，必须收集适当的讯息才能做下决定。

▶大约从两岁开始睡在床上之前，宝宝多数的睡眠时间都在婴儿床或摇篮上度过。婴儿床和摇篮都很适合宝宝和幼儿使用，因为它们舒服又安全，而且其床单因为可以和衣服一起清洗，所以非常方便。

婴儿床和床铺

　　当要选择婴儿床的时候，有许多的选择性。一般来说，可以区分成两种婴儿床：比较小的提篮和篮子，可在前几个月安置宝宝；而顾名思义，婴儿床的尺寸就比较大，婴儿几乎可以睡到 2 岁。

　　提篮的形状和尺寸有很多种，但通常会以天然纤维的布料装饰，且容易清洗。摇篮的尺寸小，当宝宝与父母同房时，是很理想的用品。但是，之后通常会被移放到婴儿房内，并且继续使用到宝宝长大了为止。在正常的情况之下，从 7～8 个月起，当宝宝已经可以坐的时候，摇篮就不太安全了。因此，这时宝宝就必须移到婴儿床了。

　　父母必须根据使用时间的长短，精挑细选婴儿床。应该要记住一点，就是婴儿床只能在 2 岁以前使用，因为从 2 岁起，幼儿就不想睡在栏杆里了。婴儿床要坚固耐用，有直立的栅栏防止婴儿攀爬，每一根栅栏之间的距离必须是婴儿的头无法通过的大小。婴儿床周边的防护栏高度，必须是从床垫算起 60 厘米。

◀当宝宝快出生时，产妇通常会有所谓筑巢症候群。主要的症状是想要打点一个地方以安顿和照顾宝宝。

游戏床

游戏床是一种具有婴儿床功能的家具，尤其是在空间不足的时候，可以在里面放入一个垫子。当宝宝醒着的时候，可以一整天待在游戏床里好几个小时，身边到处都是玩具，看不到栅栏，却是百分之百安全的，因为四周都有网子保护着。

床垫和床上用品

床垫不应过软。传统上是使用植物纤维做填充物，但是目前市面上看到的多是聚氨酯、羽毛或乳胶。必须使用不透水的衬垫以维持宝宝的头部干燥。

宝宝在第一阶段因身体曲线特殊，所以不是很需要枕头。由于宝宝在移动的时候，有可能会被枕头绊住，所以枕头还可能是一种障碍物或危险物品。

床单多半是天然纤维，最好是棉质的。床单应该是柔软的，但是却必须要耐经常性的清洗。建议挑选浅色，避开印花和图案，因为印花和图案的颜色或设计可能具有侵略性。至于大衣、毛毯和羽绒被等，重量应该要轻，当然也要容易清洗。

香甜的梦乡对于宝宝来说，睡眠和食物同样重要。宝宝睡眠的时间很长，这种能量消耗最少的状态有助于生长。宝宝的身体在前 3 个月几乎成长 2 倍，这样的生长速度一生只有一次，因为在宝宝一天当中，有 80% 的时间都处于睡眠状态。

▲ 游戏床是宝宝可以从内观察周围的安全地点。但是，也不应过度使用游戏床，因为宝宝也需要移动、爬行和触摸他身边的物品。

▲ 把宝宝放在游戏床或婴儿床里面，并不表示同住的大人不需对他说一些亲密的话语和留意他的动静。

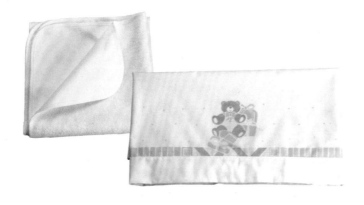

◀床单（如图上的衬垫和棉制被单）重要的是要具备功能性、浅色系、质地自然。最好备有 3～4 组床单，以随时保持干净。

香甜的梦乡

对于宝宝来说，睡眠和食物同样重要。宝宝睡眠的时间很长，这种能量消耗最少的状态有助于生长。宝宝的身体在前3个月几乎成长2倍，这样的生长速度一生只有一次，因为在宝宝一天当中，有80%的时间都处于睡眠状态。

良好的休息条件

健康的宝宝通常会在白天和晚上的每两次用餐餐之间睡觉。用餐与睡眠之间的循环可确保宝宝在整个童年期有较高的生长程度，也因此必须让幼儿具备数种条件：胃口好、不要因为吞入太多空气而造成肠胃不适、卫生和周围环境舒服。

宝宝在整个童年期当中，当快要用餐完毕的时候，通常会让他有饱足感，并且产生睡意。如果在打嗝之后，他用餐后胃部的压力消失了，就会让他达到一个安稳睡眠的状态。即使是帮他换尿布，他也一样会睡得很沉。环境条件同样重要。一开始，宝宝对于睡在环境明亮或黑暗的地方似乎不怎么在意，但是，在过了几周之后，最好让他习惯睡在暗的地方，以促进他夜间睡眠，同时逐渐建立白天清醒与夜间睡眠的循环。

▲宝宝放松的时候，会进入一种昏昏欲睡的状态，然后睡着。这是他身体、脑部和情感成长的重要阶段。

ⓘ 适当的睡姿

侧睡是宝宝最正确的睡姿。如果对于餐后打嗝的品质有疑虑，那么应该让他趴睡30～45分钟，小枕头的高度要比脚高15分钟，这个姿势有助于排出胃部的空气。这段时间过了之后，可以让他侧睡。趴睡的姿势应与猝死的风险联想在一起。幸运的是，这是一种很少见的意外，至今仍未有任何可提出的科学解释。

睡眠的节奏

随着宝宝的成长，白天的睡眠时间会减少，而夜晚的睡眠时间则拉长，而睡眠时间的长短则多半与他所吃的食物有关。母乳宝宝晚上要进入较长时间睡眠的时间，通常比配方奶宝宝要久。若要缩短晚上中断睡眠的时间，可以晚一点再帮他洗澡，以利用洗澡的放松效果。宝宝到了 6 个月大时，应该晚上持续睡 8 ~ 10 个小时、早上和下午上半段之睡眠时间长，然后下午下半段时间保持清醒。从 6 个月起，白天睡觉的时间会缩短，会醒来 2 ~ 3 次，每次醒来 1 ~ 2 个小时。

有助于睡眠的习惯

宝宝从一开始应该习惯于简单且持续的习惯，以帮助他入睡，并将婴儿床当成是一个可以给他舒适感和安全感的空间。宝宝睡觉的时间应该要固定、稳定，周围要尽可能安静。如果是一个紧张易怒的宝宝，那么一定要特别细心注意这些细节。宝宝出生后前几个月，让他吃奶嘴可以帮助他入睡。有些宝宝需要特定的声音刺激才能入睡，通常是小音乐盒，但是，有时候那些与心跳类似的节奏性声音的效用更大，因为心跳是胎儿听到的第一个声音。老式手表或节拍器都可以制造这样的效果。

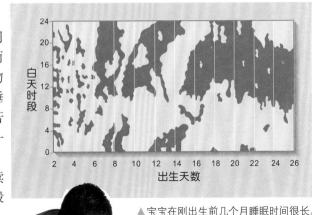

▲ 宝宝在刚出生前几个月睡眠时间很长。

▲ 有时睡眠对宝宝来说，并不是简单的行为。最好是有一定的睡前仪式。

当把宝宝放入婴儿床的时候，宝宝可能会拒绝或不想睡。那么最好待在他的身边，跟他说话或唱摇篮曲，或轻拍背部。

应该避免的重大错误

像睡觉这么普通的一件事，却有近 30% 的普通人有这样的困扰，这个问题从出生后几天就可能出现。有些宝宝入睡困难，也会突然惊醒。婴儿睡眠不足会直接对父母产生影响，因为父母会担心宝宝的健康，而他们本身也会休息不够，进而采取不合适的方法。从一开始就建立的不良习惯是很难根除的。所以，有些常见的情况例如睡在手臂上或是摇晃婴儿床，都不应该让宝宝养成这样的习惯。父母要花费很长的时间，才能改掉这些习惯。如果在宝宝醒来就哭的时候马上去抱他，宝宝会很高兴，但不久之后就会将啼哭当成是离开婴儿床的方法，这种习惯很难根除。

◄ 不要宝宝一哭就抱他。他必须学习自己睡在婴儿床里。

宝宝清洁用具

身体清洁是维持宝宝健康和提供他一个舒适感的基本动作，通常会让宝宝放松。每天洗得很干净的宝宝，会养成一个难以改掉的习惯。当他在生理需求上有独立自主能力的时候，这将是很重要的一点。

洗澡的必要工具

有许多种工具可用以提供宝宝一个完全清洁的状态，所以一定要了解清楚，才能选择最符合个人和家庭需求的物品。父母不应等到最后一刻才去添购这些物品，因为一定会有漏买的东西，特别是新手父母，更容易有这样的情况发生。因此，建议在生产前就去逛特卖店，评估各式的特价商品。

通常在脐带脱落3～4天之后，开始第一次的完整清洁，这时应该已经备好所有基本的物品了。除了最明显的必需品——澡盆之外，其他比较常见的用品是毛巾、浴袍、香皂和洗发乳、香水、乳液、海绵和水温计。

▲为了让香水看起来更吸引人，有些宝宝专用香水会在包装上印有卡通图案。

香皂和洗发乳。必须是婴儿专用的，温和、中性、低香度。如果宝宝的皮肤干燥或有过敏的可能性，则应使用燕麦制品。

毛巾。至少要有两三条毛巾，大小以完全包住宝宝身体为宜。毛巾的质地要柔软、吸水性强，而且是宝宝个人专用的。也要准备比较小条的毛巾来擦干宝宝的头发。

浴袍。前几个月最常使用的浴袍款式是有帽子的，因为有袖子的浴袍对于还不会走路的宝宝来说，穿起来不是很舒服。

身体乳液。乳霜和润肤乳液对于保持皮肤健康和温润很有帮助。应该在把宝宝身体擦干之后，就涂抹乳液。

水温计。可用来准确测量洗澡水的温度，不过，父母很快就会学会在把宝宝放进澡盆之前，可先以肘部沾水测量水温。

香水。香水不是必需品，但是如果想要使用，那么应该要是宝宝专用的香水，柔和、低香度与低过敏材质。

海绵。最好使用天然海绵，因为比较温和，而且可以煮沸杀菌，也不会遭受过度破坏。

澡盆的种类

婴儿澡盆的种类和款式有很多,基本上是按照空间的大小来挑选的。

折叠式澡盆。或许是最舒服和完整的样式,但是空间要大。折叠式澡盆柔软的周边可避免撞击,它的高度对父母来讲很适中,而且有一个具有穿衣间功能的上盖。

硬塑料澡盆。这种澡盆其实比折叠式澡盆需要的空间更大,但是有时候比较好用,因为可以把它放在桌上,或甚至放在家里的浴缸里面使用。如果是放在浴缸里面使用,对父母来说,会是一个比较不舒服的姿势。

洗澡时的安全

应该做到几项安全监控措施。最重要的是控制水温,水温绝对不可以超过38℃。有一种控制水温的方法,那就是先倒冷水,再倒热水。

如果必须以烤灯式暖气温暖宝宝洗澡的整间浴室或房间,那就要事先准备,以便在洗澡的时候把暖气关掉。不要在浴室附近把吹风机或电器插在插座上。

为了避免洗澡时的小意外,最好不要分心。在一天比较轻松的时候安排洗澡,可能的话,最好有人帮忙,这些都是最佳的预防措施。

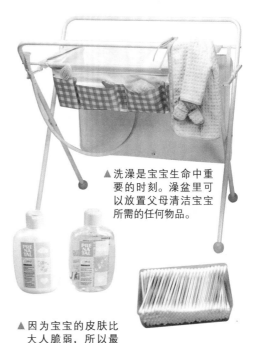

▲ 洗澡是宝宝生命中重要的时刻。澡盆里可以放置父母清洁宝宝所需的任何物品。

▲ 因为宝宝的皮肤比大人脆弱,所以最好使用宝宝专用洗发乳和润肤乳液。

▲ 绝对不可以把棉花棒塞到宝宝的耳朵里,因为可能会伤了耳朵。

其他清洁用品

梳子。必须是宝宝专用梳,上有梳齿、没有锐利的边缘,才不会伤了宝宝的头皮。

发梳。梳毛必须柔软,但也要够硬,才能正确梳理宝宝的头发。尤其适合发量稀少的宝宝。

剪刀。适合修剪指甲,刀锋面应该要锋利,刀尖要钝钝的,以避免意外发生。

棉棒。棉棒可用来清洁不容易清洁或脆弱的部分。一般来说,最好棉花上蘸清洁乳液后再使用。

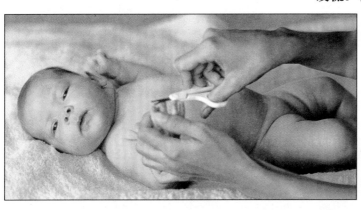

▲ 修剪指甲也是宝宝清洁的一个环节。有些小孩在大人拉他的指头,准备修剪指甲的时候,会非常紧张;在这个时候,最好以某个玩具分散他的注意力,并且等他安静下来再剪。

更换尿布用品

尿布是宝宝衣着的重要部分之一。由于婴儿无法自己控制大小便，所以当大小便一起排泄时，身上就常会脏脏或湿湿的。具吸水性的尿布作用在于保护皮肤，同时避免其他衣服也湿了。如果可以经常更换尿布，宝宝就可以保持干爽。

在哪里更换尿布

在任何一个坚固的平面都可以更换尿布，但是仍要评估几个安全性，以及更换者的方便性。换尿布的时候要很小心，千万不要让宝宝跌落受伤了，所以换尿布的地方一定要够安全才可以。在父母的床上换尿布似乎是一个很恰当的解决方式，但是，要准备一个防水的保护垫，才不会在换尿布的时候，因为宝宝突然排尿或排便，而造成水分的渗透。另外，如果床铺太低，换起尿布来也会不方便，因为那样的高度会让人感到不舒服。

附带更衣上盖或更衣家具的澡盆是最适用的，因为换尿布的人可以站着做事，所以这类的澡盆安全又舒适。

有些妈妈很厉害，可以在自己的膝盖上帮宝宝换尿布，有时候还不想把宝宝放在平面上，如此一来，容易造成宝宝跌落的风险，宝宝也因此被迫采取背部很不自然的姿势。这些妈妈应该改掉这个习惯。

▲有些父母会在床上换尿布，然而如果能够挑选一块更衣板，将会让他们更得心应手。这类的家具可防止婴儿跌落，也可以让父母站着换尿布。

▲有些买来让宝宝和父母更舒适的物品，不应与婴儿床混淆使用。例如把宝宝单独放在更衣板上，那是很危险的，因为宝宝可能会动来动去，然后从侧边掉下去。更衣板只能当做更衣用途，不能当游戏床使用。

ℹ️ 如何包尿布？

包尿布的时候，必须要准备好所有必要的物品（小毛巾、海绵、乳液、爽身粉及干净的尿布等等）。要包尿布的时候，首先应让宝宝躺在一个稳固坚硬的平面上，铺上一层干净的垫子。让宝宝仰卧，试着用怡人的口吻和他说话，或是唱歌给他听，让双方都对整个过程感到愉悦和有趣。轻轻抬起他的小腿，将尿布具黏性的区块向后，靠近腰部的高度。把前面的区块压在腹部上，将胶带从后往前粘贴。如为布尿布，则以别针或胶布固定。宝宝通常是在喝奶后排便，所以应该利用这个时间点更换尿布。如果要预防尿布疹，那就不要让宝宝长时间包着湿尿布。

必要用品

湿纸巾。在换尿布的时候，湿纸巾已经成了可保持清洁的基本用品了。湿纸巾的清洁力强，不需弄湿整个部位。湿纸巾的使用越来越普遍，可减少红疹或刺激皮肤的可能性。

海绵。如果手上没有湿纸巾，或是如果排便量很大或很干的时候，可以温水沾湿海绵擦拭。最好使用天然海绵，也就是非合成的海绵，并且应该定期煮沸消毒，因为海绵很容易让霉菌或细菌滋生，进而造成某些因尿布而引发的尿布疹。

隔离乳霜。隔离乳霜指的是可预防皮肤炎，并可涂抹在肛门和外生殖器上的防护性乳液。

爽身粉。爽身粉可取代隔离乳霜，但是，当有皮肤炎的现象，而必须使用某种药膏的时候，爽身粉特别有用。擦上药膏之后，可以在上面再擦上一层爽身粉，以避免药膏被尿布的纤维素所吸收了。

▶ 如必须在外面更换尿布，那么湿纸巾和可携式尿布收纳袋就很有用处了。如是使用布尿布，那么别针是很实用的。

尿布收纳袋。前几个月由于尿布更换的频率比较高，所以最好准备一个尿布收纳袋，以收集用过的尿布，之后再丢到垃圾桶里。

不同的尿布种类

市面上有多种尿布款式，包括抛弃式尿布、布尿布或是可重复使用的尿布。可抛式尿布依据宝宝的体重和年龄而有不同的大小尺寸；布尿布是棉制的，比抛弃式尿布来得经济实惠，可以重复清洗和杀菌好多次。

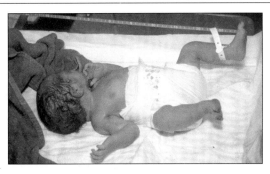

◀ 在选择使用抛弃式尿布，或是必须每次清洗且较不实用之可重复使用的布尿布时，经济性或许是很重要的考量因素。

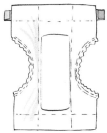

◀ 尿布是一个可留住液体的物品，有一条特干的吸收带可维持宝宝身体干爽，另外还有粘贴带，可固定尿布。

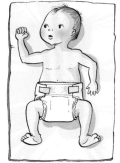

医师诊疗室
宝宝居家环境

我的宝宝和我们一起睡，可是小儿科医师建议应该让他睡自己的房间。我不觉得让孩子自己睡有什么好处，我怕他万一发生什么意外时，我没有察觉。而依照医师的指示去做，真的对我儿子比较好吗？

不建议让超过3个月大的宝宝和父母同睡。宝宝在3个月内可和父母同住，因为夜间喂奶频率很高。可是，当他睡眠的时间够长的时候，最好让他在自己房里睡，这样他可以享有较通风的空间。可以装置一个监听器，以备不时之需，也可以让他睡得安稳一些。

一个邻居的小孩猝死了，我不是很清楚原因，不过，因为我现在有一个才出生几天的儿子，所以我需要有人告诉我如何避免。

婴儿猝死是一种很特殊的状况，其发生原因和如何发生皆不详。从研究的个案所取得的资讯建议，第一，宝宝睡觉的时候不要穿太多，并且让他习惯侧睡。

如果同一家有婴儿猝死的前例，那么可以安装一个监视器，这种监视器会在心跳停止的时候发出警示声。不过，也不要过度担心这个问题。

5个月大的儿子常会突然大哭，他很明显没有任何疼痛的情形，吃得饱，睡得好，身体也很干净。那么他的问题会是什么呢？

啼哭的原因通常有很多。事实上，这是宝宝主要的表达方式，宝宝借此来吸引别人的注意力。有时候，婴儿可能只是因为很久没看到妈妈而哭、因为看不到一个家里的东西，甚至常常是为了释放累积的压力。不管是哪一种原因，即便啼哭的情况持续多达20分钟之久，考验父母的耐心，但是啼哭并不如许多父母所以为的会影响宝宝的健康。

我很爱我的宝宝，可是我发现，自从他出生以后，我就没有自己的生活了。他是我的生活重心，他对我的要求越来越多。我开始觉得压力很大，也会有罪恶感。我是唯一有这种负面情绪的母亲吗？

我不认为你是唯一的一个。这是一种很普遍的感受，或许也是对身为母亲的责任过度期待的结果。将所有精力都投注在满足宝宝的需求，这是自然又必要的事。可是，妈妈也必须保有一些时间给自己和另一半，不须有罪恶感。不要过度以宝宝为重心，父母的快乐同样是很重要的。

Q 我去药房的时候，看到许多种尿布，真的是叹为观止。在决定购买哪一种尿布之前，有没有可供参考的标准呢？

暂时先不谈重要的经济因素，现今比较建议的种类是抛弃式尿布，因为它有数不尽的优点。植物纤维的吸收力可让宝宝在多数时间都保持干爽，同时节省母亲无时无刻不在清洗尿布的工作。可在不同款式和品牌之间挑选适合宝宝大小的尺寸，尤其是要评估大腿的紧贴度与密合的方式。

Q 我儿子哭的时候，我和我老婆就会把他抱起来安抚。可是，我知道他每次一哭我们就去抱他，这样对他并不好。我如何分辨什么时候该抱他，什么时候该放任他哭呢？

婴儿哭的时候，通常只要父母抱他，就会安静下来，那是因为他感觉到被保护了。如果这样的情况不断发生，那么应该认为他只是想要被保护。到底该不该抱他，查看是否有必要保护他而定。慢慢地，应该衡量宝宝的需求，并且学着分辨因某种问题所表现的真诚态度和调皮之间的分别。慢慢地会从自身的错误当中学习，而经验可让父母在面对每种情境时表现得宜。

Q 我每次帮宝宝洗澡的时候，都很怕他会从我手中滑落溺亡。这是一种毫无道理的恐惧，还是可能发生的事实？

宝宝当然可能从你手中滑落，但是不可能会溺亡，因为如果发生溺亡，一定要在水中相当久的时间才行，你一定会吓一跳的。可是，即便宝宝的头泡在水里，他还是有闭气几秒钟的能力，那几秒钟的时间就足够让他再次冒出水面了。试想，有许多宝宝会到游泳池做漂浮和入水的练习，一点问题也没有。不过，当然都要在大人很仔细的戒备之下。这也是你在帮宝宝洗澡时该做到的。

Q 我再过两个星期就要生了，我和丈夫正在添购必需品，还有尿布没有买。我知道抛弃式尿布比较方便，可是我担心因为必须使用很多尿布而造成污染。重复使用的布尿布不是比较符合环保的概念吗？

依据多份研究结果统计，抛弃式尿布大约占了发展中国家某些重要城市总固体垃圾量的 1 ~ 2%，它同时也是垃圾场的一个问题。但是，请您了解，重复使用的布尿布必须不断地清洗，必须耗费清洁剂、水和能源。人类所有的活动都必须付出环境代价，您必须决定哪一种对自己最有利。不过，我建议您使用抛弃式尿布，使用上比较方便，吸收力也比较强。

狗对宝宝的态度

嘉玲和华安有一只4岁的母狗。那是一只有着金黄色柔顺毛发的狗，很撒娇也很负责任。当嘉玲和华安的儿子出生时，他们一点都不担心小婴儿；可是，他们很快就发现母狗开始嫉妒小宝宝了。当宝宝在附近的时候，狗的态度很激动，有时候还会发出低低的吼声。他们不清楚为何一向很贴心的母狗怎会变得这么具攻击性。他们担心自己不能再把喜爱的狗留在家里了。

他们决定把这个情形告诉兽医，之后他们才了解到，原来问题是他们自己造成的，因为他们本身的态度就是错误的。他们在宝宝的面前，都只对他说话，却忽略了小狗。小狗感觉被忽略了，于是将宝宝的存在与不好的事联想在一起，小宝宝是它接受往日关怀的阻碍。于是他们改变应对方式。

当宝宝不在房内的时候，他们几乎不理会小狗。可是，当他们和宝宝在一起的时候，华安和卡萝都会和小狗玩，也会一直抚摸它。

小狗于是将宝宝与亲密的态度进行联系。每当宝宝在现场的时候，它就会被爱抚，它也被允许闻宝宝的味道和靠近他。对于小狗而言，宝宝变得很受欢迎，所以它应该保护他。慢慢地，小狗会以某种方式接受婴儿，也不让陌生人靠近他。当宝宝开始走路的时候，小狗跟着他到处走。而且，看到它那么有耐心地让宝宝拉它的毛，那种情景真是有趣。

爱莉只为了女儿而活

爱莉是一个很好动、外向的人，她喜欢阅读、看电影、和朋友出去，以及享受另一半的陪伴。她还是一个很独立的女人。可是，当她女儿出生之后，一切都改变了。怀孕的时候，她开始变得比较内向：她的重心完全在自己和即将出世的宝宝身上。当小宝宝出生的时候，这种行为变得更夸张了。

她的时间完全只能用来照顾小婴儿，她不接朋友的电话。她母亲表示愿意帮忙，让她和她先生外出吃晚餐，但她总是以任何理由拒绝。她不再梳理自己，她的外表似乎已经变得不重要了。她很巧妙地疏远先生和避开性生活。以前似乎让她愉悦的，现在也都完全变了。最后，一个朋友让她看清自己已经变了一个人，而当妈妈并不代表必须改变个性，忘了自己是谁。

爱莉花了很长的时间才接受"阅读或与先生出去吃晚餐并非忽略女儿"的观念。最后她说服自己，与宝宝相处时良好的时间品质胜于时数。在和先生及好友聊过之后，她发现，如果自己可以稍做休息，她就可以更期待与宝宝的再次相遇。总之，她女儿会比较喜欢一个更快乐和乐于接触人群的人，胜过一个凡事只注意她的一举一动，而在其内心深处极为痛苦的人。

爱莉了解到，作为一个母亲，并不代表要将其他的兴趣和嗜好都抛弃了。

宝宝的清洁与衣着 **13**

为宝宝清洗和穿衣是照顾时的两大重点工作。每天洗澡除了有其必要性之外，如果做法正确，还会是特别愉快的时刻。由于宝宝在前几个月长得非常快，所以他的衣服很快就不能穿了。宝宝的衣服数量尽可能越少越好。帮宝宝洗澡和穿衣总是令新手父母印象深刻，但这不过是两道简单的程序，就像换尿布一样，父母只要注意一些基本原则就行了。

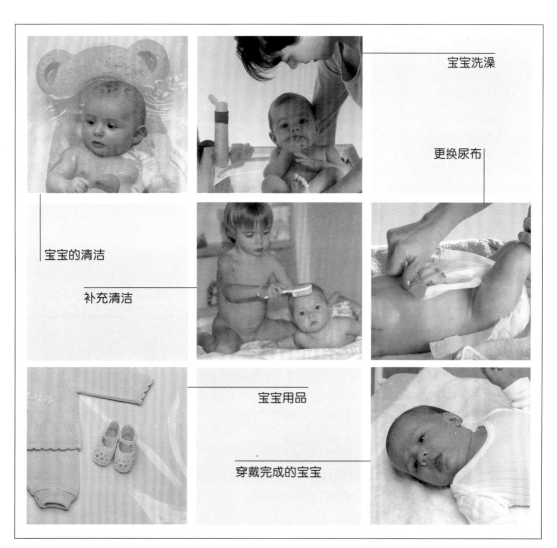

宝宝洗澡

更换尿布

宝宝的清洁

补充清洁

宝宝用品

穿戴完成的宝宝

宝宝的清洁

　　清洁宝宝身体是全身照护的重要工作之一，同时也是维持其健康之极佳的预防措施。清洁度不够会造成多种健康不良的状况，特别是感染，同时也剥夺了宝宝享受干净和照顾得宜之肌肤的愉悦感受。

▼宝宝的清洁最需要特别注意的部分：鼻子、眼睛、耳朵、脖子皱褶处、腋下和外生殖器。

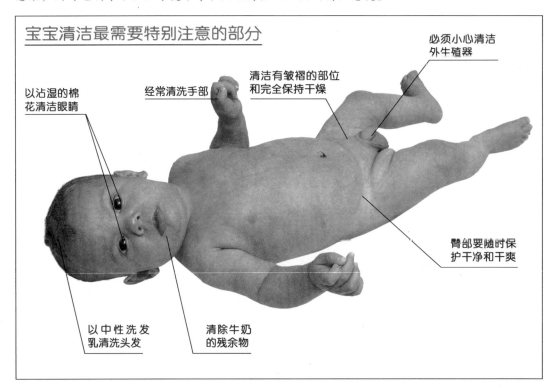

宝宝清洁最需要特别注意的部分

以沾湿的棉花清洁眼睛

经常清洗手部

清洁有皱褶的部位和完全保持干燥

必须小心清洁外生殖器

臀部要随时保护干净和干爽

以中性洗发乳清洗头发

清除牛奶的残余物

洗澡的快慢和频率

　　新生儿第一次洗澡是在脐带伤疤完全闭合，且确认脐带长得很好的时候才能做。如果对这些方面有疑虑，最好在第一次洗澡之前询问小儿科医师。

　　最正常的一般状况是一天替宝宝洗一次澡，选在要为他洗澡的人最方便的时候。根据资料显示，最适合洗澡的时间点通常是接近黄昏的时候，因为那个时候洗澡后的放松

▲防水玩具可让洗澡变成一种游戏，并带给宝宝信任感。

效果将有助于夜间睡眠。但是，有时候因为还有其他家事要忙，所以最好在早上帮宝宝洗澡。例如家里还有其他学龄儿童，而妈妈是家庭主妇的话，早上通常感觉比较轻松。在很热的地方或是夏天的时候，可能一天要洗澡不止一次。有时候，因为呕吐或腹泻等特殊状况而把身体弄脏了，这个时候也是不止洗一次澡。

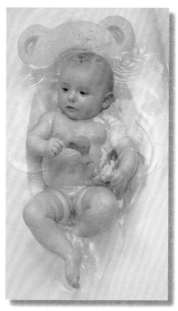

▲在洗澡的过程当中，一定要让宝宝有舒服的愉悦感。澡盆和洗澡水的温度都应该要尽可能让人愉快才好。

把每天洗澡当成游戏

应该很快地让洗澡变成宝宝每天必不可少的事情，且是一天当中最快乐的时光，全家人都将共同分享这样的快乐。洗澡的时刻不应只是一种去除脏污的方式，亦是一个丰富亲密关系的机会。因此，将可到达一种超乎卫生的精神与情感层次。

如果是在最舒服且适当的时机下洗澡，那么宝宝很少会拒绝洗澡的。宝宝很快地就会发现自己可以在水里面移动，并把洗澡时间变成是发展所有的精神运动能力的机会。

洗澡的时候，要和他说话，轻摸他的身体，并且让他自由玩水和移动。洗头的时候，要避免洗发乳进到他的眼睛，否则将造成刺痛感，进而引发宝宝的抗议。建议给他玩具，让宝宝把洗澡当成是有趣的游戏，而不是不愉快的活动。应该要让宝宝感受到这种身体接触的机会所产生的有趣感受，让他也心满意足。

如果宝宝拒绝洗澡

如果父母发现宝宝对洗澡害怕或是忧心，应该试着不要强迫他，因为如果强迫他洗澡，那么他的害怕将变成恐惧。一开始应该不要把他泡在水里洗澡，只要用很轻柔和怜爱的动作，以海绵清洗他的身体，然后不断地对他说话或唱歌。同时，应该要在一个容器里放上几种漂浮玩具，给他玩水的机会。如此一来，他将重拾信任，很可能在短短的几天之内，就会有安全感，也愿意放心让父母为他洗澡。

洗澡的禁忌

每天洗澡的禁忌情况与状态很少，包括宝宝生病的时候，洗澡也可让他感到舒服一点。宝宝发烧的时候，可能需要洗温水澡降温。普遍认为有卡他症状时，洗澡会让它恶化，其实这样的认知是错误的。当然必须要有适当的环境条件，洗澡时间不可太长，而且必须尽快擦干。事实上，洗澡最可能对宝宝产生影响的部位是皮肤。红疹（有红色斑点的典型表皮发炎）、疹子（颜色略为偏红的发疹），以及荨麻疹等皮肤发炎都不适合洗澡。无论如何，都一定要事先向小儿科医师咨询。

◀即使只是片刻，亦不可让宝宝单独泡在澡盆中。关于这一点，必须要非常小心谨慎。

▲弄湿头发的那一刻通常是宝宝抗拒最强烈的时候。应该动作快一点，让水往后背滑下去。

宝宝洗澡

帮宝宝洗澡这么简单且平常的工作，对于第一次要帮新生儿洗澡的人来说，却是困难重重。接下来的内容将谈到洗澡的步骤，保证可让新手父母安心，并解除任何他们可能会有的疑虑。

理想时间

最适合帮宝宝洗澡的时间肯定是可以让人从容不迫，而且不用同时处理厨房、照顾其他孩子等工作，或是不需要等着接听电话的时候。当一开始缺乏经验的时候，最好是夫妻一起帮宝宝洗澡，因为在有人协助的情况之下，会让新手父母较从容不迫。

由于宝宝比较容易习惯例行性的事务，所以最好每天都在固定的时间完成，而且尽量要在吃饭前帮他洗澡。虽然寒冷比碰水更容易造成消化不良的情况，但是，宝宝吃饱后，最好还是让他安安静静待在那里，避免宝宝在洗澡的时候会过度兴奋。

▲一只手撑上背部，另一只手支撑小腿，然后把宝宝放进澡盆里面。

环境品质

宝宝要洗澡的房间必须具备几个适当的环境条件。室温必须维持在 22 ~ 25℃之间，不要有空气流动，不要使用任何仍通着电的暖风机，即使暖风机本身的状况不错，都要一律避免。

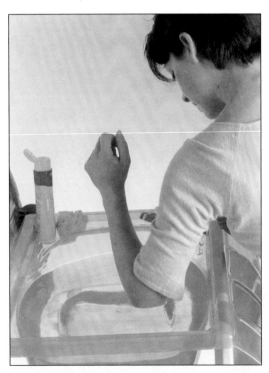

水温

由于体温是 37℃，所以水温应该介于 34 ~ 37℃之间，让宝宝感觉全身舒畅。为了保持这样的水温，必须混合热水和冷水，那么要小心先放入冷水。这么做的目的只有一个，那就是避免烫伤，因为如果一时粗心，忘了在把宝宝放入澡盆之前先测量水温，或是忘了在热水中加入冷水，那就可能烫伤宝宝了。

测量洗澡水温度的方法，可以是使用专为这种用途而设计的温度计。不过，有一种简单的方法，那就是把手肘放到水里，就可以轻易确认水温。这种以手测温的方法有一个重点，那就是一定要用手肘的部位，因为手已经习惯高温了，所以可信度不高。

◀在把宝宝放在澡盆里之前，应该以手肘再次确认水温。最让宝宝舒服的温度是 37℃略低的水温。

所有必要的用具

事前应确认是否已做好万全的准备，以及是否全部用具都已在手边，特别是在没有其他人协助的状况之下，更应如此。记住，在整个洗澡的过程当中，宝宝的安全维系在没有外物干扰或粗心的状况发生。

在澡盆旁边的桌上或是更衣桌上要放一条摊开的毛巾，以准备擦干宝宝的身体，缩短宝宝在空气中身体湿润的时间。

技巧

——在把宝宝放到澡盆里之前，要先以小毛巾或湿海绵清洁外生殖器。

——不要忘记清洁脖子皱褶的地方，因为那里很容易囤积牛奶的残余物。

——把宝宝转过来，扶着胸部固定他身体，在背部涂抹肥皂。

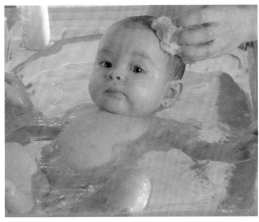

▲要在头发和身体前半部涂抹沐浴乳，涂抹的方法是放开支撑腿部的手涂抹，然后以另一手固定背部。

ℹ️ 移到大浴缸洗澡

当宝宝已经可以坐着，而且会玩水时，如果溅起的水花过多，最好把他移到大浴缸洗澡。不一定要使用安全和支撑用具，但是要尽可能不让宝宝单独留在浴缸里面，因为即便浴缸内的水不是很满，宝宝随时都还是会有溺水的状况发生。

ℹ️ 汗疹

宝宝在很热的地方可能会流很多汗，很容易就会四处长满小疹子。小疹子特别容易聚集在脖子、腋下、和鼠蹊部。当有汗疹的时候，水的温度不可过高。如要减缓皮肤的刺激性，建议在水中加入一匙盐或小苏打粉。

◀冲水时，要避免水进和眼睛，同时要轻柔地抚摸宝宝的身体。

▶再次支撑住宝宝的背部和腿部，然后把他抱到事先铺好的毛巾上、准备把他的身体擦干。不要让他脖子、腋下、臀部和大腿的皱褶处湿湿的。

补充清洁

有些宝宝清洁的特定事项需要特别注意，因为常常会有某些疑虑产生。如头发、指甲、眼睛和耳朵的照护方面有若干注意事项，必须另外说明。

▶ 帮宝宝梳头与其发质有很大的关系，要使用分别适合长发和短发的梳子。

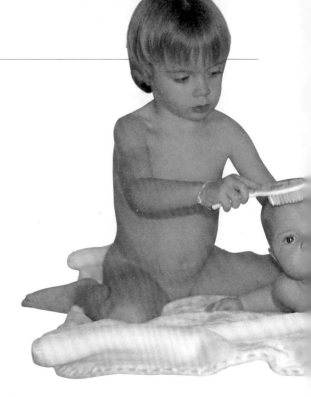

头发照护

不管发量和长度如何，从一开始就要做到洗发的工作。最好在每天全身洗澡的时候，就顺便用相同的身体沐浴乳洗头发。洗头发的时候，要避免沐浴乳进入宝宝的眼睛，而冲洗时也必须要很小心冲掉所有肥皂残余物。这通常是洗澡当中最困难的部分，因为一定会弄湿宝宝的脸，也是宝宝最不舒服的时候，还会引起宝宝小小的啼哭。在还没洗好头发之前，这些抗争都不应该动摇父母的心，甚至是中断冲洗的动作。

即便宝宝的头发在前几个星期就可以剪了，仍不建议在这个时候修剪，因为对宝宝一点好处也没有。头发长长或乱乱的也不太好。普遍认为如果修剪宝宝的发尾，就可以让它长得很有活力，这不过是一种幻觉，因为那只是剪掉了头发最脆弱的部分而已。要梳理宝宝头发的时候，要使用梳毛比较柔软或梳齿钝一点的发梳，才不会伤了宝宝的头皮。顺着宝宝毛发的方向梳理，避免使用所有的固定头发用具。

指甲

指甲应随时修剪到必要的长短，包括新生儿也不例外。有些孩子的指甲会长得很快，甚至长到一不小心会抓伤人。所以，可以视需要修剪指甲。但是，在修剪指甲的时候要很小心，以预防任何意外发生。

在让宝宝趴着的时候，他的两只手臂已经动弹不得了，这时可将一只手指放在宝宝的手心上，他的直觉性反应是抓住手指；大人此时以另外一只自由的手拿钝的指甲剪来剪指甲。剪好第一只手之后，可以重复相同的步骤，修剪另一只手。

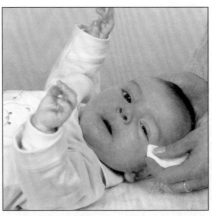

▶ 若要清洁宝宝的眼睛，应使用特殊手帕，并以生理食盐水或菊花茶沾湿。

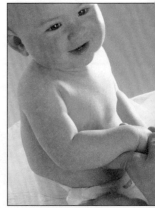

▶ 比较大的宝宝指甲更难剪；需要更大的耐心、更安静的环境，以及分散他注意力的能力。

外生殖器

外生殖器的清洁需要若干特定的步骤，而这些步骤想当然尔是依性别的不同而有所区分的。

如果是女孩，要先以湿毛巾或大棉花棒清洁阴部，轻轻拨开阴唇，然后试着清除残余的粪便。清洁的方向一定都是向后的，也就是说，从外阴向肛门清洁，而不是向前，以免粪便的残余物污染了外生殖器。

如果是还没有割包皮的男孩，那就要把包皮的皮翻过来，找到龟头清洁，除非是包茎过于紧闭而无法完成这个动作。总之，针对这个问题要向小儿科医师咨询。

▶女宝宝的外生殖器应该特别小心清洁，一定要将手帕或海绵从外阴朝肛门的方向滑过，而非反方向清洁。

眼睛和耳朵

眼睛自身会透过眼泪和睫毛达到清洁的功能，但是，宝宝常会累积眼屎。眼屎不过是灰尘聚集物与眼泪混合之后所形成的。而因为鼻泪管狭窄的关系，所以眼屎不会正常地向鼻子排出。在这个情况下，应该手持沾有生理食盐水或淡菊花茶之湿毛巾来清洁眼睛。

耳朵囤积耳屎是正常的现象，有时候在耳道比较靠外面的部位会看得很明显。耳屎可保护内耳，除非是累积到了耳道入口，否则不需清理它。当有耳屎形成的时候，可以棉花棒清除，但不可探入耳道内部。反之，囤积在耳朵皱褶处的脏污也可用棉花棒轻易清除，一点危险性也没有，尤其是如果能够沾上一点清洁乳，那就更方便了。

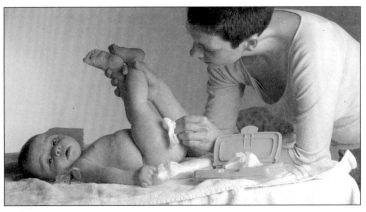

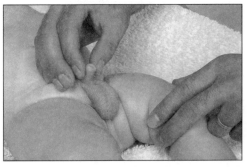

▲至于未割包皮的男婴，则要经常翻开包皮，以清除尿液和油脂。如果龟头很狭窄，翻开的动作可能会很困难和疼痛，这时不应勉强。

ℹ 香水

宝宝的皮肤不建议使用药妆用品，因为常会引起过敏。要保持宝宝皮肤健康最好的方法，是在洗完澡后全身擦上品质良好的润肤乳液，让皮肤完全吸收。燕麦萃取物的制成品是最适合的，甚至对健康的皮肤也很好。头发的部分，则可以使用某些很温和的香水。

更换尿布

　　宝宝应该尽可能长时间保持干净。所以，当发现有解尿或排便之后，就应该即刻清洁和换尿布。在前几周，排便的时间通常与喝奶有关，特别是母乳宝宝。所以，尿布更换的次数与用餐的次数是一样的。

更换频率

　　基本上，宝宝一弄脏或一尿湿就该换尿布，即使他看起来没有不舒服的样子，也要立即换掉。在前几周，特别是母乳宝宝，都是喝完奶马上就排便。所以，如果在喝奶前换尿布，很可能在喝奶后要再换一次。喝完奶、打完嗝再换尿布会比较实惠，但要小心移动他的身体，免得引发呕吐。

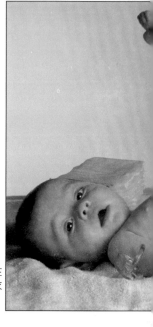

▶ 1. 最舒服的姿势是宝宝仰面躺在一个坚固的平面上，并以更衣板和卷毛巾保护。

更换尿布的步骤

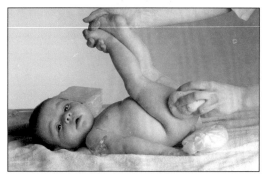

▲ 2. 大腿向腹部弯曲，以方便处理整个肛门与外生殖器的部位，并以手帕或湿海绵仔细清洁。

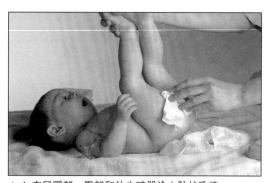

▲ 4. 在鼠蹊部、臀部和外生殖器涂上防护乳液。

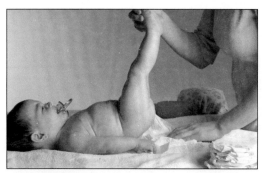

▲ 3. 从脚踝轻拉腿部，轻抬臀部。滑入尿布的后段，让固定胶带在后。

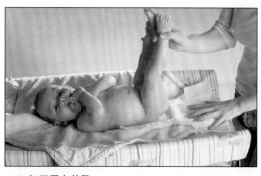

▲ 5. 打开尿布前段。

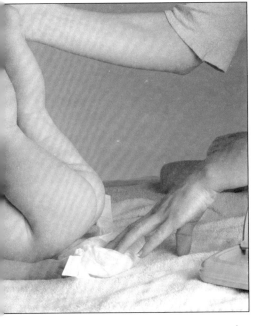

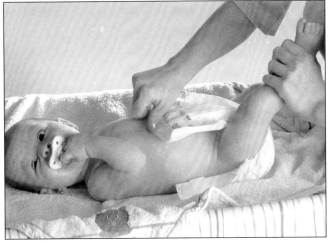

▲ 6. 将尿布前段从大腿间伸入，并在腹部展开。

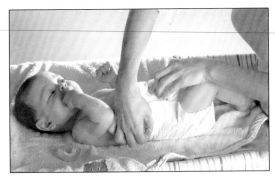

▲ 7. 把尿布后面拉往前面，并以粘贴带固定住。

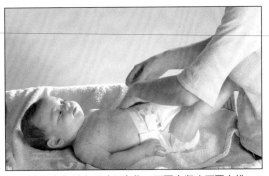

▲ 8. 让尿布依适当尺寸固定住，不要太紧也不要太松。

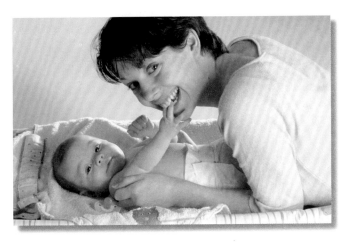

◄ 9. 最后穿上其他衣物。这个过程看起来相当例行性，但也应该善用这个时候加强与宝宝的沟通，将他所应得的温柔都传达给他。

宝宝用品

在准备宝宝用品的时候，应该要依据清晰的理念来进行合乎逻辑和明智的计划。应该根据宝宝出生的季节，将必要的衣物穿上，但不要包得太紧。要提醒读者的是，宝宝的体型大小改变得很快，所以衣服都穿不久就必须再换新的了。

宝宝的全套服装

在宝宝出生以前，就应该准备好基本的衣物了。习惯和当地习俗会决定部分的穿衣方式，但是，有一些基本项目是必须囊括在实用衣物项目里的。

应该准备的有：

· 一个装抛弃式尿布的袋子。
· 4～5件棉质衬衣（细薄棉布）。
· 4～5件棉制针织衫（棉线）。
· 4～5双短袜或婴儿袜。
· 4～5件连身衣。

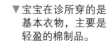

▶夏季基本配备，含棉织物。

▼宝宝在诊所穿的是基本衣物，主要是轻盈的棉制品。

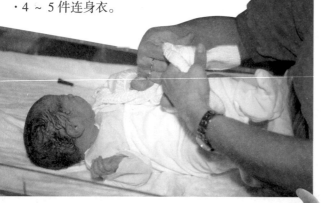

宝宝衣物的一般特性

虽然幼儿服饰是跟着时代潮流走的，但仍需兼顾宝宝舒适的原则。在购买幼儿服饰的时候，必须遵循舒服与经济的原则，要记得小朋友的衣服只穿短短的时间，因为宝宝成长的速度是很快的。

宝宝的衣着应该要简单，以穿着最少数量的衣物为佳，冬天也是一样。每次都穿少量衣服，可以让穿衣的工作方便许多。衣着以宽松为原则，穿脱和固定的方式要舒适。衬衣和针织衫的纽扣要在前面，才不用每次都要从头往下套。

在比较炎热的环境当中，似乎比较容易让宝宝穿着轻便的衣服。但是，当必须忍受低温的时候，最好挑选适当的衣物。最好使用外穿式之保暖衣物，而非从内保暖的衣物。

▲ 新生儿的基本配备，轻盈且容易保养的衣物。

▲ 为避免刺激皮肤，宝宝的衣服不可选择合成纤维。

◀冬季睡衣，前有实用的穿脱设计。

鞋子

　　在宝宝还不会在地板上移动的时候，可选择的鞋子种类不多。前3个月只要根据室温，包好小脚就可以了。在多数场合只需穿着短袜，甚至如果气温允许的话，还可以光着脚丫子。

　　在宝宝还没开始站起来、爬行或是走路之前，是不需要穿鞋的。而宝宝的前几双鞋可以是软底的，不可挤压脚部，而且要方便穿脱。

ℹ 清洗衣服

　　在前几个月，宝宝还穿着柔软细致的衣物的时候，他衣物的清洗方式必须与其他家人的清洗方式不同。无论是手洗或机器洗，都一要使用专为清洗宝宝衣物所制造的产品，避免使用强力清洗剂、去污剂和柔软剂。除了要保护衣服质地之外，应该也要清除可能有害于皮肤或甚至可能引发皮肤过敏的残余物。

　　每天都要为他更衣，如果有特殊状况，两天换一次，床单则是至少2至3天更换一次。这些习惯迫使大人每天都要做清洗的动作，才不会添购太多宝宝的衣物。

穿戴完成的宝宝

如果担心用手去碰这么脆弱的小东西，那么帮宝宝穿衣服这么简单的一件事，都可能变成一件麻烦事。秘诀就在于动作和翻转要很小心处理，要将宝宝放在一个适合的地方，才能在做这件工作时放心、安心，又得心应手。

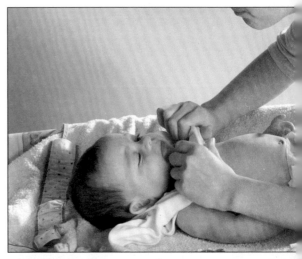

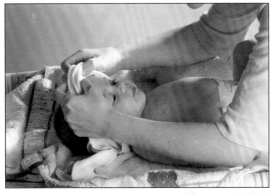

▲ 1. 尿布放好之后，把上半身的衣服也放好，从头套式的衣服开始穿。脖子的开口要大，而且最好有纽扣。

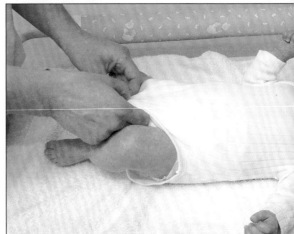

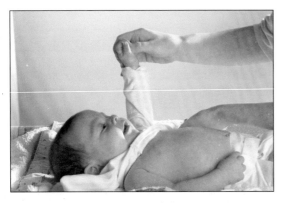

▲ 2. 当衣服穿过头部之后，再穿上袖子，但不要过度拉扯手臂。

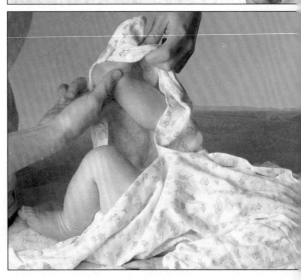

▶ 5. 连身衣的上面穿一件可用带子绑起来的宽松睡衣。

◀ 3. 单件连身衣很有用，因为宝宝的背部和腹部都不会露出来，可以将他的身体保护得很好。

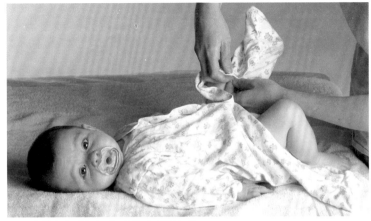

▲ 6. 身体穿上睡衣之后，再扣好脚的部分。

◀ 4. 连身衣下面的穿脱处可让人很容易就摸到尿布，不需脱掉上半身即可更换尿布。

▶ 7. 全部都穿好后，和他小玩一下会更好哦！

医师诊疗室
宝宝的清洁与衣着

当我帮 2 个月大的儿子洗头的时候，我无法不让水滴到他的脸上。我怕水会流进他的鼻子，然后进入肺部，这样的担忧有意义吗？

如果孩子的头部保持直立的状态，那么鼻子的特殊构造是很难让水流经鼻孔进入的。即使可能会有一点点水从鼻子进入，可是在正常的情况之下，水流到了口部就会停下来，或是在胃部吞下。咳嗽是呼吸道用来阻止异物进入体内的一种手段。就算是头部完全浸泡在水里，宝宝还是有办法屏住呼吸，避免溺水。当然也只是一小段时间而已。

我儿子 4 个月大了，我想要跟他一起洗澡，可是不知是否安全？我可能会传染给他什么吗？

你当然可以跟儿子一起洗澡。此外，他一定觉得很高兴，甚至如果他怕洗澡，这样还可以带给他安全感，全部的人都应该偶尔这么做一次。除非是有什么已知的感染性疾病，而且也有医嘱，否则通过洗澡是不太可能传染给你儿子的。

市面上有许多宝宝香皂，我不懂要依据什么标准来挑选。另外，我是不是不能用我和我先生的沐浴乳帮他洗澡呢？

基本上，我们认为所有专为宝宝设计的肥皂、洗发乳和药妆产品，都经过了卫生安全的控管与验证。购买的时候要确认一下，如果包装上标示不清，那就不要买。

一定要使用宝宝专用产品，如果有疑虑的话，那就向小儿科医师咨询。大人使用的沐浴乳是否适合宝宝使用，要看它的种类。但是，一有疑虑，最好就拒绝使用。

如果要清洗我那只有几个月大儿子的衣服，是否建议使用某种特定的清洁精？真的不适合使用洗涤剂吗？

使用纤细衣物专用的清洁剂，避免使用洗涤剂。

帮儿子洗澡简直是一种酷刑，特别是帮他洗头的时候。看到囟门跳动的情形，我相当忧心，害怕会伤到他。囟门真的像外观一样脆弱吗？

囟门是头骨组织最软的一个部位，因为那是骨头慢慢生长的一个空间。不要以为皮肤下面直接就是脑部和脑膜了。这个部位受到相当的保护，不比头部其他部位脆弱。帮宝宝洗头的时候，不用太担忧。如果他洗澡的时候哭，那是因为洗头发是他最不喜欢的时候。

❓ 所有人都建议我买专门的澡盆，可是我觉得那很浪费。在大浴缸里帮儿子洗澡不好吗？

在大浴缸里帮婴儿洗澡有很多不方便的地方，在做这样的决定之前，应该做适当的评估。要在一个这么大的空间固定宝宝比较困难，而且也比较可能会滑动。如果撞到身体，很可能因为材质比较硬而受伤。水温比较不好维持，洗澡人的姿势也不舒服。如果不是因为空间限制的因素，最好是买一个坚固的澡盆，放在大浴缸里面，或是也可以在洗手台帮他洗澡，不过要小心不要让水龙头伤了他。

❓ 我们夫妻和宝宝在洗澡的时候都很享受，可是，有时候我觉得我们帮他洗澡的时间太久了。宝宝洗澡时间建议多久？

宝宝理想的洗澡时间是依年龄而定；不过，有一些指标性的数据显示，在前3个月的洗澡时间大约是10分钟；4～6个月则最常不要超过20分钟。如果超过时间限制，水会太冷，宝宝的小指头也已经完全皱掉了。

❓ 我不知道我帮宝宝剪指甲的方式是否正确，我怕他抓身体的时候，会把自己抓伤了。

指甲应该要常常修剪，但是也绝不需要一个星期修剪一次。如果宝宝的指甲太长，可能会抓伤自己，不过，不太可能会弄伤自己的眼睛，因为眼睛由睫毛在外保护着。比较可能是抓伤脸颊和耳朵。

❓ 自从我和宝宝一起回到家之后，就一直想帮他买衣服。可是，我母亲建议我存钱买更好的东西，我应该要理会她吗？

你母亲的话很有道理。宝宝的衣服不用很多，因为他们穿得很有限。想想看，一个新生儿刚出生的时候身高大约是50厘米，第一年大概再长高25厘米，也就是说，他的大小增加了50%。由此可知，宝宝生长的速度是很快的，而他的衣服也会太小了。尽量让宝宝的衣服数量与如此频繁的改变速度同步。估计他一天可能需要4～5套衣服，评估一下照看者的清洗速度，并且大约估算宝宝所需的衣物数量。

❓ 我不喜欢随处更换儿子的尿布，如果我等回到家再清洗他的身体，这样不好吗？

一切视宝宝等待更换的时间长短而定。其实，如果抛弃式尿布只是尿湿了，那么他或许会比较安静地等待换尿布，因为尿布的吸水力可以让宝宝相当干爽。反之，如果他排大便了，粪便会比较刺激他的皮肤，必须马上换掉他的尿布。

实例
宝宝的清洁与衣着

我朋友的宝宝拒绝洗澡

每次我朋友安先生和他妻子在帮宝宝洗澡的时候，都会引发一场紧张和啼哭大战，小孩会哭个不停。如果是安先生或安太太单独帮宝宝洗澡，宝宝还是一样会边哭边踢脚，甚至到最后只要想到要帮他洗澡就害怕。于是他们趁着去小儿科门诊的机会，将这个难处告诉医生。

他们不了解宝宝到底怎么了。他们试着让水温适当、让肥皂不要进入他的眼睛，可是，在帮宝宝洗澡的时候，父母总是不开心，宝宝也哭个不停。小儿科医师向他们解释，洗澡不只是因为卫生的缘故，同时也应该是爸爸、妈妈和孩子之前建立情感与游戏的开始，于是他提出几项建议。

为了让宝宝适应水性，他们开始用沾了水的海绵弄湿宝宝的身体。几天之后，他们拿来一个洗脸盆，把宝宝的小手伸进去。他们在水里放了几只软软的小鸭鸭，小朋友摸得很高兴。最后，他们将宝宝全身放到澡盆里，尽量让他有享受的感觉。小儿科医生要他们不要紧张，因为小朋友会感受到父母的紧张，然后自己也会情绪不稳。就这样试了几次之后，宝宝终于喜欢洗澡了，而他们也发现自己不再紧张了，也期待夜晚帮儿子洗澡的时间到来。

可可的用品

可可在 7 月出生。他的父母知道，即便自己再怎么想帮儿子买很多衣服，那也是没有用的，因为小朋友每天都在长大，他的衣服大概都只能维持 1 个月的寿命。

消费型社会的压力很大，他们知道这样的花费是没有必要的。此外，宝宝是在夏季出生，他们又住在一个气候相当宜人，而且很热的城市里。

他们决定不要再把非必要的问题往身上揽了。他们把宝宝所需的卫生用品都放在一个篮子里：药房买的沐浴乳、温和的香水和小儿科医师建议买来改善宝宝敏感性肌肤的润肤乳液，另外他们还买了爽身粉。可可的奶奶觉得应该使用布尿布，可是宝宝的父母亲不希望一整天都在洗尿布，所以决定使用抛弃式尿布。

虽然家人和朋友想要送给可可很多衣服，但他的父母表示比较希望收到实用一点的礼物，例如尿布或是奶粉，因为可可的妈妈奶量不足。他们只需要 5 件棉制 T 恤、3 件衬衣和 3 件棉制连身衣就够了。全部的衣服都很宽松，容易穿，也容易清洗。他们买了一些衣物，但有一些是跟朋友借的。可可甚至收到了一件妈妈之前穿过的衬衣。实在没有必要在购买孩子不必要的东西方面浪费太多钱。

宝宝的健康

14

宝宝的健康是确保其和谐生长的关键，因此，除了饮食之外，还需要特别的用心照料。宝宝应该感觉开心，他的情感需求必须获得满足，同时也应该要能促进他的心理运作发展。奶嘴、游戏、身体刺激和散步，都是有助于他快乐成长的因子。度假和偶尔由第三者照顾会使他所习惯的环境改变，适度地扩大其幸福的正常生活范围。

宝宝按摩和体操

宝宝散步

奶嘴

游戏和玩具

旅行和度假

如果父母都上班

奶 嘴

　　不管是反射性或自愿性的吸吮，都能让宝宝得到很大的安抚。对于宝宝来说，吸吮能力是生存的条件，因为可以确保他有进食的能力。尖叫和吸吮是宝宝唯一可以自己运作以达生存目的的动作，至于其他，则必须依靠父母的照顾了。

让宝宝吃奶嘴好吗？

　　宝宝所经历的任何一种不悦的感受，都会引起他实实在在的反应：啼哭和吸吮反射。当宝宝肚子饿了，或是因为吞入空气而感到腹部不舒服、当他心情躁动不安或睡不着的时候，都会有这样的反应。这种反应也会因为环境适应不良而出现。此吸吮反射与因饥饿所引起的吸吮动作不同。这个时候，奶嘴可以满足他的需求，安抚的功效会很大，因为可以让他放松和助眠。

▲ 如果宝宝在睡觉的时候被拿掉奶嘴，他可能就会开始大哭。如果把奶嘴再塞回嘴里，他才会安静下来。

　　以这个观点来看，从出生后几天就开始给他奶嘴是正确的做法。如此一来，就可以避免宝宝找到随手可得的另一种奶嘴，那就是大拇指。

　　如果宝宝爱上了吸吮大拇指，就很难改掉这个习惯。有的宝宝从来就不需要奶嘴，因为他们很安静，也很少有躁动的情形。对于这样的宝宝，不应坚持给他奶嘴，除非是发现了他用大拇指来自我安抚，这种情况是很常见的。万一有这样的情形出现，最好鼓励他吃奶嘴，因为当需要戒奶嘴的时候，困难度也不会很高。

奶嘴的清洁

　　为了避免奶嘴变成细菌的温床，一定要严格做好清洁的工作。前几个月建议一天清洗和煮沸两三次。如果掉到地上，当然每次都要这么做。随着宝宝越来越大，消毒的动作可以稍微放松一些，但也别忘了要清洗。

▶ 市面上有各种软式的奶嘴。而奶嘴链是必要的配件，可以固定奶嘴，避免奶嘴动不动就掉落地上。

不同种类的奶嘴

　　有许多样式和大小不同的奶嘴款式。奶嘴包含一个奶嘴头、一个垫圈状的底座和一个支撑用的把手。奶嘴头通常是橡胶或硅胶材质，形状是圆的或扁平的，感觉像是有点压扁的乳头。底座的材质可能和奶嘴头一样，是有点硬的塑料、形状不易弯曲，或者是顺着唇形弯曲。至于把手，则是不易弯曲的形状或有环节，通常与底座的材质一样。很明显地，一开始是父母挑选奶嘴，但是慢慢地，宝宝在试过几种款式之后，会开始表现出自己的偏好。

奶嘴的缺点

在第一个阶段，奶嘴的作用在于安抚不适的宝宝。当宝宝开始长牙的时候，奶嘴所扮演的角色则是咬胜于吸。长牙所引起的不适感，常可通过将牙龈压挤在一个又硬又冷的表面而得到舒缓。如果宝宝有一个又硬又具有延展性的橡胶物品，他会发现那个物品是缓和这类不适的有效利器，如此便将它的使用时间延长而进入第2年了。这个时候便出现奶嘴最大的缺点了：可能会造成上颌骨畸形，以及容易发生感染，因为很难保证奶嘴绝对卫生，所以奶嘴就变成了一个污染物了。

▶ 到了满两岁以后，即使是要睡觉了，也不该吃奶嘴。

奶嘴吸到什么时候？

把奶嘴当成安抚工具的时间不应超出必要的期限。当长牙的不适感已经不在了，通常会产生一种对奶嘴依赖的情形，尤其是在疲累、想睡觉或有不安全感的时候。在这个时候，应该戒掉奶嘴，让他学着加强自己的安全感才对。

要在不造成过度伤害的情况下戒断奶嘴，如果孩子已经满2岁了，只要把奶嘴的消失归咎于某个虚构的人物就可以了，可以说是他在宝宝睡着时候把奶嘴带走了，并留下了某个诱人的东西当礼物。一切就看父母有没有让孩子学着没有奶嘴生活的幽默感和能力了。

摇铃固齿器也是一种可以咬的东西，在前 ▶ 几个月是很好用的工具。

> ### ⚠ 注意事项
> - 不要拿奶瓶的奶嘴头来当做自制的奶嘴。
> - 不要把奶嘴绑在手腕或挂在脖子上。宝宝可能会有卡住喉咙的风险。
> - 当橡胶已经褪色或破损了，那就给他一个新的奶嘴。
> - 最好选择无法拆解的奶嘴。

▶ 从6个月起开始冒出乳牙，会造成宝宝不舒服的感觉，固齿器可以减轻这样的不适感，也可避免他啼哭。

宝宝按摩和体操

宝宝会依据自身的能力，发展自主身体运动，这样的能力与神经肌肉系统的逐渐成熟有关，通过感官所接收到的感受会产生动作性的反应。而之所以会有这些动作性的反应，是因为骨骼和肌肉功能良好的缘故。按摩和被动性的体操都是宝宝喜爱的照护项目之一，因为这些活动会让他们开心。

▼洗完澡是帮宝宝按摩最理想的时刻，力度应该比抚摸的动作更大一点。

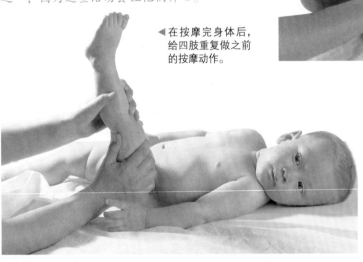

◄在按摩完身体后，给四肢重复做之前的按摩动作。

触觉的快感

即便视觉、听觉、触觉和味觉可以提供宝宝周围环境的相关资讯，但我们常常会忘了触觉也会带来感受。所有感官都有助于宝宝的学习，可是触觉不只有助于认识形状、大小和温度，还可以教他辨识疼痛和舒服的感觉。宝宝享受肌肤相碰时所接收到的热度，以及抚摸时感觉的刺激。毫无疑问，被碰触和抚摸的宝宝比其他缺乏这类刺激的宝宝更加快乐。

宝宝按摩

可以在洗澡过后使用乳液来按摩宝宝的身体。首先，大量涂抹乳液，从背部开始以手做纵向的轻压动作，之后重复相同的动作在手臂和腿部向上和向下按摩。之后，把宝宝转过身来，让他仰躺，轻轻摩擦胸部、腹部，最后再回到四肢，并且以很亲密的口吻跟他说话。

宝宝被动式体操

宝宝在开始走路之前的自主性动作可能不足以强化其肌肉组织，并让关节具备延展性。从 3 个月开始，应该要开始进行一系列简单的强化动作。一开始是被动运动；随着宝宝动作心理能力的不断发展，他会更主动参与了。

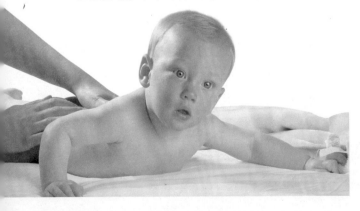

◄宝宝喜欢身体的接触。如果他不喜欢洗澡，那么按摩的快感可让他更容易接受。

将这些运动付诸实行的
最理想时刻即是在洗澡前

运动 1：重点在于颈部的伸展肌肉，以强化头部直立的姿势。宝宝趴着，给他看一个能吸引他注意力的东西，强迫他抬头，并让他的视线跟着物品移动。将物品左右摇动，让颈部向左右转动。一开始的运动是维持 30 秒钟，之后慢慢延长时间，最长 3 分钟。

▲ 当宝宝头部左右转动，视线跟随明显的物体时，可以让他颈部的肌肉活动。

运动 2：宝宝仰躺，让他每一只手都抓住我们的大拇指。向四个方向轻压一个动作：（1）从头部两侧将其手臂拉高；（2）手臂交叉；（3）手臂垂在身体两侧；（4）手臂放在额头。连续重复 5 次。

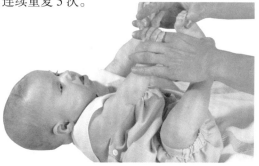

▲运动 2 第 1 个动作示意图。强化手臂和胸部。

运动 3：维持和前一个运动一样的姿势，抓住他的双手，在胸前交叉，就像拥抱的动作一样，之后再回到第二个运动的交叉姿势。一样重复 5 次。这个运动有助于肩膀的关节，同时刺激胸腔的发育。

运动 4：宝宝趴着，两手固定大腿，轻轻慢慢地旋转，直到宝宝转过身来。一开始宝宝是完全被动的，不过，他很快就学会在一个方向或另一个方向往前推了。重复旋转的动作 4 ~ 5 次，以帮他加强身体的肌肉。

运动 5：宝宝背躺，握住脚踝固定两腿，一个膝盖弯曲，直到大腿碰到腹部，另一脚保持伸直。接下来的动作是弯曲的脚伸直，同时伸直的脚弯曲。重复这个动作 5 次，以加强腿部的肌肉，并且提高膝盖和髋部的关节灵活度。这个运动结合一只脚弯曲与另一只脚伸直。

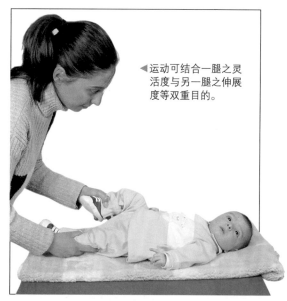

◀运动可结合一腿之灵活度与另一腿之伸展度等双重目的。

运动 6：延续前一个动作的姿势，双腿伸直，双脚分开，直到双腿形成 45 度角为止。重复做 5 次。

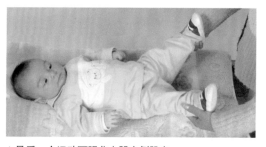

▲最后一个运动可强化大腿内侧肌肉。

游戏和玩具

　　游戏指的是除了吃和睡之外，宝宝所做的另一种活动。所有从了解自己为出发点以达学习目的的动作，都可视为游戏。在宝宝发现自己的双手之后，便会长时间玩自己的手，进而学会认识自己。

以玩耍来沟通

　　宝宝的心理活动不断通过外界的刺激而增加其丰富性。宝宝慢慢地学会重复可让他达到期望结果的肢体动作（尖叫、手动来动去等等），同时建立因果关系。例如，注视一个会动的物体会让他开心，同时表现在满意的表情上；相同的道理，如果他找不到那个物体的时候，他可能会开始哭。

　　一开始，通过单纯注视和之后把玩物体的游戏，孩子会学会与周围沟通，并且表达明确的感受。如果有某种特定的玩具让他开心，那么当玩具不见的时候，他可能就会生气了。

感官刺激

　　宝宝通过游戏来刺激感官。适合较小幼儿的玩具必须要有会动、有原始颜色、简单却明显的形状、明确的声音、触感柔和宜人的特性，因为如此宝宝才能发展他的感官。对于宝宝来说，游戏不需要有解释或抽象的规则，因为他们需要的不过是感官的享受罢了。他们以这样的方式接收第一个形状、声音和颜色多样的信息。

▲有垂挂物体的健力架亦被当做宝宝体操用具贩卖，因其具备感官刺激与发展手臂精神运动性的能力，故适合5～7个月的宝宝使用。

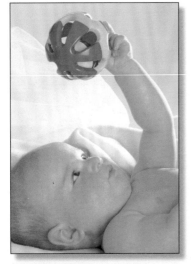

▲一只手可以抓握的色彩鲜艳、而且在摇动时会发出声音的物体，可能是具有刺激性的。

游戏安全

　　不要让宝宝在游戏的时候发生意外，这是很重要的一点。安全措施与宝宝和玩具所处的空间有关。

　　至于空间，必须有大人的陪伴，再者附近不可以有危险物。之前所提的游戏床是比较安全的地点，宝宝可以坐着玩。如果把宝宝放在地上，必须让他待在一个可以缓和宝宝意外跌倒撞击的舒服平面上。如果坐在小椅子上，一定要以安全带固定住。绝对不可以把他放在较高的平面上（桌子、沙发、椅子等）独处，因为他可能跌到地面而受伤。

　　至于玩具，必须符合多数国家现行的官方安全规范，同时符合年龄限制，这些都必须标示在外包装盒上。避免小型玩具，因为其体积小，很容易会被宝宝塞到嘴巴、鼻子和耳朵里面。再怎么吸引人的东西，只要不是玩具，都不可以给他。

游戏的空间

　　宝宝的前几项玩具都是适合在婴儿床内使用，这是因为他在婴儿床内受监控的时间比较短，因此大人会在他视线所及的范围内放置会动的物体，包括音乐盒、响环或是绒毛玩具等。等到宝宝再大一点，当他坐在小椅子或躺在床垫上的时候，他就会开始玩附近的玩具了。最合适的地点是游戏床。

▶温暖卫生的游戏垫，因质地柔软，可以让宝宝在上面安全游戏。

玩具的建议

　　宝宝的第一个玩具通常是响环或有颜色的球带，可以挂在婴儿床的一侧，让宝宝去拨动它，或是听玩具的声音。音乐盒和醒目的物体是婴儿床内最好玩的玩具。等到宝宝大一点时，他会开始对可以反复吸吮的东西感兴趣，包括洋娃娃、塑料或橡胶动物玩具，或是适合他年龄的扮家家酒玩具。挂有不同玩具（例如圈环或会发出声音的小球等）的健力架很受宝宝的欢迎，因为他们可以躺着玩或坐着玩。

　　8个月大之后，宝宝会被会动和有声音的玩具所吸引。这个时期的宝宝喜欢拉着这些玩具在地上玩，也可开始给他玩一些可刺激感官的玩具。他喜欢将不同大小的圈圈套在一个支架上、把球球从符合其形状和大小的洞里放进另外一个容器当中，或以简单的乐器制造声音等。

▲多功能游戏座椅是一种有趣且会旋转的椅子，有三种不一样的高度和好几种游戏可选择。

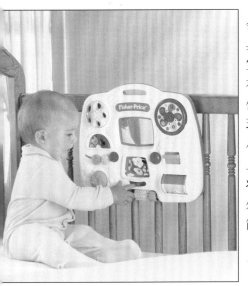

◀玩具对于宝宝是一种感官的刺激。可以把玩、有动作，或是会发出声音的玩具适合7～8个月或更大的宝宝。

宝宝散步

只要天气许可，都应该安排宝宝散步的时间，让他接触比家里更宽广的空间。散步可让宝宝呼吸新鲜空气、直接接触阳光，并与周围世界建立关系，开拓他的新视野。此外，他的照顾者也会很享受散步的片刻。

▲前挂式的背巾只适合在3个月前适用，而从8个月开始，只适用于推车。

何时开始散步

宝宝在出生后前几个星期，与周围建立的关系非常有限。当他的保护环境不再是母亲的子宫之后，他就开始慢慢地适应外面的环境。他一开始的环境只有婴儿床，或是妈妈的臂弯，那时候，有没有带他出去散步并不重要。虽然散步并非必要，但是只要条件适当，却也对他无害。

宝宝从第5~6周起，如果带他出去的方式正确，他便开始接收到每天散步的好处。应该选择一天当中环境条件最佳，且地点安静的地方散步，避开交通拥挤和环境污染的场所。

手推车、背巾及其他工具

不同款式的手推车是宝宝前几个月最理想的外出工具。其应该要有可让宝宝平躺的功能，因为宝宝多半会在散步当中睡着。手推车的空间要大，衬套要齐全。宝宝所处的位置越高，离空气污染的区域就越远，因为污染的地区通常是最接近地面的地方。应该做好防晒的准备，或是备有折叠式车篷，可在光线太亮或阳光太强的时候保护宝宝。

背巾在某些特定的时候是很有用的，而且因为是把宝宝背在身上，所以比较舒适。但是，如果散步时间较长，或是宝宝还不满3个月，那就不建议使用背巾。宝宝一定要能将头伸直，但当宝宝睡着的时候，这点是有点难以达成的。宝宝在散步当中睡着是很常见的现象，那么这时如果可以把他放在手推车或是婴儿提篮上，那就会舒服多了。

婴儿提篮可以放在推车上，也可以用手提着，这是宝宝坐在车内最适当的工具。它的设计符合6个月前宝宝的人体工学，甚至在他睡着时也可以使用。基于它的大小限制，只能在宝宝6~8个月前使用。

宝宝大概在7~8个月会坐了之后，视觉能力亦已发展完全，这时最好使用某种背部可躺的推车。这类的推车可让宝宝享受较好的视野，因为这个年龄的宝宝在大多数的散步时间当中，都保持清醒的状态。

▶最近几年市面上多了好几款手推车。大部分的手推车都可依据使用目的和预算来选购。

◀安全座椅是一种多用途的输送工具，9公斤以下宝宝使用是很舒适的，其可以带着宝宝在街道上、汽车上，在家中也可以充当摇床。

散步的条件

天气条件是具有很明显重要性的，外面的气温可能让人受寒或中暑。雨和雪、雾和强风都会让散步的人感到不舒服。反之，适度的冷并不是障碍，只要确认宝宝穿得够暖就行了。

如果是利用当做购物散步的话，这表示会进出多家商店，这时就必须注意室内、外突然的气温变化，以免引发呼吸道不适。

禁忌

如果孩子生病了，除非是医生有其他嘱咐，否则就不要散步。另外，如果气候或污染等环境条件不利，也应避免散步。

雨和雪可能会让开心的散步变成是一件麻烦的事。但是，如果散步有其必要性，而且交通工具也具备适当的防护措施，那么不会是带宝宝出门的阻碍，被隔绝，但不会遮蔽宝宝的视线或光线。

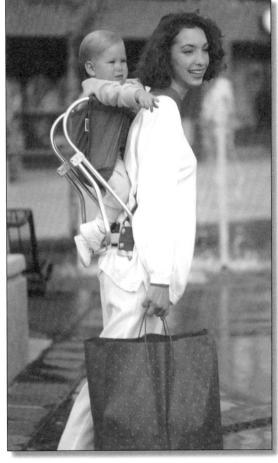

▲后背椅很适合较大宝宝使用，也很适合在远距离走路时使用。宝宝的视野比较宽广，睡着时也不会觉得不舒服。

有几种不同的防护装置，可让宝宝在车内完全

应该避免在日晒最强或炎热的时候散步。但是，如果一定得在那个时候出门，那么应该采取若干防晒措施，例如可以使用阳伞和防晒乳液。

风会让宝宝很不舒服，尤其是空气中的固态粒子数增加时，不应该让宝宝将这些沙尘吸入体内。

◀有防晒装置的手推车是最适合6个月以下宝宝使用的，因为可以让他睡得很舒服，也可以在必要的时候包覆身体和防晒。

旅行和度假

宝宝是家中的另一个成员，也会有旅游或度假的渴望。当宝宝还很小的时候，父母在必要的时候可能会舍弃旅游或度假。当然，这个疑虑的答案就要看是哪一种旅游计划而定，但是，在旅游当中，一定要随时保持谨慎的态度。

▶ 度假的时候，比较放松的生活可以为亲子关系加温，因为这段时间可带来新视野、新态度和新的学习机会。

宝宝可以旅行吗

基本上，任何一个宝宝从出生几天之后，只要采取了必要的措施，不打断那个年龄特有的用餐和睡眠循环，就可以去旅游了。外出旅行时，只要能做好准备，基本上不会有太大的困难度，但却可能加重父母的工作量，尤其是行李的增加。如果是以自家汽车为交通工具，则必须遵守所有交通规则内所订定之安全措施，在必要的地点使用调整座椅和安全带。

> **ℹ 旅行建议**
>
> • 如果您单独带宝宝去旅行，最好是您可以自己应付一切。即使有人帮忙，也并不是大家都会对小朋友友善的。
>
> • 预留足够的时间到达车站或机场，避免时间太紧张而错过搭车的时间。
>
> • 如果旅行时间很长，试着保留一个可放置小型安全座椅的位子，让宝宝睡觉。
>
> • 手提式座椅是实用性很高的工具，否则当需要一个宝宝专用座位时，就必须支付额外费用了。

▲ 汽车调整座椅应要符合一系列保障安全的条件：可以将小朋友固定好而不会造成压迫，以及万一突然刹车的时候，不会对小朋友造成伤害。

舒适旅行

为避免用餐时间与火车出发或飞机起飞时间重叠，最好改变前几次用餐时间。要预留一些时间，不要什么都留到最后来完成。

如果是以自己的汽车旅行，建议避免交通最拥挤的时段。宝宝一吃饱和换好尿布就可以启程。最好安排在下一次停下来休息的时间，在尽可能良好的情况之下喂奶和换尿布。

因为宝宝的行李是必不可少的，建议尽量精简大人的行李，不要多带没有必要的东西，例如吃的东西可以很轻易在目的地购买得到。

旅行婴儿床

　　运送平日用的婴儿床是相当困难的一件事。市面上有好几种折叠式婴儿床的款式，轻盈、容易组装，很适合在出外旅行和度假时使用。

宝宝在海滩

　　一般来说，由于海滩很热，所以对于 6 个月以下的宝宝是相当不舒服的地点。虽然有遮阳伞，过度日晒还是会让人感觉很不愉快。如果父母不想舍弃在海中游泳，而把宝宝带到海滩，那么应该避免幼儿直接晒到太阳，要在他的皮肤上涂抹防晒系数超过 15 的乳液，并且不时地以海水沾湿他的身体。把他放在一条大毛巾上面，尽量避免沙子积在毛巾上，尤其不可让沙子进到宝宝的眼睛、鼻子和耳朵里面。

　　从第 4 个月开始，不管是直接把宝宝浸泡在海水里，或是把他放在游泳圈内，他都会开始享受泡在海水里的乐趣。由于海水含有丰富的矿物质，尤其是碘，因此对身体相当有益。为避免小晒伤，宝宝不可暴露在阳光下超过 15 分钟。

宝宝在雪中

　　宝宝在前两年当中，在山区或滑雪站的活动是很有限的，因为这些地区的天候不佳。然而，如果是一个平常居住在山区，或是因工作或休闲而固定在山上生活的家庭，那就没有理由因为天冷下雪不让宝宝到户外去了。在这样的情形之下，只要穿得够保暖，并以乳液保护他的脸部，不让严寒与太阳晒伤了他的皮肤，那就足够了。

▼宝宝只要装备齐全，也做好御寒和防晒的准备，就可以参与登山和滑雪的活动了。

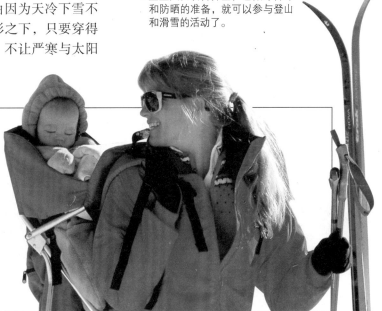

快乐的假期

　　度假的时候，宝宝离开平常的环境，可能会让他觉得很奇怪。为了将这种感觉降到最低，并且帮助他适应新的环境，可以带几样他最喜欢的东西，例如响环或某个他最喜欢的玩具等。这时候也不是改变饮食习惯的最佳时机，即便是他喜欢的副食品品牌或是使用新肥皂等等，也都暂时不宜改变。

如果父母都上班

妇女进入职场的普及，使得许多人必须将宝宝的照顾借助于他人。虽然产假的天数是相当固定的，但仍有某些状况会使得天数有所变动，而宝宝在一天当中就必须有几个小时是由母亲以外的人照顾了。

宝宝由他人照顾

虽然母亲直接照顾是促进新生儿与婴儿身心健康的基本要素，然而，对他来说，真正重要的却是有效率和爱的照顾。有时候，功能性比执行者是谁更来得重要。一个亲切有决断力的爷爷、敏捷有能力的保姆，以及一个愿意付出的专业照顾者，都可以担任像母亲一样重要的角色。此外，也不要忘了，有时候父亲也可以担任这样的角色，而且可以表现出和母亲一样的效率、情感与情绪的转移。母亲依据经济、工作、专业和个人因素决定在宝宝第一年当中，投入一段可长可短的时间来照顾宝宝，不过，这完全是个人的选择，而且最好能与另一半共同商议。当妇女决定重回职场的时候，必须将宝宝交给一个完全信任的人来照顾。此时有三种可能性：把宝宝留给家人照顾、交给支付薪资的保姆，或是把他送到幼稚园或托儿所。如果有可完全信任的照顾者，那么前两个选择是比较恰当的，因为不须让宝宝离开自己的环境，或是不让他与其他宝宝接触，可避免传染的风险。然而，并不一定能够找到适合的人，所以，这时候就必须把他送到托儿所了。

宝宝多大可以送托儿所

第一次把宝宝送到托儿所的时间视母亲的需要而定，所以每个宝宝都不同。妈妈在产后两个月就回到职场的例子并不多见。虽然每个国家立法有所不同，但是重回职场的时间点通常是在宝宝出生4个月之后，而宝宝4个月时就可以开始送他去托儿所了，不需要再等待更长的时间，等他长得更大。

▼幼儿园和照顾者（有时候是半工半读的女学生）是在父母两人都必须上班时的解决方式。这两个选择都不错，各有优缺点，父母应该加以评估。

▶爷爷奶奶是父母不在时最常扮演照顾宝宝角色的人。

如何挑选托儿所

一间好的托儿所首先需要能让父母放心，因为他们会用心照顾宝宝。应确认托儿所是否遵行相关的卫生与宝宝照护条款。除了必须具备舒适、干净、宽敞和所要求的卫生条件之外，还要有足够的人力。工作者必须受过严格训练，不只把这份工作当成是一份工作，还必须能付出关心和爱心。除了具备喂养、清洗和更换宝宝尿布的能力之外，保姆还必须在父母不在宝宝身边的时候，付出所有的爱。照顾者必须要能够察觉宝宝健康的异常状况，并且根据事情的严重程度采取适当的措施。而且他也必须即刻通知父母，请父母来把孩子接走。

托儿所的缺点

如果几个月大的宝宝是在托儿所里被照顾，明显的风险并不多，因为他的活动量还很少，也会与其他宝宝有所隔离。多数时间他都待在婴儿床或椅子上，未与托儿所其他的宝宝直接接触。如果有风险，那么几乎完全来自保姆的疏于照顾了。

部分时间待在托儿所的宝宝比待在家里的宝宝更容易感染疾病，这是因为他们与比较多人接触的关系。有些宝宝在某些传染性疾病（感冒、肠胃炎）的潜伏期，或甚至出现症状而父母尚未察觉时，却还是把他们送到托儿所去，于是就有了传染的可能性。当托儿所的工作人员发现的时候，他应该将生病的宝宝隔离，并且将宝宝可能会对其他人造成威胁的情形告知他的父母亲。为了解决这个问题，父母应该了解，在宝宝出现症状的时候不该把宝宝送到托儿所。

照顾幼儿的选择

	内容	优点	缺点
家人	经常发生，是由爷爷或奶奶照顾。宝宝不离开家里的环境	肯定是比较让父母放心的办法。通常是最省钱的做法。宝宝和爱他的人在一起，比较容易适应不同的作息时间。	在照顾上可能会有意见分歧的情形。
保姆	保姆在家照顾宝宝。父母必须分别与几位人选见面，并且留意保姆如何照顾宝宝。	因宝宝是留在家里，所以比较有安全感。	如果保姆晚上仍留在雇主家里休息，可能因此造成紧张。
托儿所	各个国家公立托儿所的情况都不一样。有些比较大的企业会为员工提供这类的服务。	宝宝和其他孩子在一起，可帮助他发展社会性。登记立案的托儿所会雇用专业人员。	费用相当高，无法分期。时间较无弹性。宝宝生病时，不能送去。

医师诊疗室
宝宝的健康

常在报纸上看到有玩具因对宝宝有危险而回收，我如何确定买给儿子的东西不是危险的呢？

首先，要用逻辑和常识推理。玩具必须适龄，让幼儿可以自己把玩，没有危险。各个国家现行的条文规定，包装或标签上要标示玩具适合的年龄。另外，也要标示保证材料无毒的卫生许可证。所以，不要买任何没有以上保证的产品，才能让自己安心。

我听说奶嘴对宝宝不好，因为可能会造成上颚变形和牙齿长得不好的问题。这些说法有什么正确论据呢？

过度使用奶嘴，的确可能会造成上颚变形。另外，如果宝宝长牙了之后还继续吃奶嘴，那么可能会让牙齿长得不好。真正有害的是上颚变形的问题，因为可能会使颌骨因此受到干扰，日后难以矫正。牙齿变形的问题不大，因为只会影响暂时性的乳牙。避免这些问题的方法，在于只让宝宝在需要的时候吃奶嘴，并且一般在第20至30个月长完牙之后完全戒断。

在幼儿园待很长时间的孩子动作能力会受到限制，因为他们无法随意爬行，这是真的吗？

幼儿园绝对不会限制宝宝的动作能力。相反地，会让他们学习一连串的动作，并在动作当中获得安全感。宝宝会学习从躺到坐的姿势、跪着、起立、转身，并且保证不会受伤。在幼儿园里的确有爬行动作受限的情形，但却可在大人的监控下进行其他的活动。宝宝会移动了之后，风险会相对提高，必须随时在大人的监控之下。不过宝宝也不应该一直待在幼儿园里，或是一直在爬行。

当我小的时候，未满1个月或2个月的宝宝会一直待在黑暗的空间里，完全不出门。可是，现在我在街上看到许多新生儿，究竟是这个时代的做法是错的，或是我们父母的做法是错误的？

现在的趋势是很快就刺激宝宝，并且让他们尽早与周围环境融合。这点当然不是不好，不过，我比较疑惑的是，让孩子聪明一点的目的到底是什么。事实上，宝宝在未满2～3个月大之前，是不会享受散步的乐趣的。那段时间他们比较享受的是家中的祥和与宁静，但这不表示必须将宝宝隔离和让他们待在黑暗的空间里面。过早刺激让孩子比较有警觉性、比较早学习，也比较容易提高注意力。不过，结果往往是孩子变得比较好动和紧张。这个问题和许多议题一样，最好保持中立。

有人告诉我，吃奶嘴好过吮大拇指。这是真的吗？原因是什么？

理由很简单：虽然会想念奶嘴、会抗议，但可以直接戒掉。反之，大拇指一直都在身边，所以比较难戒掉吸吮的习惯。

我那几个月大的儿子整天不停地挥舞双手，而且不停地注视自己的手，我担心他过动。他花那么长的时间玩自己的小手，正常吗？

宝宝对自己身体的第一个认识，是在本身的视线范围之内，发现自己的手的时候。观察可以自由摆动的手让他开心，甚至能让他兴奋。但是，只有在视线内出现新物品的时候，才会感兴趣。

我在育婴书上曾经读到，最好可以在幼儿的身体做按摩，以刺激他的肌肉。可是，我真的没什么时间。如果我没有按照手册说的投注那么多的时间，我的儿子会变得虚弱吗？

与本书类似的书籍和手册都只是用来告知、建议、鼓励和促进正面的态度，不应引起罪恶感。将您所可以拨出来的时间投注在宝宝的身上，尤其是要注重品质。您可以利用一天的任何时间以游戏的方式为他按摩，或只是在洗澡之后帮他擦上润肤乳液。这个年纪的按摩功效是情感胜于肌肉的。

有人告诉我，去托儿所的几个月大的宝宝很容易被传染疾病。那么，是否我应该找其他的替代方案，例如找一个照顾者，在我重回职场的时候，在我们的家中照顾宝宝？

事实上，如果您的儿子可以留在家里，让信任的人照顾、让他在熟悉的家庭环境当中成长，周围都是自己的物品和玩具、依据小儿科医师建议的方式喂食，而且总是在自己的婴儿床里休息，那的确是比较好的。另一个要了解的因素，是不必在当地天候不佳或季节不当的时候出门。

我有一个宝宝5个月大，我想买一些可以让他玩和刺激他的东西。您建议买什么样的东西呢？

5个月大的宝宝最喜欢的玩具是有明显的基本色，可用一只手或两只手抓握，有声音、会动的玩具。相较于他只能看的玩具，他会比较喜欢可以玩的玩具。这个阶段可以让他躺在床垫上，上面放一个有挂东西的健力架。他也会喜欢打不破的镜子，把它贴在婴儿床或游戏床上。等他再大一点，可以给他看有大相片的旧杂志；有人物、树木或很吸引他注意的动物的图片。

我儿子学会操控事情的发生

有一天我和几个月大的儿子在家。他手上拿着一个草莓形状的响环，动的时候，就会发出响板的声音。我觉得他第一次把这个玩具丢到地上的时候，不是因为他不想要，而是不小心掉落的。孩子注视着掉落在脚边的响环，脸上是惊讶的表情。我把玩具捡起来，温和地责备他，再把玩具还给他，他就用小手抓了好一阵子。可是没多久，他又让玩具掉下去。我再次观察他的表情：他看起来已经不再惊讶了，而是满足和有稍许的兴奋。在我第3次给他响环的时候，我看到他一拿到手，马上就把它丢到地上，而且还出现了胜利的微笑，摆动双手。这时候，我发现我儿子已经开始一种我们两个都喜欢的游戏了。这种游戏帮助他认识环境，也让我发现原来他可以改变周围发生的事情。这是一种体验事实的简单方式：小朋友看到自己丢东西的时候，东西会掉到地板上，光是这么一件事，就可以让他惊奇了。另外，他还学会可以同样的方式与人互动，因为每当响环掉到地上的时候，我就会捡起来还给他。我很惊讶宝宝们具有这种以游戏发掘自身行为潜力的能力。

米老鼠把奶嘴叼走了

我孙子豆豆已经超过2岁了，当他累了或想睡觉的时候，还是会抓住奶嘴。他的父母和我们都跟他说过，他已经长大了，不适合吃奶嘴了，但他还是没能把这个习惯戒掉；其实是他爸妈担心他看不到奶嘴时的反应。我跟他说，有一只可爱的米老鼠，它会把大宝宝的奶嘴叼走，然后留下礼物。他跟我说，时间还没到。豆豆放假在我们家住了几天，有一天散步的时候，他喜欢上一间店里展示的玩具，并要求我买。我趁机跟他说，那个玩具已经被米老鼠保留来交换奶嘴了。如果他真的想要，他已经知道有哪些条件了。看过那店家的橱窗两三天后，他要我通知米老鼠，因为他已经准备好要戒奶嘴了。我假装打电话给米老鼠，告诉它交换所需的信息。当天晚上我们举行了一场告别奶嘴仪式。豆豆吸了好一阵子之后，就把奶嘴放在小茶几上，然后就睡得很沉。隔天一早醒来，发现昨夜放奶嘴的地方，已经放了他想要的玩具了，所以他又兴奋又开心。而他父母很惊讶的是，从此他不再吵着要奶嘴了，而只有在谈到那个晚上所发生的神奇事件时，才会提到奶嘴二字。

宝宝第一年的发展 15

宝宝出生的第一年是生命中成长和变化最快速的阶段。不论是在身体、心理或情绪行为层面上，都有惊人的发展，所以非常需要父母特别的关照。共同陪伴与见证宝贝的成长也就成了父母最愉快的经验之一。

3 至 4 个月的宝宝

7 至 8 个月的宝宝

0 至 2 个月的宝宝

5 至 6 个月
的宝宝

9 至 10 个月
的宝宝

11 至 12 个月的宝宝

0～2个月的宝宝

宝宝从出生到满2个月之间，成长的速度很快。这个阶段的宝宝需要全天候的照顾、关心和父母给予的特别刺激。这时候唯一的食物是牛奶，而他与别人沟通的方式则是啼哭和一些喉咙发出的声音。

前2个月

由于前2个月的宝宝身体仍未发展成熟，所以非常脆弱。他唯一的食物是母乳或配方奶，而他沟通的方式则是啼哭。这表示他需要父母全天候的关注，而父母除了特定的照顾之外，还必须刺激孩子所有感官的发展。在这个阶段，父母可对他轻柔甜美地说话、唱摇篮曲给他听，且轻摇他的身体，因为这就像是镇静剂一样，并可以让孩子通过声音和气味来分辨父母。

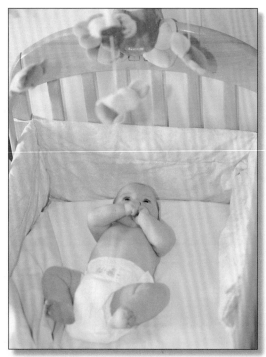

▲ 在婴儿床上放一个会动的东西，可以帮助宝宝用视线跟踪挪动的物体。

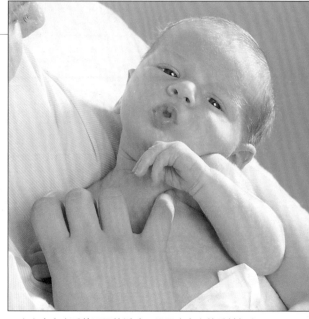

▲ 宝宝在出生后前两周的活动只局限在自主的反射行为。

感官刺激

此外，由于这阶段的孩子最远可看到的距离不超过20～25厘米，所以，父母在对他以夸张的表情说话或唱歌的时候，必须保持在这个距离之内，才能和他进行视觉的接触。由于宝宝生下来就有沟通的欲望，所以宝宝会以喉咙发出的声音来表达他的高兴和满足。其他感官刺激的方式，是在换尿布的时候，轻轻弯曲他的膝盖、给他看他自己的手、教他动动手指头、让他坐大约45度斜角，以帮助他提高专注力等。如果父母在一天当中可以抽空带他出去散步、对他唱歌和说话，那是很有益处的。散步可加强感情联系与拓展沟通范围。虽然宝宝不会有像是和他直接四目交接或是唱歌时的明确表示，但他会兴奋地摇晃身体，以作为回应。

ℹ 与感官有关的发展里程碑

到了第一个月的最后阶段，宝宝可以集中注意力在介于20～40厘米的距离，他比较喜欢白色和黑色的图案，或反差很大的颜色。他已经认得一些声音了，也会把脸转向熟悉的声音。至于嗅觉，他比较喜欢甜味，不喜欢苦味或酸味。他喜欢柔和的触感，拒绝粗糙的感觉。

婴儿生长时间表

	1 个月	2 个月
体重	前几天体重减轻，但是之后增加的幅度会多达 450 克；2.8 至 3.3 千克	4.5 千克
身高	51 ~ 53 厘米	大约 56 厘米
心智	• 可以看到 20 至 25 厘米远的物体 • 开始辨识说话者的声音	• 眼神跟随；认得自己的父母 • 会对友善的声音回应
语言	• 哭 • 静静地张口和闭口	• 发出喉音
能力	• 可以转头 • 表现抓握反射 • 听到时会张开手臂、双手和双腿	• 俯卧时可以抬头至 45 度或维持直立 • 丧失抓握反射；手张开，会吮手指
社会行为	• 对母亲的声音和味道有反应	• 分辨人物 • 对母亲的脸等外界刺激会开始以笑回应
饮食	• 母乳 / 配方奶	• 母乳 / 配方奶
睡眠	16 ~ 20 小时	16 ~ 20 小时
疫苗		
刺激	• 在 20 ~ 25 厘米的距离对他说话 • 建立视线沟通 • 轻柔对他说话，做出夸张的脸部表情 • 为他唱摇篮曲 • 给他一个东西，让他可以躺着看 • 轻轻地一只一只打开他的手指	• 帮他起身 • 在婴儿床上放一个会动的东西，让他眼睛跟着动 • 给他玩具，特别是颜色吸引人的玩具 • 把他抱在膝盖上，让他支撑在自己的双腿几秒钟的时间 • 喂奶时，摸摸他、看着他和跟他说话

3～4个月的宝宝

宝宝在2～4个月之间已经熟悉自己的身体，也开始表现一些个性特征了。能够自然辨识父母与其他家人的脸孔、喜欢喝母乳和配方奶，他会以动作来表达，也会开始用笑来表示开心。

开始笑出声

到了第3和第4个月的时候，宝宝不只会用力拉扯，而且可明显看得出他已经开始熟悉自己的身体了。所以，他会看自己的手和动动手指头，发现其中的关系。在这个阶段，他的喉音会变成非说话音，也会增加哭声的种类来表达不同的精神状态和需求。所以，他会让自己的哭声听起来不同，以表达是饿了、累了、心情不好或是紧张。

▲一个字一个字慢慢和宝宝说话，对于日后的语言发展是很重要的一环。

他的肌肉生长可由俯卧或是被竖抱或抱在腿上时抬头的动作表现。

开始发出声音

他的社会沟通能力和情感表达会随着成长而进步，如果父母给予适当的刺激，那就会进步得更快。除了视觉和抚摸等触觉的刺激之外，也必须做些游戏，例如"击掌"，同时有节奏地唱歌，或是把脸盖起和找到脸，并且配合一些夸张的脸部表情和手势。此外，孩子会喜欢父母和他一起躺着，因为这样会诱使他抬头以强化颈部肌肉，或弯曲他的双腿，或是在脚底搔痒让他笑。

此时他已经表现出对四周环境强烈的好奇心，建议告诉他周边有什么东西，并且给他一个响环，因响环的声音会诱使他想去摇它。

为了刺激宝宝说话，小儿科医师建议父母模仿孩子的声音，并以这样的声音回应，特别是重复那些"m"的声音，问他为什么不开心。要提醒读者的一点是，"m、p"和"b"的声音表达不满，而"j、k"则表示高兴。（译注：以上声音的表达方式为西班牙语的表达方式。）

▲宝宝4个月大的时候会做第一次疫苗接种。

> **!** **生长警示**
>
> 每个宝宝都有自己的生长速度，但有些状况可能是警讯，表示有一些身体问题，应该要与小儿科医师讨论。这些状况包括宝宝会对巨大声响没有反应，或是眼神不会随着移动的物品转动等。宝宝在满3个月的时候，应该要对靠近他的人微笑，而且具备自己抬头的能力。同时也必须能够接近别人拿给他的东西，并且拿在手上。满4个月的时候，应该要会咿呀学语，并且试着模仿妈妈的声音。虽然有时难免眼睛会有点斗鸡眼，但那并不表示多数时间都是斜眼的。另外，将一眼或两眼四边转动也不应该有困难。

婴儿生长时间表

	3 个月	4 个月
体重	5.4 千克	6.1 千克
身高	大约 58 厘米	大约 60 厘米
心智	• 观察自己手的动作 • 听自己的声音	• 辨识熟悉的地点和面孔 • 笑
语言	• 尖叫和发抖音 • 以不同的哭声做情绪表达	• 开心尖叫 • 改变音调 • 使用 "m"、"p" 和 "b" 的声音来表达难过，以及 "j" 和 "k" 来表达高兴
能力	• 有人支撑住的时候，会抬起头和肩膀 • 用手短暂抓住东西 • 挪动手臂和踢脚	• 开始控制双腿和双手 • 同时移动双手和双脚 • 双脚交叉，一只脚放在另一只脚上
社会行为	• 看到自己在镜子里的反射会笑 • 摇晃手脚表达高兴，特别是在看到父母的时候	• 看着对他说话的人和对他笑 • 喜欢有陪伴的感觉；如果放他一个人独处很长时间，会哭
饮食	• 母乳 / 配方奶 • 可以在食物中加入无麸质谷物	• 开始断奶 • 让他开始尝试几种固体泥状食物 • 教他用汤匙用餐
睡眠	白天分 3 次睡，共睡 14 ～ 16 小时	白天分 3 次睡，共睡 14 ～ 16 小时
疫苗	• 白喉一破伤风一百日咳 • 小儿麻痹（口服 / 注射） • B 型嗜血杆菌 • 流行性脑脊髓膜炎疫苗	
刺激	• 以他发生的相同声音回应 • 他一哭就来看他 • 和他玩击掌的游戏 • 和他在浴缸里玩	• 重复声音，并以轻柔的声音和他对话 • 和他玩盖脸的游戏 • 和他说说他看到的东西 • 和他玩挠痒的游戏

5～6个月的宝宝

5～6个月的宝宝已会学着和父母玩及模仿他们；听到人声时会表现热情，也已经可以撑起上身几秒钟了。另外，他也已经开始尝试新的食物，而且会表达他喜好、拒绝或接受。这时他也会开始试着讲话了。

▲宝宝在出生后前3个月只专注在自己的身体，而他在这个阶段（5～6个月）会移转到周围的世界；周围的世界对他来说，就像是个有趣的宇宙似的。图中是一对龙凤胎。

开始探索

宝宝到了5个月的时候，会开始以嘴巴探索，所以会把玩具、响环，甚至是自己的手、脚都放到嘴巴里。随着专注力的提高，宝宝会扩展他的沟通方式，例如摇动手臂和脚来吸引注意，另外也会运用某些脸部表情，甚至在自己的"口语"当中加入一些咿哑咿哑声，像是用嘴巴制造的声响、泡泡，以及元音"ei"等声音也会加入，当做与父母的沟通。而此时父母也观察到宝宝已经可以透过他们的协助，维持头部挺直。当他听到鼓掌声或把纸弄皱的声音时，他会觉得好玩。

在这个阶段帮助他心智、感觉及运动能力的最佳方式，是回应宝宝的呼叫，以轻柔但夸张的动作转向他，并且看着他；在怀里摇晃他的身体，以强化他头部的稳定性；维持他身体直挺，以加强腿部的肌肉；和他一起躺下，让他模仿大人爬行的动作；把玩宝宝的手指，然后放到他的嘴巴里去；玩给东西和接东西的游戏，如接过来和放开手；让他自己抓握奶瓶；让他自己用手拿食物吃。

◀声音是引起宝宝兴趣的重要来源，他们会抬起头、转动双眼，寻找声音的来源。

ℹ "夜猫子"宝宝

宝宝通常在6个月之后，就会开始控制睡眠与清醒之间的时间轮替了。晚上睡觉时间比较长，白天则多半时间都是清醒的。但是，有些孩子似乎日夜颠倒，整个早上都在睡觉，之后是下午清醒，然后晚上要很晚才会睡得着。有这样行为表现的孩子是很健康的小孩；发育正常，心智、运动发展也完全均衡。他们之所日夜颠倒的原因不甚清楚，但却有几种因素。第一个可能是在浅睡阶段被噪音吵醒后，就睡不着了。另外也可能是他白天最后一餐没有吃饱，让他感觉不舒服，彻夜难眠。要回归正常需要很大的耐心；早上要让他清醒的时间越来越长，把他长睡的时间移到夜晚。

婴儿生长时间表

	5 个月	6 个月
体重	大约 6.9 千克	大约 7.5 千克
身高	大约 62 厘米	大约 64 厘米
心智	• 可以看到小型物品 • 提高专注力 • 喝奶的时候，会碰奶瓶 • 会分辨父母和陌生人	• 头转向噪音出处 • 有人来的时候会兴奋 • 表达其对食物的接受或拒绝 • 发出声音以吸引注意
语言	• 开始咿呀学语 • 叫、笑和说 "ka" • 做鬼脸沟通	• 用嘴发出噪音 • 现在会在 "ka、da、ma" 或 "pa" 　后面都加上 "ei"
能力	• 把东西、脚和手都放入口中 • 用两只手拿大型玩具	• 把一个东西从一只手换到另一只手 • 让一个东西掉下去，以拿取另一样东西 • 可以撑住奶瓶 • 抓住一只脚
社会行为	• 表现出了解他人话语的样子 • 表现害羞	• 开始表现个人意愿 • 寻找接近别人的方法 • 探索父母的脸
饮食	• 把动物性固体食物加入无颗粒的泥状 　食物当中 • 继续喝配方奶	• 固体食物的口感可以再浓稠一点
睡眠	白天睡眠时间较长	一整个晚上都在睡觉
疫苗	• 白喉—破伤风—百日咳 • 小儿麻痹（口服／注射） • B 型嗜血杆菌 • 流行性脑脊髓膜炎疫苗	
刺激	• 和他一起玩 • 玩用手或其他东西遮脸的游戏 • 鼓励他递、接东西	• 边玩边教他因果关系 • 让他跳着玩 • 玩声音模仿的游戏 • 在怀里摇晃他的身体

7～8个月的宝宝

生长到了这个阶段，照料孩子的种种经验，再加上看到宝宝长得如此快速，即是很令人振奋的事。宝宝从这个时候开始，会表现出个人的喜好和偏好。宝宝已经开始会发出几个音节，也会试着和父母交谈。此外，已经会想要自己吃菜泥，他也会喜欢用手上的东西敲打出声音。

▲这个年纪的宝宝喜欢在有人支撑的时候小走几步。

神奇的音节

宝宝已经能够抬起头；俯卧的时候，用一只手撑住他的重量或是维持坐姿。所有这些壮举都是在强化他的自我，所以会以想要自己用餐来表现。这种生活的新视野可以让他提早开始一些重复性的事物，并且拿距离很远的玩具，或是选择或拒绝某种特定食物，会想要自己做决定。

这个阶段的宝宝喜欢敲打或想要以已经学会用手指拿东西来制造声音，或者是用食指指物品，让别人拿东西给他。宝宝的所有感官似乎都醒了，也认得旁边的人了。所以，如果他的父母走开了，让别人抱他，特别是陌生人抱他的时候，他就会哭。他不只会以哭来表达不满，甚至还会尖叫，以不同程度的哭声来表达狂怒。但是，如果父母陪在一旁，或是与其他宝宝互动，他就会以笑来表达满足，会以手来探索其他宝宝的脸。

开始发出几个音节

父母在这几个月当中，应该借着他把玩自己的东西和叫他的名字，来试着加强宝宝的人格。最明显也最让父母惊奇的反应是，宝宝开始很清楚地发出几个音节，通常是"ka"、"ba"和"da"。过不了多久，他就会开始结合成"ba ba"、"da da"等了。虽然这些音节并没有什么意思，却可让宝宝做好未来与大人讲话的准备。因此，以言语玩耍、唱歌、强调韵脚和身体节奏性的动作，都是孩子发音与理解发展的重要刺激。如果给他们汤匙、锅盖或一个鼓的话，那还可以伴奏呢！

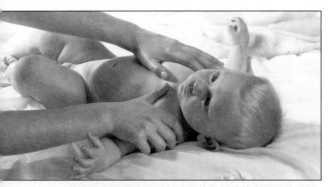

▲从宝宝年纪很小的时候就帮他轻轻地按摩和对他说话，这些都是重要的刺激，会带给他安全感和信任感。

！ 本阶段末期的生长警讯

本章所提到的生长里程碑可能会有一些完全正常的轻微变化。然而，有些症状有时是发展迟缓的征兆，必须告知小儿科医师。这些症状包括6个月大时应该会笑，而且会发出刺耳的尖叫声，但却还是不会坐。7个月大时，应该要努力拿到物品，而且可将整个身体的重量都支撑在双腿上。此外，视线也应该能够追随移动中且距离介于30厘米至2米以内的物体。8个月大的时候，如对游戏不感兴趣或不会咿呀学语，而有以上状况出现时，都应该要特别留意了。

婴儿生长时间表	7 个月	8 个月
体重	8 千克	8.5 千克
身高	66 厘米	68 厘米
心智	• 开始对话 • 对于自己发出的许多声音都能了解 • 模仿或预知父母的手势 • 认得自己的名字	• 表现决定的迹象 • 对自己的玩具表现好奇 • 试着拿超出自己范围的玩具
语言	• 以声音表达高兴或不高兴 • 清楚发出某些音节 • 哭声有低沉和尖锐的语调 • 出现鼻音	• 以嘴和舌头发出不同声音为乐 • 虽然没有什么含义，却已开始结合两个以上的音节 • 可以了解别人的话
能力	• 可以只用手指拿东西 • 俯卧时可以用一只手支撑自己的重量 • 完成头部的控制	• 可以无支撑地坐着 • 身体向前倾以拿取某件物品 • 喜欢挺直身体 • 俯卧的时候，试着向前移动
社会行为	• 认得其他宝宝，会与他们互动 • 如果父母把他丢给陌生人，可能会哭	• 模仿掌声 • 懂得"不要"的意思 • 寻找自己掉落的物品
饮食	• 加入无麸质谷物	• 加入乳制品 • 已经可以吃切碎的蔬菜了
睡眠	想睡的时候，会揉眼睛或打呵欠	想睡觉或累的时候，可能会心情不好
疫苗	• 白喉—破伤风—百日咳 • 小儿麻痹（口服／注射）	
刺激	• 叫他的名字和把玩他的东西，来强化宝宝的自我 • 以言语和挠痒来发展他的幽默感 • 模仿每个他发出的声音 • 同意他用自己的汤匙在盘子里用餐 • 把他介绍给其他人	• 以言语来玩和唱歌，让他发音 • 鼓励他去找一样玩具 • 把他垂直抬高 • 给他物品，让他敲打和发出声音 • 在他四周摆满玩具，让他拿起来检视 • 和宝宝一起坐在地板上

9～10个月的宝宝

这个阶段的宝宝已经够强壮了，他不仅可以自己坐，还可以身体向前倾。甚至到了第 10 个月，他还会以手和膝盖支撑，身体前倾爬行。此外，他对别人说的话之理解能力已经提升了，也会试着和父母交谈。

◀多数的宝宝到了10个月大的时候已经会爬了。在会爬之前，他们会有一段时间只能匍匐和摇晃身体。

不懈的探索

宝宝到了不用他人帮忙也能坐的时候，就会学着向前倾，尤其是在想拿到面前的玩具或其他物品的时候。这对他而言是一个特别的时刻，因为他会发现动作。他不只可以让手动，也可以让自己的身体和膝盖动来改变姿势。慢慢地，随着他对肌肉的掌控力增加，以及肌肉更强化了之后，他的动作会越来越不笨拙。

他同时对自己有信心，也能坐着张开手臂让人抱他，或是在看到父母时表示满足，或是有人给他玩具的时候。他会去摸每一样碰得到的东西，把那些东西拿起来，然后放到嘴里去，以这样的方式进行探索。

堆积木

就另一方面而言，孩子对父母向他说的话已经更能够理解了，他甚至会试着以言语的节奏，另外再加入更多子音来和父母"交谈"。

父母在这个阶段的角色是帮助孩子认识每天日常生活的东西，以轻柔而有节奏的声音向他解说所有和他相关的事，从食物到洗澡，从重复他发出的声音到把每一样东西、他身体的部位和每个动作，包括帮他洗澡、擦干他的身体或抱他等动作的名称都说给他听。即便只是一再重复，仍要如此做。由于宝宝会在这个时候发现物品的体积与动作，所以一定要给他玩具，让他堆积。即便教他如何堆玩具，他还是很享受四处乱丢的。至少在小朋友学会将玩具放在原位之前，敲打或丢积木是可以让他很开心的一件事。

◀手部逐渐的掌控可以帮助幼儿提高操作的能力，让他喜欢做建构的游戏。

ℹ️ 情感支柱物品

多数幼儿到了 8～12 个月之前都会选择某一个会让他有安全感的物品，那是一种情感的支柱。宝宝们会保留这样东西好多年，当他们累了想睡觉的时候可以使用，或是在吓到或担心的时候，可以安抚他们的情绪。这些物品称为"过渡物品"，因为用途只在于从完全依赖的状态过渡到逐渐自主的情况。与数年前的想法相左的是，这些物品并非脆弱与不安全感的象征，甚至父母最好帮助孩子选择一种情感支柱物品，从一开始就在婴儿床里帮他放置一个绒毛玩具或是小玩具。起初，宝宝不会理会它，但是最后会爱上他。宝宝渐渐成熟了之后，会舍弃情感支柱物品，但不应强迫他舍弃它。

婴儿生长时间表

	9 个月	10 个月
体重	8.9 千克	9.3 千克
身高	70 厘米	72 厘米
心智	• 可以感兴趣地到处看 • 在适当的时机笑 • 可以预做动作 • 可以看到小东西和用食指触碰	• 习惯例行性事务 • 伸脚让人为他穿袜子 • 认得自己的玩具 • 辨识不同的杂音 • 会用手说"再见"
语言	• 越来越了解别人的话 • 发出"t"和"d"的声音 • 如果教他的话，会模仿动物的声音	• 发出许多子音 • 可以低声唱歌 • 虽然没什么意义，却也会试着交谈
能力	• 可以用大拇指和食指抓东西 • 可能用食指碰、推和指东西 • 可以抓住东西支撑身体站起来	• 可以向前倾，以手和膝盖支撑 • 发现动作，并且开始爬行 • 安心地移动身体
社会行为	• 对新事物会害羞 • 会黏妈妈或爸爸或两个都黏 • 可以专心较长时间	• 把自己的脸贴在大人的脸上，表示亲密 • 虽然拿掉他的玩具时，他会生气，但如果跟他要，他又会给
饮食	• 已经可以喝牛奶和其他乳制品了	• 提高食物的硬度，弄碎取代切细
睡眠	白天只睡一会儿，上午或下午	最好尊重他白天睡眠的时间
疫苗		
刺激	•念故事给他听 •给他玩具制造声音	•在膝盖上摇他 •给他方块或立方体让他堆积

11～12个月的宝宝

　　这个年龄的宝宝已经身兼建构者与摧毁者了；会把东西放入又取出，堆积或拉扯。此外，他喜欢被人举起来、爬得很快和被人群包围。这个阶段同时也是他开始说话的时候，常会让父母充满惊喜。

自我的形成

　　从宝宝的社会及情感发展看，他已经知道自己的名字，也知道谁是他的父母和他自己是谁了。此外，他自我的发展也让他变得对自己的玩具和物品占有欲很强。到了这个年龄，他会开始模仿真的讲话声音；当他说"妈妈"或"爸爸"的时候，已经会发出第一个有意义的字了；会注意大人交谈的内容，也会试着以一种很特殊的说话方式介入。

　　手的游戏和阅读简单的故事，特别是有关动物的书籍，对他整体发育是很重要的。而鼓励他自己站起来，以及坐在学步车内，或是推着比较重的家具在家里走来走去也同样重要。在家里四处爬行成了刺激的冒险。

▲宝宝在1岁之前的操作技巧已经大有进步，所以可给他自己的汤匙，让他用餐时使用。当他学会拿汤匙的时候，应该教他怎么操作手部，让他试着拿取盘子里的食物自己吃。一开始要很有耐心，因为他掉到地上或掉在身上的食物，一定比吃进嘴里的还多。

在家里到处爬

　　坐着和向前倾已经是对进行身体某种程度的控制了，但是对于宝宝来说，最重要的是他已经通过这两个动作发现身体的移动了。从这时起，爬行变成一种很好玩的事情。而在短暂的犹豫不决之后，他开始在家里快速爬行。这种对自己身体的掌握感觉也是一种刺激，可以让他试着站起来。有了父母或某种家具的帮忙，他总有一天会达成的。甚至，到了将满1岁的时候，他已经可以让人牵着手、身体靠在一个家具上，或是推着某样东西跨步走路了。

　　他的技能领域同时也可让他把东西丢到一个容器里，或从容器里取出东西来、堆积和拆解小型块状物，可以让他学会因果关系，以及只用汤匙吃东西。

▲刚开始摇晃的步伐是宝宝一项很好玩的游戏。

ℹ 设定界限

　　宝宝的探索欲是无穷尽的。他想玩和拿所有碰得到的东西，这表示为了安全起见，或阻止他破坏东西，必须教导他接受行动规范。学习不要从事让他感兴趣的事物，是迈向自我控制的第一步。一开始，除了拒绝他做某些事（例如摸厨房的煤气开关）之外，最好不粗鲁地将他的注意力分散到其他活动上面。如果他想要做什么危险的事，例如玩电线，那么一定要果断阻止，并且让他马上离开危险的环境。他的所有照顾者立场必须一致。如果禁止他做某件事，那么所有人都要如此坚持。孩子不会马上了解这样的禁令含意为何，只有在尝试了几次之后，才会真正接受。

◀宝宝在快满 11 ~ 12 个月的时候，会学习以手抓东西，然后以大拇指和食指形成夹子的形状来移动物品。他会用任何拿得到的东西来练习这个动作，在这个阶段当中，他会很享受丢东西和让东西掉落的快感。

婴儿生长时间表

	11 个月	12 个月
体重	9.6 千克	9.9 千克
身高	73 厘米	74 厘米
心智	• 出示物品 • 要求把他举高 • 从相反的事物学习	• 喜欢笑话 • 辨识简单的言语和句子 • 视线范围变大
语言	• 模仿说话的声音 • 注意大人的交谈，也会在安静的时候让人听到他的声音	• 第一次说话，例如"妈妈"或"爸爸" • 让人理解他的话
能力	• 爬得很快 • 放和取东西	• 可以让人牵着手或扶着某件物品走路 • 把东西丢得远远地
社会行为	• 表现幽默感 • 参与简单的游戏	• 对玩具变得有占有欲 • 喜爱聚会 • 可以预知快乐的感受
饮食	• 已经可以吃糊状食物了	• 他的食物添加蔬菜、肉类、蛋和乳制品
睡眠	睡眠的习惯已经稳定了	如果喜欢午休，最好让他早点用餐
疫苗		
刺激	• 和他一起重复单字和句子 • 读书给他听，带着他一起翻书	• 教他说"谢谢" • 鼓励他在没有人帮助之下站起来

医师诊疗室
宝宝第一年的发展

崇尚自然的医师不赞成注射疫苗，可是我儿子都已经3岁了，我还不知道该怎么办。您认为这么小就注射疫苗好吗？

疫苗注射是一种可让身体抵抗某些特定疾病的预防方法。自从英国医生金纳在1976年将一种牛群疾病的病毒接种到一名患有天花的年轻人身上之后，这个系统就由多位医生加以改良，其中包括路易巴斯德。疫苗的原理是接种某些疾病浓度较低的病毒，以引发身体免疫系统的反应，借以中和万一罹患前述疾病时的严重性。宝宝建议的接种年龄是3～18个月，包括DTP（白喉、破伤风、百日咳混合疫苗），以及分别在3个月、5个月、7个月及18个月接种小儿麻痹三价口服疫苗；15个月时接种麻疹、德国麻疹及腮腺炎混合疫苗（MMR），以及某些个案会接种的卡介苗等。这是一种父母应该考虑，以避免日后出现问题的预防措施。百日咳的疫苗不适用于曾经脑部受伤、痉挛或脑膜炎的幼童。疫苗的普及化已降低了多种疾病的发生率。所以，不管自然派医生怎么说，最好还是遵守卫生当局订定的接种日程表。

每当有朋友来访，与我们共度下午时光，就是没有办法让我们11个月大的儿子睡午觉。如果把他抱到房间放下，只要我们一出去，他就开始哭。我们该怎么办呢？

11个月的宝宝已经发展出多数的社会能力，他喜欢参与聚会，或被人群包围，特别是如果父母或他认识的人，例如爷爷、奶奶在场的时候。宝宝在这个阶段具有注意大人交谈的能力，也会在交谈中断的时候，发出自己的声音，因为他也喜欢被人家听到他的声音。

虽然有午休的习惯，还是会想要参与大人的聊天。这时父母可以让他坐在餐桌的高椅上一起接客，或是外出访客。这也是认识其他宝宝，让他学习分享玩具的时候，但是他可能会变得对自己的东西有很强的占有欲，把他玩具拿走的时候，他会很失望。对于这个年纪的宝宝，父母应该鼓励他表现出亲和力、拥抱和亲吻，但是不要要求他对陌生人这么做。同时也要鼓励他说"谢谢"，以及偶尔和保姆在家等等。

小女刚满8个月，我已经给她小汤匙让她自己吃糊状食物了。我曾试着给她盘子和一支小汤匙，让她自己吃，可是她会把身体弄脏，食物乱丢。于是，我会把她的汤匙拿过来，试着由我来喂，这时她会大哭，而无法让她闭嘴。我觉得很沮丧，不知如何是好。

宝宝从5、6个月起就有了自己的想法，而他的自我也开始明显表现出来；他喜欢拿不一样的东西、敲打桌子以制造声音，他也喜欢用手吃东西。在他用餐的时间，父母必须具备相当大的耐心，才能营

造一个安静放松的气氛。因此，建议做好万全的准备，以让宝宝享受他的餐食。所以，最好帮他穿上围兜、在地板周围放一块塑料地毯，以方便清理。孩子应该要有自己的汤匙，才能以玩的方式用餐，因为这样就好像是爸爸或妈妈把食物送进他嘴里的时候，他正享受着用餐的时刻。紧张是绝对适得其反的。孩子用餐时，即便身体弄脏了，也应对他说话或唱歌。温和且慢慢地，他将自己学会怎么把食物送进嘴巴，最后就可以独立用餐了。

🅰 小女醒着的时候，都会不停地尖叫，但是尖叫的方式不一定都一样。一个朋友告诉我，有的是因为高兴而尖叫，有的则是生气大叫。可是，我真的不会分辨。

哭是宝宝用来向其他人表达感觉的武器，所以，如您所说，您的女儿在醒着的时候，经常"尖叫"，那一点都不奇怪。通常宝宝会用尖叫来告诉父母他们饿了、他们的尿布脏了或包得不好，所有感觉不舒服，或者是姿势不良，呼吸无法顺畅等等；他们也会因为某种原因紧张，特别是如果照顾他们的爸爸或妈妈紧张的时候；另外也可能只是无聊了。表达每一种情绪的哭声都是不一样的，而父母大约可以猜到孩子想表达的是什么。一般来说，有以下情况：

——如果哭声是很伤心、很有力气，而且是真的"尖叫"的时候，那表示他饿了，或是某事让他感到挫折了。

——如果哭声是突然开始，然后慢慢力道减弱，最后在他睡觉时变得断断续续，甚至消失了，那通常是由吞入的空气所造成的轻微疼痛。

——如果哭声是很有力气的，夹杂短而持续的尖叫声，那表示他生气了，原因可能是大人要他睡觉，或者是妈妈喂奶或换尿布的动作太慢了，让他感到不舒服。

——如果哭声很尖锐，那可能是因为长牙造成的不适，或是有东西让他不舒服。

——如果尖叫声是表达声音的基本音调，从 3～4 个月起发出的"j、k"是表达高兴，而"m、p"和"m"则是表达难过。

🅰 我有一个 10 个月大的宝宝，他很健康，可是还不会爬。我该担心吗？

如果如您所说，是一个健康的宝宝，那根本没有值得担心的理由，因为没有规定宝宝到了 10 个月大时一定得会爬。宝宝年龄与成长的指标都是相对性的，因为不是所有宝宝都一样，而且有其他饮食和环境因素，或者是曾经罹患某些疾病而影响到了生长速度，甚至是行动力。要提醒读者的一点是，宝宝到了 8～9 个月大的时候，如果有人帮忙他，或是坐几分钟，身体向前倾或是维持直挺的姿势，那么就可以由自己的双腿支撑体重了。9 个月大的时候，可以从一边滚到另一边，可是还不能站；到了 9～10 个月的时候，他已经发现动作的美妙，于是会享受改变姿势和转动身体的感觉，只是动作有些笨拙罢了；到了 10～11 个月，或是再大一点的时候，孩子已经能坐了，而且也可以维持身体很好的平衡，同时也开始爬行了。如果您的孩子还不会爬，不用担心，因为时间点是他自己决定的。总而言之，父母可以在他身后放一个玩具，刺激他转身，或是放在他的前面，但要放在有一点远的地方，刺激他爬行。

实例
宝宝第一年的发展

一个很缠妈妈的小女孩

我女儿刚满 1 岁 4 个月，直到现在我终于可以说，她对我真的是一大享受。我的意思是，我以她为乐，我也能够感受到和看到一些几乎已经从我生命中消失的事物。

由于我们是新手父母，所以，当我女儿出生的时候，我们随时注意她的一举一动，只要一有动作或声音，我们就开始担心，甚至我觉得我女儿也马上察觉到这一点了。在她出生后的几星期当中，我们把她的小婴儿床放在我们房内，以避免稍有闪失。在我们看来，她是那么的脆弱，那么的没有抵抗力。有时候我会气我丈夫，因为有几个晚上他睡得好沉，都没听到女儿在哭，而我却老觉得自己没有睡着。就好像是一直在打瞌睡，甚至是时间延长到了一整天，因为我累瘫了。我妈妈几乎每天都会到我们家，她看了我那个样子之后，对我说："兰兰，你必须睡觉，你不要担心成这样，因为我的小孙女很健康，她吃得好，也很可爱。"我跟她说，我没有办法，我怕她晚上会呼吸不过来、会发生什么事、她可能会因此……总之，我妈妈反击道，如果我按时间喂她吃，也按照她和医生之前教我的那样哄她睡觉，那就没有必要如此地注意她。我丈夫沉默不语，因为即便他睡着了，也赞同我母亲的说法，另外他也不想和我唱反调。我想，他也怕女儿出了什么事吧。

后来呢，我妈终于说服我了，把婴儿床搬离开我的房间。情况更糟糕，因为我一个晚上不知道要起床几次，而白天我女儿也强迫我必须和她在一起。有一段时间甚至我在家里走来走去和做家事的时候，都必须抱着她，因为只要一把她放下，她就大哭。我紧张到崩溃了，而我那可怜的丈夫不知如何是好。他告诉我："就让她哭吧！反正也不会有事的。"因为她也不想跟爸爸在一起，只想和我在一起。一天，我决定让她哭比平常更长一点点的时间，她似乎恢复正常了，但是在那时候，我女儿没有哭，反而发出一种奇怪的声音，好像是缺氧了，快要不能呼吸了。吓死人了！我把她抱起来，呼叫我丈夫，准备送医院，可是过一会儿就没事了。当我再次把她放回到婴儿床，然后走出房间的时候，她似乎很安静，不过没多久，她又来了。她没有哭，但她发出的那种声音真是恐怖。我们赶紧抱她去找医生。医生帮她检查了一下，然后告诉我们："这个小女孩健康极了。"我们向他解释我们的状况，他叫我们不要担心，因为她发现了一个新把戏来让我们一直把焦点放在她的身上，仅此而已。

这件事让我看到了残酷的事实：我们过于保护的态度已经造就了女儿希望我们一直和她在一起，来满足她的安全感。但是，现在她除了应该要感觉到被保护之外，还要具备可以单独一个人一段时间，甚至是与他人互动的能力。于是，即便她只有哭一点点，我们开始让我母亲或另一个熟人陪伴她。我的部分，则让生活和已经开始走下坡的夫妻关系回归正轨。自从我女儿不再那么缠着我之后，所有家里的人生活都安静多了。她可爱的举动、鬼脸、语言的表达方式和所有的一切，都让我们好开心。

参考指南

参考指南是一个让我们对本书内容有一个全面与快速了解的工具。
读者通过在15个以双页方式呈现的版面，
可以找到每个章节6个有关技术部分的卡片。
卡片当中概述了本书最广泛讨论的主题，
指出其最重要的段落，
同时囊括参考资料。

1.分娩的开始

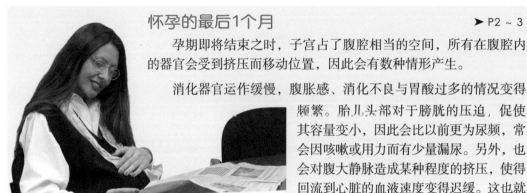

怀孕的最后1个月　　　　➤ P2 ~ 3

孕期即将结束之时，子宫占了腹腔相当的空间，所有在腹腔内的器官会受到挤压而移动位置，因此会有数种情形产生。

消化器官运作缓慢，腹胀感、消化不良与胃酸过多的情况变得频繁。胎儿头部对于膀胱的压迫，促使其容量变小，因此会比以前更为尿频，常会因咳嗽或用力而有少量漏尿。另外，也会对腹大静脉造成某种程度的挤压，使得回流到心脏的血液速度变得迟缓。这也就是为什么有这种倾向的孕妇，会出现双腿静脉曲张，甚至外阴部静脉曲张的现象。

! ・仰卧低血压症候群

产兆　　　　➤ P4 ~ 5

对于所有孕妇而言，生产所代表的意义是极其重要的，也让她们心中五味杂陈。由于她们内心同时有正面和负面的情绪，因此也时常让自己感到疑惑。到了接近生产的时候，她们会有临盆前的解脱感，同时也显得焦躁不安。到了怀孕第9个月的时候，子宫肌肉纤维将开始活跃。最初是若干微弱且不规则的收缩，接着会逐渐增加强度。子宫出口，也就是子宫颈，也会开始改变本身的特性。之前只有3 ~ 4厘米宽的狭窄通道，现在开始变软、变短和半开了。有的孕妇会发现从阴道流出红色或深色的黏性物质，称为黏液栓子。

i ・分娩时间预测

+i 更多的信息

・医疗监测胎儿状态　P24 ~ 25

正常孕期　　　　➤ P6 ~ 7

i ・可能生产的日期
・内格勒方式

人类的平均孕期是280天，相当于10个朔望月（280天）、40周，或是从最后一次月经的第一天算起的9个月之后。如果知道受孕的日期，那么预产期就是266天之后（38周）。但是，通常会从最后一次月经的第一天开始以完整周数计算。如果知道最后一次月经的日期，而且月经周期都是固定的，那就容易推算预产期了。怀孕超过42周称为过期妊娠，如果宝宝在42周之前仍然毫无动静，仍属正常范围，因为这与正常的变化值有关。因此，超过预产期的说法没有任何异常的意涵，应该保持镇静。

我快生了吗

➤ P8 ~ 9

除了预产期之外，有时候还会出现不怎么明显的迹象，让孕妇怀疑本身的真实状况。所以，如果可以的话，准备一张表单，记录最常见的事件，以及每一种状况的处理方式等。如果破水（也就是羊膜内的液体流出）通常是即将临盆的最明显讯号，这样的情形也可能是早产的迹象，因此可能导致严重的后果。最好能够对这个问题有所了解及预防。如果羊水流失，胎儿将面临一连串的危机。当子宫内部的液体一滴不剩时，可能会引发脐带压迫的情形，进而危及宝宝的生命安全。如果才刚破水，不需担心，因为一定会有剩余的液体量以缓和压缩的力量。

争议性话题

➤ P12 ~ 13

过多技术意味着产妇的不舒服，因为她们常常必须躺在手术台上，身上因接满了电线和软管而无法动弹，更被仪器屏幕团团围住。或许技术性的服务是完美的，然而，生产时的愉悦却因此被冲淡了。有些普遍运用的技术可能会引起不舒服的感觉，而某些极为严谨的研究也显示其非必要性。刮除阴毛就是一个很好的例子。分娩前灌肠也没有任何的好处。除非有特殊风险存在，否则没有必要要求产妇在床上躺着不动，同时持续监听胎儿的心跳。会阴切开术，也就是切开会阴，以方便胎儿产出的技术，不应被当成是一种系统性的处置。

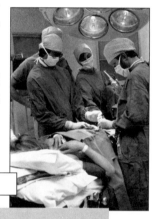

ℹ️ · 水中生产

➕ℹ️ **更多的信息**

· 有什么疾病会对我造成影响？　P52 ~ 53

综合医院或产科医院

➤ P10 ~ 11

基于分娩是一个自然的过程，而非一种病态，因此，把自家当成是一个迎接新生儿到来的理想场所就具有意义了。但是，对于母亲和胎儿来说，仍然具有潜在性的危险。就算是风险度最低的怀孕，也可能在毫无预警的情况之下发生危急的状态。在医院生产与居家分娩之间，有些专业人士，特别是助产士，提出在产院分娩的概念。由于产院不具备处理紧急事件的物力与人力资源，因此无法全面推广。私人诊所通常隐秘性较好、病房较宽敞、舒适性较高。然而，许多私人诊所缺乏公立医院所具备的先进技术资源。

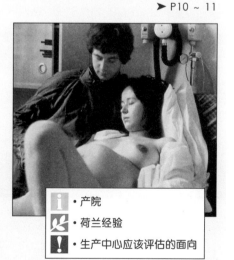

ℹ️ · 产院

🤰 · 荷兰经验

❗ · 生产中心应该评估的面向

➕ℹ️ **更多的信息**

· 入院　　P18 ~ 19

2. 自然分娩

入院 ➤ P18 ~ 19

当子宫出现规律性、渐进式与疼痛的收缩、10分钟内至少收缩两次、子宫颈缩小幅度超过一半,并且开口两厘米时,即进入产程。这些都是妇产科医师借以认定生产已进入活跃期,并且应该让病患入院的标准。有些产妇,特别是有生产经验者,可能收缩次数会渐少,而且从好几个星期之前,子宫颈就已经开了3 ~ 4厘米了。反之,有些产妇,

特别是初产妇,可能会发生经常性的剧烈收缩,但子宫颈却一点变化也没有。而无论如何,只有病患自己能感觉是否有规则的子宫收缩,并且进入产程了。

> ℹ️ · 建议

正常生产 ➤ P20 ~ 21

当怀孕的时候,特别是在生产时,骨盆骨骼会有小幅度的分离,以便于加宽直径。宝宝的身体会尽可能地弯曲,下巴紧贴着胸部,以迁就产道。因此,他的头顶是最先下降到骨盆的部位,这是最理想的胎位。自然生产共分成三个阶段:开口期、娩出期、产后期。开口期是最冗长的阶段,涵盖一开始的生产活跃阶段,一直到子宫颈全开的10厘米。这个时候的头位已经通过子宫颈了,接着进入娩出期,一直到胎儿产出为止。产后期指的是从宝宝产出到胎盘和羊膜产出之间的过程。

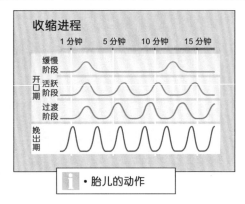

> ℹ️ · 胎儿的动作

开口期 ➤ P22 ~ 23

分娩指的是以放松期(将胎儿逐渐推出的作用)为间隙的子宫收缩的一连串过程。开口期时的子宫收缩是每3 ~ 4分钟发生一次,一次都维持30 ~ 60秒钟。子宫肌肉在体内发挥很大的挤压力量,且可能会在这个时候破水。这个时候的收缩会引起疼痛,产妇会感受到腹部全面性的抽筋,并且向背部延伸。绝对不要以为疼痛是无法忍受的;疼痛不是持续性的,在每次的收缩之间,都会有几个一点都不会不舒服的松弛期。通常收缩的强度会逐渐提高,一直到最高点,之后再因子宫松弛而慢慢减缓。

> ℹ️ · 对产妇的建议
> · 呼吸练习

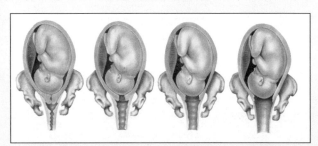

医疗监测胎儿状态 ➤ P24 ~ 25

　　健康的胎儿已做好承受生产压力的准备。但是，万一有生长迟缓或胎盘功能不足的情况，那么生产收缩则可能引发缺氧，而造成胎儿受苦的情况。此外，即便是低风险的生产，也可能发生意外，而使胎儿情况危急，例如脐带绕颈或子宫未松弛等。

　　在多数的个案当中，有一些方式可以预先察觉缺氧的情形。胎儿监测方法的运用可大大降低围产期死亡率与因缺氧而造成的可怕脑性麻痹的发生率。

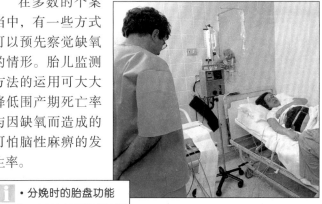

i · 分娩时的胎盘功能

产后期 ➤ P28 ~ 29

　　宝宝出生之后，医师会让他倒立，同时以棉花清洁其口中可能会有的分泌物。以两支夹子闭合脐带，并以剪刀将它切断。新生儿自行呼吸几次之后，随即放声大哭。有时候，这些状况并不会马上发生，因此医师会摩擦宝宝的背部或拍打脚掌来刺激他的反应。轻轻将他口鼻中的分泌物吸出，皮下注射维生素K以避免新生儿出血，以抗菌软膏擦拭他的眼睛，预防结膜炎。进行所谓的艾普格检查，以马上了解其产后状况，同时按压指纹，并在手上佩戴小手环。

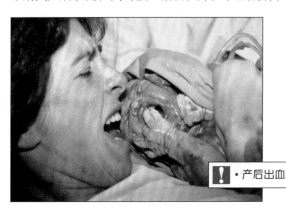

! · 产后出血

胎儿产出 ➤ P26 ~ 27

　　当胎头下降时，产妇会感觉到外阴部的压力，而引起推挤的迫切需求，称之为"强烈推挤"，这是一种因肛门挤压而引起的反射反应，促使孕妇用力挤压腹部肌肉，帮助子宫将胎儿推出。当宝宝的头顶突出到外阴部时，医师或助产士已做好协助出生的准备了。最常运用的姿势称为妇科姿势，也就是产妇躺在床上，双脚打开放在脚蹬上。当胎儿从阴道出来的时候，会先做轻翻转的动作，之后轻轻向下拉，以帮助前一只手臂从骨盆脱离，之后再拉下另一只手臂，紧接着就是宝宝的全身了。

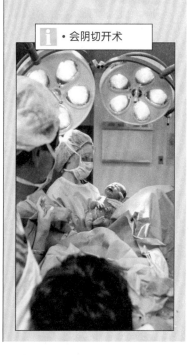

i · 会阴切开术

3. 生产的医疗协助

引产　　　　　　　　　　　► P34 ~ 35

有时候，当数种状况发生时，最好能在自然足月前就终止妊娠。例如，可能会有胎儿畸形的情形，最好是在母亲子宫外治疗，或是胎盘功能不足，影响胎儿接收氧气。有时候母亲也可能会因有某些疾病，而因怀孕而恶化，或诊断出前置胎盘，一流血就会危急母亲和孩子。在某些个案当中，引产的动机可能出自考虑母亲或胎儿的健康出现危机而紧急进行。

有时候，仍有一点时间可以终止妊娠，例如严重高血压或提早破水。

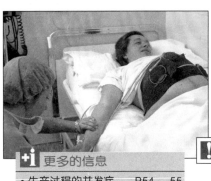

! ·不当引产

+i 更多的信息

· 生产过程的并发症　　P54 ~ 55

臀位生产　　　　　　　　　► P38 ~ 39

有若干因素，因身体空间的关系，可能会让胎儿最后变成坐在骨盆上。在这些因素当中，尤以子宫畸形、大纤维瘤、若干胎儿畸形，如水脑症或头部增大、前置胎盘或是子宫内部羊水过多等最为重要。胎儿臀部会嵌入、下降、翻转和脱离，就像在正常生产中头部的动作一样。这些动作对臀部来说相当容易，因为胎儿骨盆直径比头部小。在进入产程之前，医师通过触摸腹部与超声波，即可清楚了解胎位。如果子宫颈已微开，可通过内诊轻易诊断出臀位。

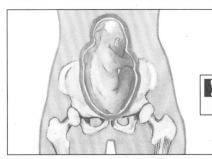

! ·臀位生产：我该担心吗？

止痛　　　　　　　　　► P36 ~ 37

当开始进入生产活跃期，而收缩开始变得折磨人时，可用具有全身性效果的止痛药减缓疼痛。不应使用抗发炎药，因为除了效果有限之外，还会影响子宫收缩功能，有时候还会导致血崩。硬脊膜外麻醉因其效率与安全性，而被认为是产科止痛的一大演进。其用法为将一极细的小管子，也就是导管，通过刺穿脊椎，以插入腰椎的硬脊膜内部空间。药物可经过导管注入，所注射的通常是局部麻醉药，以阻断穿过硬脊膜以传输痛感至脊髓的神经。

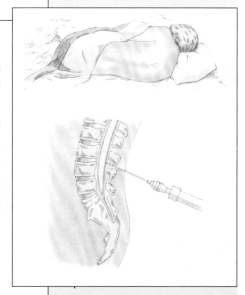

i ·硬脊膜外麻醉新知

双胞胎生产 ▶ P40 ~ 41

多胞胎生产具有风险，因此必须以若干特殊方式监控。首先，双胞胎通常早产和体重不足。其对生产收缩的耐受度亦可能有所改变。根据不同的胎位，在他们之中可能存在着空间的冲突。此外，第二个胎儿的生产还会增加一些额外的风险。双胞胎会在子宫内部尽可能地调整位置。在将近50%的个案当中，胎儿是呈现头部向下的姿势。而第一个呈现头位，第二个臀位或是横穿（横位）的例子也很常见。胎儿在怀孕后期的位置是决定生产方式的关键。

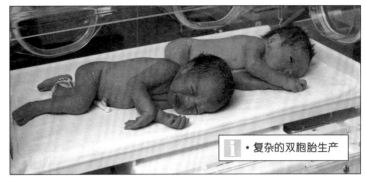

ⓘ · 复杂的双胞胎生产

偶发性的问题 ▶ P42 ~ 43

当胎位是斜位或横位时，胎儿在子宫内是维持横向的姿势，那么就只能做剖宫生产，别无他法了。有时候，即使是头位，也会有弯曲姿势不正确的情形发生，也就是斜靠在身体上，而以多变的延伸角度进入骨盆，在这个情况之下，也必须剖宫生产。前置胎盘是与胎盘的接触面位于子宫下方，完全或部分闭塞子宫颈内口。有些异常短小的脐带在胎儿脱离的时候，可能会承受许多压力，因此造成血液循环不良。过长的脐带容易发生脐带绕圈的情况。如果在破水之后，脐带先行从阴道滑出（脐带脱垂），可能会受到胎头的挤压。

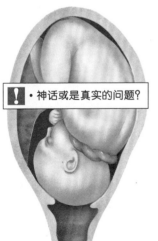

❗ · 神话或是真实的问题？

ⓘ 更多的信息

· 胎儿窘迫　　　P50 ~ 51

产程停滞 ▶ P44 ~ 45

难产泛指所有改变正常产程的情况。骨盆带狭窄，或是产道比胎儿体积小都可能是难产的成因。但是，如果是当成一个相对性概念时，医师们会把它称为骨盆—胎儿不对称。其原因有很多：因软骨病、意外或某些畸形而收缩的骨盆。另外，纤维瘤或无法打开的坚硬子宫颈通常会限制产道的容量。然而，即便一切看似正常，却可能因为胎儿体积无法通过骨盆，而产生不对称的状况。这样的不对称会表现在生产停滞。

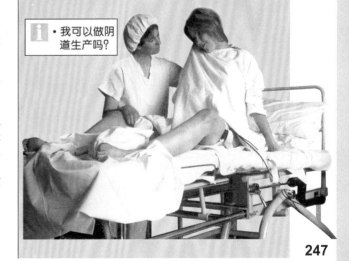

ⓘ · 我可以做阴道生产吗？

4. 生产问题

胎儿窘迫　　▶ P50 ~ 51

胎儿窘迫是一个普通的概念，包含所有与胎儿血液及组织氧气缺乏的相关状况，也就是所谓的缺氧。根据缺氧的程度，比较敏感的器官，尤其是脑部，可能会因此遭到创伤。脑部缺氧会改变神经元的运作，如果缺氧时间过长，神经元将逐渐死亡。在许多时候，问题仅限定在初生儿的神经症状，不具长期性的影响。察觉缺氧状态的最有效程序为胎儿心跳监测。如果在屏幕的曲线上出现心律下降的情形，那就应该怀疑是否有窘迫的情形了。当胎儿分析的结果很不乐观时，最谨慎的态度就是以最快的方式取出胎儿，而这样的方式通常就是剖宫。

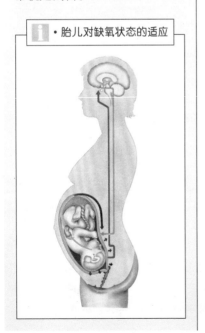

ℹ・胎儿对缺氧状态的适应

有什么疾病会对我造成影响？　　▶ P52 ~ 53

罹患糖尿病的孕妇及其儿女会因葡萄糖不断攀升而出现一连串的并发症。患有心脏病的女性可以生小孩，但需要若干的特殊照护。如果罹患呼吸疾病的病患处在代偿的临床阶段，那么这类疾病通常不会引发过于严重的问题。有癫痫之产妇在分娩时没有什么特别的问题，但是一定要在做好准备的医院生产，以便在痉挛突然发作时可紧急处理。曾经做过肾脏移植等手术的妇女并没有怀孕禁忌。脊髓受伤妇女因腹部肌肉无力，所以不可在第二产程推挤，故应以产钳或真空吸引器帮助生产。

！・艾滋病及其他垂直感染疾病

生产过程的并发症　　▶ P54 ~ 55

常会有一些症状使产妇受惊，虽然会有点不舒服，但不是异常的指标；因脱水及矿物质流失而引发的痉挛就是其中一例。当呼吸速度过快（过度换气）时，会自血液排出大量的二氧化碳，而造成血液 PH 值异常提高，同时降低钙含量，而引发僵直性痉挛。生产发烧指的是生产当中 37.5℃ 以下的轻微发烧。但是，若高于

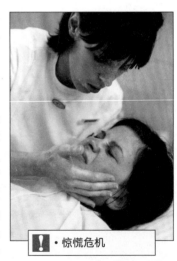

！・惊慌危机

38℃ 的发烧就应该视为异常了。开口的过程会造成阴道少量失血，但如果是阴道比较明显的出血，则是不正常的状况。之前曾经做过剖宫产手术的患者，可能会在后来的分娩当中发生子宫伤口破裂的情况。

急产 ▶ P56 ~ 57

最重要的是试着保持镇定，并且知道如果产程是维持这样的速度，那么一切都会相当容易。产妇躺在床铺、沙发或桌子上，臀部稍微伸出边缘。臀部下方垫着几条对折的干净毛巾，让骨盆稍微抬高，以帮助拉出胎儿的肩膀。准备一个可以抬高头部的支撑物，目的是帮助产妇腹部肌肉收缩。产妇可以抓住床沿、靠在陪伴者的身上，或是抓住大腿，而将大腿打开屈曲，脚则放在两三张椅子上。当胎儿头顶开始出现在阴唇之中时，母亲不应试着推挤，而是轻柔呼吸，轻压胎头，避免其突然产出。

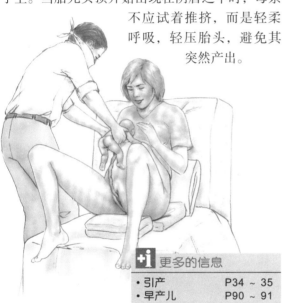

+i 更多的信息

· 引产	P34 ~ 35
· 早产儿	P90 ~ 91

以器械协助生产 ▶ P58 ~ 59

数个世纪以来，产科医生即运用多种彼此相异性极高的产钳，来帮助胎儿自阴道产出。产钳是一支具有两片分开且互相咬合的叶片的夹子，其特殊的凹槽结构恰与胎头轮廓吻合。真空吸取器是一个杯状吸头接在一部高压真空机上一起使用，启用时将杯状吸头吸在胎儿的头上。吸力会形成风效，可将胎头拉出。泰瑞药铲是一种可将胎儿从阴道取出的器械。它和产钳一样，都是由两片符合胎头的叶片所组成的。与产钳不同的是，药铲并未互相咬合，而是状似鞋拔，通过轻柔的摆烫动作，在产道中开启空间，以便于胎头通过。

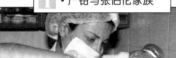
· 产钳与张伯伦家族

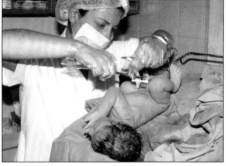

剖宫产 ▶ P60 ~ 61

剖宫产手术是一种医疗行为，通过腹壁与子宫上的切口将胎儿取出。剖宫生产并不能保障胎儿状况良好，却可能小幅提高母亲的风险，例如感染、出血、膀胱受伤与麻醉并发症等。有些必须做剖宫生产的孕妇可能会因为不能如预期地体验生产而挫折不已，同时也会对手术本身心存畏惧。有三种完全不同的情况：个人意愿剖宫产、剖宫产手段与紧急剖宫产。现在只要在可能的范围之内，都会进行硬脊膜外麻醉。

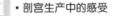
· 剖宫生产中的感受

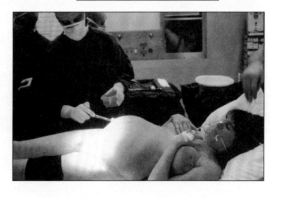

5. 产后

与宝宝的第一次接触　　　► P66 ~ 67

宝宝虽然看得到，但视线很短；宝宝虽然听得到，但不了解。他们甚至能够感受身体所发生的事，也让他们借此获得爱抚与宠爱的快乐。产科医师了解第一次接触的重要性，所以通常会在宝宝一出生，就把他放在妈妈身边。这是第一次的接触，温馨感人的一刻，却很短暂，因为婴儿必须被清洁和检查。第二次的接触是比较强烈且长时间的。母亲手抱孩子，让他贴紧胸口，宝宝满足地喝着奶的同时，母亲则在他耳边轻声呢喃；宝宝虽不懂她的话意，但他会一直看着母亲的双眼，而他的皮肤也能感受到母亲身体的接触与热力。此为母子之间前几次的感情关系。

i ・父母的角色
! ・宝宝并非如此不堪一击

身体恢复正常　　　► P68 ~ 69

在产后的前几个月中，产妇身体会慢慢恢复到怀孕前的状态。子宫复旧是产后第一个重要的变化。子宫收缩，这是避免胎盘内所有血管出血的必要动作。至于循环方面，静脉内的循环舒解可以在发生静脉曲张时，降低它的影响程度。在产后的前几天，因为进食量少，以及因为怕痛而忍住便意，所以便秘的概率是很高的。怀孕遗留下来的某些痕迹将会消失，但是有些却是永久性的。在产后前几个星期还会有体内水分的额外损失，所以第1个月还会多减少1 ~ 2千克。

i ・会阴切开术后的卫生与保养

产后并发症　　　► P70 ~ 71

产褥期常会有一些让母亲不舒服的小疼痛。超过正常体温零点几度的发烧，只要不要超过38℃，都属正常现象。超过这个温度，就要怀疑是否有发炎的状况。在产后的那一整个月当中，会有从阴部失血的状况，称为恶露，正常是不会超过一般月经血量。有些产妇，特别是那些曾有生产经验，并且选择哺喂母乳的产妇，可能会发现与阵痛类似的疼痛性子宫收缩，这种疼痛称为产后痛。分娩时膀胱持续性的压缩与硬脊膜外麻醉的效应，有时候会造成憋尿。有些患有痔疮的产妇会在生产当中严重发炎，造成恼人的鼓胀，并在排泄之后发痒与疼痛。

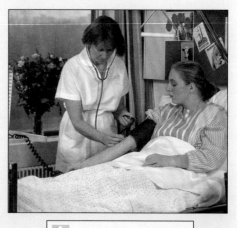

i ・产褥期并发症的警示

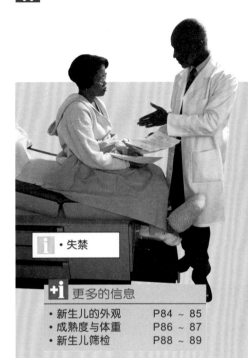

► P72 ~ 73

产后检查

　　产后 6 星期的检查可由家庭医师来做，但是最普遍的做法，是由之前做产检的专家，或是协助生产的产科医师来进行检查。检查的目的在于确认母亲的身体是否已回复到怀孕前的状态了。除了体重之外，医师还会测量她的血压与做心脏听诊，以确认心律。妇科检查可用来监测阴道肌肉的状态，确认子宫已收缩并恢复到怀孕前原来的大小与位置。如果曾做过会阴切开术，医师将检查会阴缝线；如果是剖宫生产，将仔细检查腹部的结痂状况。如果之前没有做过子宫颈抹片检验，医师通常会建议产妇做这样的检查。

ｉ・失禁

+ｉ 更多的信息

・新生儿的外观　　　　P84 ~ 85
・成熟度与体重　　　　P86 ~ 87
・新生儿筛检　　　　　P88 ~ 89

复原运动

► P74 ~ 75

　　产妇的身体、轮廓、体能或是会阴肌肉并不一定会在每次生产过后就变得面目全非，但是一般人却常有错误的观念。饮食、运动，以及孕期的预防措施，对于避免这类问题都具有相当的重要性。理想的运动是大约每个星期 3 次，1 次 1 个小时的规律性有氧运动计划。游泳是很完整的运动，可以在产后 1 个月就开始，单车运动也是如此。但是，慢跑或任何与跳跃或腹部肌肉收缩的运动，都建议等到会阴恢复的最低期限 3 个月后再开始。

心理异常

► P76 ~ 77

　　产后的精神疾病可分成三大类：产后精神沮丧、产后忧郁与产后重性精神病。

　　产后精神沮丧是一种短暂轻微的沮丧情绪，有这些症状的产妇完全清楚自己的情绪状态，会因此而受到惊吓，而且会因为与原本自己设想的满足和快乐相左而感到自责。产后忧郁的情况比较严重，是一种因生产而恶化之真正的忧郁疾病。产后忧郁可能是沮丧的第一阶段，或者是已经出现其他症状使产妇再度复发。产后重性精神病很少见，发生原因不明，一千个产妇当中，也只有一个会发生。

！・如何对抗沮丧

6. 新生儿

产房内

► P82 ~ 83

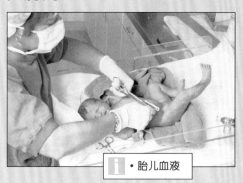

i · 胎儿血液

出生后的前几个小时，新生儿必须维持在正常的体温。不要忘了，宝宝出生时所适应的平均温度是与母体相同的 37℃。出生时，宝宝将失去 12 至 15℃ 的温度，弥补方式是将他包裹，并将他放在烤灯下，直到确认其可维持 37℃ 的基础体温。新生儿的眼睛可能会在经过产道时受到感染，所以要帮他涂上含适当抗生素的眼药水或药膏。脐带护理，则使用 95% 的酒精，并以纱布与胶带保护。脐带会慢慢干燥，直到自行脱落为止。

新生儿的外观

► P84 ~ 85

就身体的比例而言，新生儿的头部很大，可达全身体积的四分之一。头部是身体最容易造成生产困难的部位。与头部体积相比，新生儿的身体略小些。事实上，头部、身体与四肢的比例会随着成长速度而改变。呼吸正常与血氧浓度正常之健康新生儿的肤色是粉红的。不同的肤色可能是不同病理状况的指标：偏蓝肤色表示血液氧合困难，红色或发红肤色是红细胞增多症的指标，苍白则是贫血或失血。此外，新生儿皮肤上常会有发育程度与重要性各不等的斑点。

i · 头部血肿
· 蒙古斑

成熟度与体重

► P86 ~ 87

大约有 50% 的足月新生儿体重介于 3 200 ~ 3 400 克之间。体重不足 2 500 克者称为过轻，超过 3 800 克者代表过重。

身长是一个相对值，通常与体重呈比例。一个足月新生儿的身长通常介于 48 ~ 52 厘米。体重较轻的新生儿身高通常在 42 ~ 48 厘米之间，而体重较重的则介于 52 ~ 55 厘米之间。在正常的情况下，所有新生儿在出生后 72 小时之内都会有体重下降的情形，下降的体重相当于是出生时体重的 10%。究其原因，不外乎是没有进食、体内能量消耗，以及排出的胎便和尿液。母乳宝宝可能会到了出生后 48 ~ 72 小时才会开始体重下降，并接收养分的供给，以满足其能量的需求。

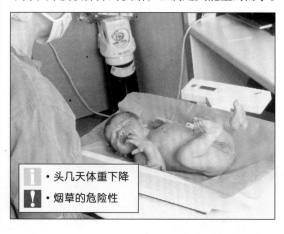

i · 头几天体重下降
! · 烟草的危险性

新生儿筛检　　➤ P88 ~ 89

除非是事前察觉到某些状况而必须进行紧急医疗处理，否则，新生儿第一次的检查应该在出生后2 ~ 3小时内体温稳定之后完成。总之，不应拖延超过前24小时。由于在生产过程中，胎头是很脆弱的，所以神经学检查是新生儿检查一个重要的部分。肌肉张力、自发性动作活动力，以及对不同刺激的反应都是了解头部结构是否良好的关键。在正常的情况下，光是身体检查与神经学检查就足以评估新生儿的健康了。但是，除了基本检查之外，还有进行补充性检查的必要性，例如解析或X光、超声波检查。

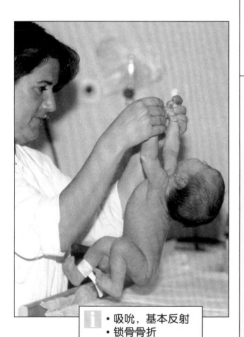

> ⓘ ・吸吮，基本反射
> 　・锁骨骨折

➕ⓘ 更多的信息
・产后检查　　　　　　　P72 ~ 73

早产儿　　➤ P90 ~ 91

早产意味不成熟，因此，在38周前出生的早产儿（审校者注：在台湾地区，< 37周出生称为早产）尚未完成其成熟过程，其风险的大小亦与妊娠时间长短有关。时间未到即出生，最常见的原因来自母体，或是胎儿本身。最常见的原因为来自羊膜因自身的原因或意外而提早破裂，其他母体的因素则是高血压、在妊娠期经感染罹患的疾病、长期性的肺部、心脏与肾脏疾病、严重创伤，以及胎盘着床异常等。有些先天性的胎儿畸形与妊娠中发现的疾病，都可能是早产的自发性原因，或是造成早产的原因。

> ⓘ ・早产儿呼吸窘迫预防
> 　・保温箱

➕ⓘ 更多的信息
・急产　　　　　　　　　P56 ~ 57

特殊个案　　➤ P92 ~ 93

妊娠42周以后出生的个体称为迟产。

长时间怀孕通常会造成胎儿储存物质流失的情况，导致最后几个星期体重下降。迟产胎儿出生时，会有体重下降的明显症状；皮肤干燥、龟裂，有时候还会像浸泡过，有脱皮的情形。

双胞胎怀孕可能是两种明显互异之机制所造成的结果。首先是两个精子造成的两个卵子受精状况，或两个卵子同时受精却分别生长。后者则是单一精子所造成的唯一卵子受精。新生儿黄胆是肝脏红细胞过多而引发的代谢问题，其中的血色素转变为一种黄色物质，称为胆红素。

> ⓘ ・多胞胎的原因

7. 宝宝喂食

食物需求 ➤ P98 ~ 99

新生儿所需的能量取得必须满足其代谢需求与保障正常生长。生命前几个月的热量需求是很多样化的，但是，在前 6 个月的需求量是 460 ~ 510 千焦 / 千克，后 6 个月是 418 ~ 460 千焦 / 千克，第二年则大约是 418 千焦 / 千克。

在膳食当中，需要足够的蛋白质量，以确保最佳的生长。碳水化合物需要提供总热量的 50% ~ 70%。脂肪的主要任务是储存并转换成储存能量，宝宝的膳食中应该要占总热量的 30%。最后，维生素必须从食物当中取得。

i · 素食

配方奶 ➤ P102 ~ 103

随着历史的演进，取代母乳用来喂养宝宝的牛奶经历了改造的过程，以改善它的耐受度。现今有两种配方成分：只用在前 4 ~ 6 个月的第一阶段奶粉，以及 6 ~ 12 个月的第二阶段奶粉。当宝宝的膳食开始变得多样化时，第二阶段奶粉就变成宝宝主要的液态食物了。这些产品是从牛奶提炼取得，透过加工与改变以达适合宝宝营养的目的。另外，小儿科医师也会根据明确的问题来开立特殊配方的奶粉。

+i 更多的信息

· 婴儿配方奶喂食 P129 ~ 141

母乳及其好处 ➤ P100 ~ 101

母乳是最完整，也是最适合新生儿营养需求的食物，它可提供宝宝更多对抗感染的防御力，同时亦可预防可能的过敏，与避免严重腹泻。此外，哺喂母乳可强化母亲与孩子之间的情感。母乳分泌的过程是在新生儿开始吸吮乳头时启动，它会产生一种脉冲，通过神经系统传送到母亲的脑部，并且刺激一种称为脑垂体的腺体，而开始分泌两种激素：泌乳素与催产素。在产后的前几天，母亲会分泌一种特殊母乳，称为初乳。初乳是一种偏黄色，有些黏稠的液休，富含蛋白质、维生素及免疫球蛋白。初乳是产后前几天的天然食物。

i · 母乳的有利论点

! · 前几个小时

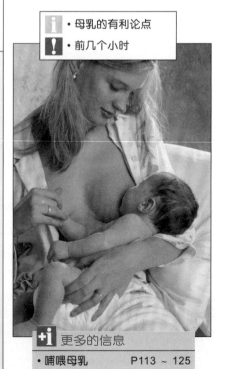

+i 更多的信息

· 哺喂母乳 P113 ~ 125

其他食物

➤ P104 ~ 105

在幼儿膳食当中，谷物是最有助于儿童发育的食物，因为它含有大量的碳水化合物、必要脂肪酸、蛋白质、矿物质和维生素。不论是新鲜，或是经过均质处理的水果，都能够为宝宝膳食添加新的元素。虽然水果内蛋白质和脂肪量都低，但它含有碳水化合物和维生素，特别是最需要的维生素C。

豆荚只有在宝宝出生后第一年的年底才加入膳食当中，豆荚含有丰富的热量和蛋白质，可是它的蛋白质品质不及牛奶或肉类。肉、蛋和鱼是高单位营养、铁及维生素B12的主要来源。

i · 蛋白质等量

点心与饮料

➤ P108 ~ 109

乳制甜品可分成多种制成品，包括奶蛋糊、布丁、凝乳及米布丁等。在确认宝宝可完全适应第二阶段奶粉之后，就可以把这些东西加到宝宝的膳食当中了。新生儿在哺乳期对水分的需求量大约是每天每千克体重1毫升。但是，如果室温很高、宝宝异常流失水分，例如腹泻，或者是已经开始吃浓稠食物的时候，就应该衡量补充性的需求了。果汁很营养，而且宝宝从很小开始，就对果汁的接受度很高。但是，因为果汁含有可能无法为肠道适当吸收的糖分，所以不应饮用过度。

i · 蜂蜜的神话

+i 更多的信息

· 水果、蔬菜、谷物和乳制品 P166 ~ 167

食物制成品 ➤ P106 ~ 107

所谓的均质化食物是一种专业术语，意指食品工业提供给婴幼儿，用以替代自制食品之营养品，其别名为"婴幼儿副食品"。婴幼儿副食品可即刻食用，不需经使用者任何的处理。这些食物很方便，因为只要加热，就可以马上食用，甚至可在常温之下食用。这类制成品可能受到的最大批评，是它们不如刚烹煮完成的食物新鲜。

过细的口感或是有时候过甜的味道却不适合用来教导宝宝的味觉，以及让他们习惯咀嚼。

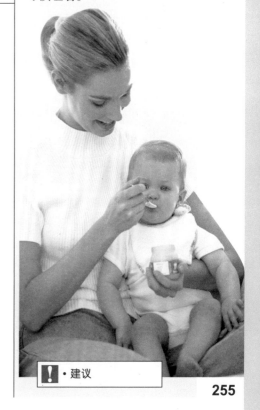

! · 建议

8. 哺喂母乳

母乳流出
➤ P114 ~ 115

当宝宝开始吸吮母亲的乳房时，母体内会启动一个可产生乳汁与宝宝饮食的过程。宝宝吸吮的动作可使脑垂体释放一种激素。回应吸吮母亲乳房动作所释放的激素称为催产素，这种激素负责引发乳腺肌肉纤维收缩，以将母乳通过输乳管从乳房"推挤出来"。这个过程称为喷乳反射或泌乳反射。

> **i** · 奶量稀少

乳房护理
➤ P116 ~ 117

在哺乳期，当宝宝不断吸吮乳头时，必须特别小心护理，以避免并发症的产生。在每次喂奶前，必须以棉花轻沾温水来清洁乳头，以清除药膏的残余物。在每次喂奶过后，最好在擦防裂霜或其他滋润乳霜之前，以同样的方式清洁乳头。另一个重要的护理动作，是以杀菌水与中性肥皂清洗双手，并且随时保持短指甲的状态。建议使用舒适、前开的胸罩，以方便喂奶及与宝宝的身体接触。重要的是为了达到舒适性，以及有助于日后断奶后乳房组织的恢复，必须要日夜穿戴胸罩。

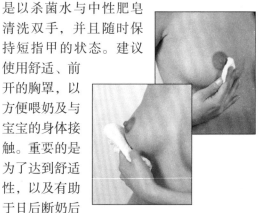

喝奶的时刻与时间长短
➤ P118 ~ 119

宝宝在前几天的生命当中，并没有所谓的喝奶时间。当他要求的时候，妈妈就必须喂奶。但是，在第一个星期或第二个星期过后，母亲除了回应宝宝要求食物的啼哭之外，还必须试着让喝奶时间规律一些，调整成每3 ~ 4小时喝一次奶。多数的宝宝到了第2个月开始，就会固定每4个小时喝一次奶了。但是，有些孩子具有养成这个习惯的困难。喝奶时间长短不应成为母亲担心的重点，因为那与宝宝能够吸吮的奶量有关。宝宝在出生第一天大概每边乳房吸吮5分钟之久，但是，到了第二天，就会一边吸吮10分钟了。喝奶的次数则由宝宝体内的消化能力来决定。

> **!** · 注意
> · 很重要的一点

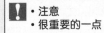

> **+i** 更多的信息
>
> · 体重控制　　　　　　P154 ~ 155
> · 体重没有增加的幼儿　P156 ~ 157

喂奶技巧　▶ P120 ~ 121

对于所有母亲来说，喂奶是一种以宝宝所需之基本技巧，并在适合双方的条件之下所发生的自然动作。母亲喂奶时的姿势应该尽可能舒服、放松。最舒服的姿势是坐在椅子上，靠在椅背上。将宝宝固定在手臂之间的常用姿势，是把他放在手肘的凹槽内，身体正面朝上，稍直，嘴巴在乳头的高度。宝宝通常会在吃奶的前几分钟，就几乎吸出一边乳房内的所有母乳。这个现象使他们从第一个乳房吸出比第二个乳房更多的乳汁。如果一边乳房的乳汁足以满足宝宝的需求，就不需要让他吸吮另一边的乳房了。基本上，任何环境都适合喂奶。唯一要注意的是环境要放松、安静。

> ❗·饥饿与啼哭

母亲的膳食　▶ P122 ~ 123

哺喂母乳的时候，妈妈必须维持多样化且均衡的饮食。其日常饮食应该以恢复妊娠期的体内大量能量消耗与宝宝的哺乳为目标。此外，其饮食亦决定了用来哺喂幼儿的母乳分泌量与营养品质。

母乳妈妈每日的饮食必须含有丰富的蛋白质、维生素 A、B 与 E 等，以及矿物质，特别是钙、铁和磷。吃下极多样化的新鲜食材可确保摄取所有的营养素，其中牛奶等的摄取更可额外提供母亲在哺乳期间所需的热量。

哺乳最常见的异状　▶ P124 ~ 125

母乳妈妈的乳汁分泌与她们的宝宝吃奶时的刺激有关。当刺激比较大时，会造成乳汁分泌过多，而对宝宝和母亲造成适得其反的效果。当前几天乳房胀奶而且严重充血的时候，乳头疼痛是很常见的现象。乳头疼痛也可能是因为有些宝宝吸吮所造成的。乳头裂开是哺乳初期很常发生的问题。乳房硬块和红肿可能是乳腺阻塞的征兆。当有这样的情况发生时，建议母亲在每次喂奶之前，以热水冲洗乳房。乳腺炎的起因是输乳管阻塞所造成的乳腺发炎现象。乳腺炎需由医师治疗。

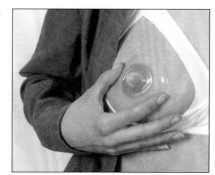

9. 婴儿配方奶喂食

优点与缺点 ➤ P130 ~ 131

人工哺喂并不如许多妈妈所想象的方便，因为它包含许多较为严格的卫生与技巧需求，其他还包括比母乳更多的限制。瓶喂的宝宝比母乳宝宝更容易发生过度喂食的情况。哺喂母乳会比较容易做好奶量与营养均衡方面的食物控制。即便母乳化牛奶是依据宝宝的营养需求的配方所制造的，并非每个宝宝都能耐受这样的配方。小儿科医师一开始会指示第一阶段奶粉，也就是 4 个月以下宝宝的配方奶。4 个月以后，就喂他所谓的第二阶段奶粉，第二阶段奶粉通常含有较高的植物脂肪酸与铁质。

ℹ️ ·对奶瓶的渴望

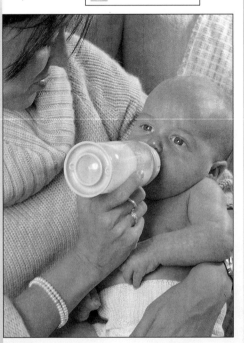

婴儿配方奶哺喂器具 ➤ P132 ~ 133

人工哺喂宝宝的主要工具，毫无疑问的就是奶瓶。奶瓶是一种有刻度的透明玻璃或塑料瓶子，同时配有奶嘴、一个盖子及其他调理的用具。其选择主要是根据方便准备与喂食宝宝，同时方便清洗与杀菌的条件。建议准备数个尺寸不同的玻璃或塑料奶瓶。玻璃奶瓶的优点是方便清洗与杀菌，其缺点则是掉落时，会有破裂的风险，这样的情形发生概率颇高。人工哺喂必须时时备好奶嘴头，并将其收在无菌的容器当中。奶嘴通常是兼具软度与韧性的乳胶或硅胶制成，有数种适合宝宝嘴形的不同形状与大小，同时亦有可控制宝宝吸吮之奶量多寡的大小开口。

冲泡奶粉 ➤ P134 ~ 135

ℹ️ ·备好之牛奶的保存方式

人工哺喂的好处之一，是可以让父母分摊喂养宝宝的责任。因此，很重要的一点是，双方轮流负责完成冲泡牛奶的任务。冲泡牛奶这件工作需要极高的注意力，以及父母良好的安排，因为它关系着宝宝适当的喂养与发育。即便通过练习可让冲泡牛奶的工作变得简单且固定性，父母仍应时时记住，稍有不慎，都可能造成孩子的肠胃不适。因此，父母随时都应该集中心神，遵循配方与清洗程序。同时冲泡多次分量的牛奶，可避免必须每次都需重复相同的动作。特别是在前几个星期当中，具有可快速满足宝宝的需求，不至于放着让他一直哭的好处。

哺喂配方奶的技巧　　► P136 ~ 137

　　瓶喂的技巧非常重要。正确执行这项任务多半可让宝宝获得良好的喂养，同时避免发生肠胃问题。当母亲或父亲已经抱着宝宝坐在椅子上，牛奶也泡好了，就必须将奶瓶靠近宝宝的嘴巴，提供他奶喝，不要让他的小手接触奶嘴。在前几天当中，应该以一根手指轻抚靠近胸口的脸颊刺激吸吮反射，以让他张开嘴巴。如果这个时候嘴巴还是不张开，最好放几滴牛奶在奶嘴上，让他尝试。父母应该让孩子自己决定何时已喝饱。总而言之，父母应该知道，一个孩子每千克体重一天大约需要 150 毫升的牛奶。如果宝宝把奶喝完了还想再喝，欲抽出奶瓶时，就要用小指将奶嘴从他的牙龈取出。

+i 更多的信息

| • 入院 | P18 ~ 19 |

清洁与消毒　　► P140 ~ 141

　　在每次喝完奶之后，必须马上把奶瓶与所有哺乳时用到的物品清洗干净。奶嘴不可以放在水龙头下，必须另外清洁。奶瓶的清洁必须配合消毒的动作，如此一来，可大大降低污染的危险性，以及宝宝传染若干在牛奶的环境当中生长出来的病毒或细菌。消毒指的是去除微生物。当奶瓶与其他冲泡牛奶的相关用具等都已经清洗干净之后，可透过化学物质或热度来达到消毒的功效。

i • 建议

混合哺喂　　► P138 ~ 139

　　如果妈妈的奶量很丰沛，但是基于工作或职业因素无法随时哺喂孩子，那么还有一种可能性；奶量充足却没有时间喂母乳，同时又不愿意放弃哺喂母乳的妈妈们，可以选择轮流亲喂或瓶喂。在这样的情况之下，妈妈利用白天或晚上可以和宝宝相处的时间亲喂，而妈妈不在的时候，就由另外一个人以奶瓶装母乳喂食宝宝。另外，早产儿、住院宝宝、在 2 ~ 3 次喝奶的时间由另外一个人照顾，或是吸吮方式不正确等等，都可能会阻碍母亲哺喂母乳，但却不致使这样的工作中断。

i • 哺乳安排
　　 • 母乳保存

10. 婴儿常见的消化问题

溢奶与呕吐　　► P146 ~ 147

! · 经常性呕吐

多数的宝宝都会反胃，也就是在喝奶之后，毫不费力地回流一点点奶水。当他们刚吃饱打嗝时，也会有溢奶的情况。有些宝宝则会重复溢奶2 ~ 3次。基本上，即使黏膜和胃腺都已发育完全，在消化过程中作用的胃肌却仍未发育好，所以溢奶是一种轻微的不适。呕吐与溢奶不同，呕吐是将吃下的食物猛力喷出，通常还伴随恶心感。呕吐的特征与次数通常与其造成原因或多或少的关联。婴儿打嗝的情形很普遍，不必太担心。虽然有时候会持续相当长的一段时间，并不会造成幼儿不适。

腹泻与便秘　　► P148 ~ 149

腹泻指的是经常性地排出液状排泄物，有时候粪便中伴随很多黏液，气味很重又不好闻。

并不是所有的液状经常性排便就是所谓的腹泻，但父母多半会将它当做是腹泻。腹泻是几乎持续性的排空含水粪便，通常伴随其如发烧、没有胃口、胃灼热感或呕吐等症状。腹泻可能只是单纯性对某些食物不耐，最常见的原因甚至是消化感染。无论如何，宝宝腹泻时最严重的情况是一系列的并发症。腹泻引起的最严重并发症之一是脱水，也就是丧失体内的水分和盐分。便秘指的是排便次数减少，有时候还会有硬便的情况。孩子便秘的时候，会提高排便的困难度，因为粪便无法在肠道内顺利前进。造成便秘的原因，除了食物准备不当，也可能是因为肠道功能不良。

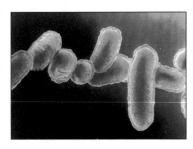

i · 口服电解水

过敏与不耐　　► P150 ~ 151

过敏可以被当成是身体免疫系统对无害物质的不当反应。由于宝宝的消化器官仍不成熟，有许多蛋白质无法适当地代谢掉。最常见的症状通常是腹泻或便秘、呕吐、肠绞痛、没有胃口、荨麻疹或湿疹等。多数因幼儿消化器官生理性不成熟引起的过敏或不耐，通常会随着宝宝的成长而逐渐消失。燕麦、大麦、小麦或是黑麦等谷物含有一种称为麸质的蛋白质。这类蛋白质很难被宝宝的消化器官吸收，尤其是在7岁以前。麸质的不当吸收会表现在对谷物排斥或不耐。这种不耐的现象也称为"乳糜泻"。

+i 更多的信息

· 哺乳最常见的异状　　P124 ~ 125

肠绞痛
➤ P152 ~ 153

数种消化与泌尿器官的平滑肌因胀缩作用而产生的肠绞痛，称为婴儿肠绞痛。婴儿在 3 ~ 4 个月大的时候，通常会因肠胃痉挛而肠绞痛。婴儿肠绞痛最常见的原因是消化器官的生理性不成熟。因此，婴儿的不适感主要是来自使用奶瓶。胃结肠反射指的是胃壁与肠壁在食物送达之前的肌肉反应。这种反应是为了开始消化食物、排出喝奶时吞入的空气，以及帮助食物残渣在肠道内前进。有时候，在喝奶中或喝奶后马上排便也是因为胃结肠反射的缘故。

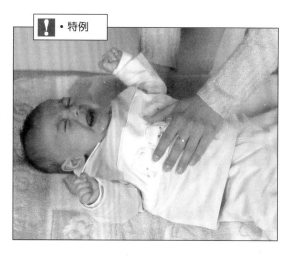

! · 特例

体重控制
➤ P154 ~ 155

食欲是满足身体营养需求的本能。因此，食欲如何也被视为健康与某些疾病症状的异常现象。通常在孩子 2 岁开始，就可以评估他是否没有胃口或没有食欲了。在哺乳期的时候，宝宝几乎不会抗拒食物，因为他极快的生长速度促使他进食，以满足其高热量与能量需求。

经过了哺乳期之后，环境因素、家庭关系、饮食习惯，再加上较为复杂的食物内容，常会打乱了孩子的胃口。只要孩子的生长曲线正常，符合医师的数值，那么体重增加或减轻都不必惊慌。

! · 小心脂肪
i · 宝宝量体重
· 小胖子

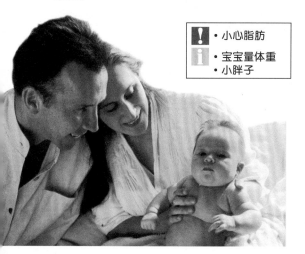

体重没有增加的幼儿
➤ P156 ~ 157

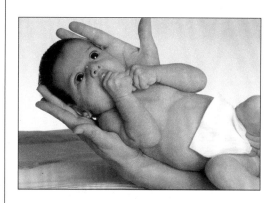

瘦小指的是体重低于其身高应有的标准值。较低的体重来自于脂肪组织与其他组织的缩减。即便这种状态可能是由某种疾病所引起的，但是也有可能是个人体质的问题。婴儿食欲不佳通常是因为吃下不明的食物或罹患了中耳炎、肠胃炎或呼吸疾病等等，或是用餐习惯改变了。不可将婴儿慢性食欲不佳与大人的紧张性厌食混为一谈。婴儿慢性食欲不佳通常是由器官问题所引起的，小儿科医师必须视个案诊断。

11. 3个月后的饮食

断奶 ▶ P162 ~ 163

断奶意指以他种食物取代母乳或配方奶。即便不久之前，人们认为断奶是停喂母乳，并以配方奶取代；现代人则认为，断奶的意思是母乳和配方奶不再是宝宝的唯一食物。断奶是幼儿展开全新生命阶段的里程碑，它同时也是母亲必须思考宝宝的食物与情感需求，以及个人状况的时候。断奶的理想时机基本上与母亲和宝宝的具体情况有关；如果妈妈感觉方便，而且也享受喂母乳；如果妈妈健康、有空，而且分泌足够的奶水，那么理想的断母乳时机通常是在 3 ~ 4 个月之间。3 ~ 4 个月也是宝宝断奶的理想时间点，但是也要注意宝宝是否享有良好的健康状况。

加入新食物 ▶ P164 ~ 165

大约在宝宝 3 到 4 个月大的时候，开始给他吃固体食物。这个年龄通常符合断奶阶段，所以固体食物可与午餐喝的奶互相补充，或是取代点心所喝的奶。最先补充宝宝所喝的奶的固体食物是米、玉米及其他无麸质谷物、水果和蔬菜。

最初喂食的食物应该要软软的，味道简单，做成含水高无颗粒的菜糊，而且一定不加盐和糖，更不可加香料。到了 5 个月或 6 个月大的时候，宝宝的上颚已经习惯多样化的食物，而他的消化器官也比较成熟了。这是在他的饮食当中加入肉、鱼和蛋等动物性固体食物的时机，可用这些食材准备比较复杂的混合食物。

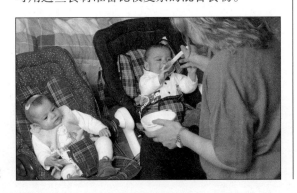

水果、蔬菜、谷物和乳制品

▶ P166 ~ 167

以奶类制成的食物，包括天然酸奶、新鲜奶酪，以及低脂肪含量的干酪，都可慢慢加入幼儿的食物当中。宝宝从第 6 或第 7 个月起吃的新食物包括含麸质谷物及其制成品，例如粗面粉、面条、面包和饼干。蔬菜和水果已经成为他食物的一部分，但是最好知道，除了香蕉、木瓜或酪梨之外，最佳的烹调方式是蒸熟，以保存其营养元素。当把蔬菜、水果和谷物加到孩子的食物之后，奶量就会减少。宝宝的食物除了加入不同食材之外，另外在浓稠度方面也会产生渐近式变化。这些食物口感的变化主要是让孩子学习咀嚼。

6个月以后的菜单 ➤ P168 ~ 169

　　断奶后第一阶段的喂食目的在于让宝宝的身体和上颚做好迎接新食物的准备。

　　再下来的阶段则是要让孩子的食物更多样化，口感也更硬。不论是哪一种情况，分配在三餐的食物首要的目的在于控制宝宝的生长、发育和健康。宝宝到了6 ~ 8个月时的能量需求大约是每千克体重460千焦，食物必须提供15% 的蛋白质、40% ~ 50% 的碳水化合物、最多35% 的脂肪，以及维生素和矿物质。孩子开始吃固体食物的同时，也开始使用汤匙。要用汤匙吃东西，首先孩子必须熟悉汤匙，之后学习如何正确握住汤匙。

> ℹ · 马铃薯牛肉（第6个月）
> · 火鸡胸肉（第7个月）
> · 点心（第8个月）

9个月以后的菜单 ➤ P170 ~ 171

　　小朋友的饭菜应该要保证是完整均衡的食物。宝宝在一年以前，其生长的速度比其他时候都还要快，所以，在这个阶段提供给他的食物也应该要能符合他身体可健康成长需要的所有营养。从9 ~ 12个月每日四餐当中，应该包括多样化的食物：早餐——谷物加牛奶，面包涂奶油和果酱。午餐——牛肉、牛肉、猪肉、鸡肉和鱼肉切碎或切块，可单独吃或与煮熟的蔬菜，甚至是生菜混合；奶酪和布丁或新鲜的水果当点心，配水或是稀释的果汁当饮料喝。下午点心——水果酸奶和块状饼干。晚餐——面汤，法式吐司、面包和·杯牛奶。

> ℹ · 面汤（第9个月）
> · 新鲜鳗鱼（第10个月）
> · 肉丸子（第11个月）

家庭用餐 ➤ P172 ~ 173

　　对于宝宝来说，用餐行为是一种他与其他家人关系与感情的展现。当宝宝6 ~ 7个月大的时候，他已经具备坐在桌边的能力，这对于将他的用餐与其他家人做一个联结是很重要的。虽然会有一些令人不舒服的噪音和某种程度的混乱，让宝宝与其他较大的家人坐在一起用餐可让他自然融入社会生活当中。宝宝可在成人的陪伴之下，很快地学会良好的仪态。

　　让宝宝和家人一起用餐同时也可让他与其他人共享饭菜，但是，他的好奇心会让他想尝试其他食物。另外，也要试着让每一周的烹调方式和食材都有变化。

12. 宝宝居家环境

适应家庭 ➤ P178 ~ 179

出生几天之后，宝宝来到家中，对于新手父母来说，当时的确是一个陌生的状况。照顾新生儿的责任第一次完全落到父母的身上，通常母亲在这个时候还因分娩时的使力而感到虚弱。持续性的照顾宝宝，包括他的饮食和清洁、不断地更换尿布，可能是难以达成的任务。在前几天当中，刚成为父母亲的伴侣，尤其是新手父母应该知道家中将会有小小的不协调。夜间休息的状况不会太好，并且将考验着伴侣之间的合作能力。但是，过不了多久，生活就会恢复正常，而新家庭成员所带来的喜悦也将使人忘记那些曾经经历过的小苦恼。

! • 出生后前几天的压力

婴儿房 ➤ P180 ~ 181

宝宝与父母同睡的时间没有一定，因为它视许多情况而定。如果住家许可，应该为宝宝准备一间房间，并且尽可能让这个房间具备与宝宝生长的相同特性。最好空间要大、通风良好，可能的话，有日晒或至少要光线充足。至于装潢，要简单舒服，建议使用清亮的色彩和耐用的材质，尤其是要方便清洗。以漆木做成的板凳很有用，耐撞又耐用。不要铺设地毯或壁毯，因为一旦聚集灰尘，就会造成过敏。最舒适和温和的地皮材质是软木拼装地垫，不仅耐用，而且容易清洁。

+i 更多的信息

• 游戏和玩具 P214 ~ 215

婴儿床 ➤ P182 ~ 183

当要选择婴儿床的时候，有许多的可能性。一般来说，可以区分为两种婴儿床：比较小的摇篮和篮子，可在前几个月安置宝宝；而顾名思义，婴儿床的尺寸就比较大，婴儿几乎可以睡到 2 岁。

摇篮的形状和尺寸有很多种，通常有天然纤维的布料装饰着，而且容易清洗。必须根据使用时间的长短，精挑细选婴儿床。应该要记住一点，那就是婴儿床只能在 2 岁以前使用，因为从 2 岁起，幼儿就不想睡在栏杆里了。婴儿床要坚固耐用，有直立的栅栏防止婴儿攀爬，每一根栅栏之间的距离必须是婴儿的头无法穿过的。

香甜的梦乡　　　▶ P184 ~ 185

　　健康的宝宝通常会在白天和晚上的餐与餐之间睡觉。用餐与睡眠之间的循环可确保宝宝在整个童年期较高的生长程度，也因此必须让幼儿具备数种条件：胃口好、不要因为吞入太多空气而造成肠胃不适、卫生和周围环境舒服。环境条件同样重要。一开始，宝宝对于睡在环境明亮或黑暗的地方似乎不怎么在意，但是，在过了几周之后，最好让他习惯睡在暗的地方，以促进他夜间睡眠，同时逐渐建立白天清醒与夜间睡眠的循环。随着宝宝的成长，白天的睡眠时间会减少，而夜晚的睡眠时间则拉长。

i ・适当的睡姿

宝宝清洁用具　　　▶ P186 ~ 187

　　有很多种工具可用以提供宝宝一个完全清洁的状态，所以一定要了解清楚，才能选择最符合个人和家庭需求的物品。父母不应等到最后一刻才去添购这些物品。建议在生产前就去逛专卖店，评估各式的特价商品。

　　通常脐带脱落 3 ~ 4 天之后，才开始第一次的完整清洁，这时应该已经备好所有基本的物品了。除了最明显的必需品——澡盆之外，其他比较常见的用品是毛巾、浴巾、香皂和洗发乳、香水、乳液、海绵和水温计。

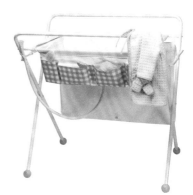

+i 更多的信息
・宝宝的清洁　　　P194 ~ 195

更换尿布用品　　　▶ P188 ~ 189

　　尿布是宝宝衣着的重要部分之一。具吸水性的尿布作用在于保护皮肤，同时避免其他衣服也湿了。如果可以经常更换尿布，宝宝就可以保持干爽。除了替换的尿布之外，还有一些必要的用具。在换尿布的时候，湿毛巾已经成了可保持清洁的基本用品了。如果手上没有湿毛巾或是如果排便量很大或很干的时候，可用温水沾湿海绵使用。隔离乳霜指的是可预防皮肤炎，并可涂抹在肛门和外生殖器上。擦上药膏之后，可以在上面再擦上一层爽身粉，以避免药膏被尿布的纤维素所吸收了。

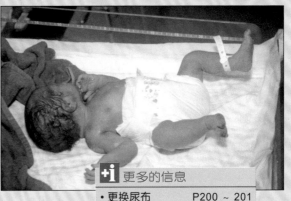

+i 更多的信息
・更换尿布　　　P200 ~ 201

i ・如何包尿布？

13. 宝宝的清洁与衣着

宝宝的清洁 ➤ P194 ~ 195

新生儿第一次洗澡是在脐带伤疤完全闭合，而且确认脐带长得很好的时候才能做。如果对这些方面有疑虑，最好在第一次洗澡之前询问小儿科医师。

最正常的状况是每天替宝宝洗一次澡，时间选在要为他洗澡的人最方便的时候。根据资料显示，最适合洗澡的时间点通常是接近黄昏的时候，因为那个时候洗澡后的放松效果将有助于夜间睡眠。如果是在最舒服的适当时间下洗澡，那么宝宝很少会拒绝洗澡的。宝宝很快地就会发现自己可以在水里面移动，并把洗澡时间变成是发展所有的精神运动能力。

+i 更多的信息

• 宝宝清洁用具　　　P186 ~ 187

宝宝洗澡 ➤ P196 ~ 197

宝宝要洗澡的房间必须具备几个适当的环境条件；室温必须维持在 22 ~ 25℃之间，不要有气流。由于体温是 37℃，所以水温应该介于 34 ~ 37℃之间，让宝宝感觉全身舒畅。在把宝宝放到澡盆里之前，要先以小手帕或湿海绵清洁外生殖器。一只手支撑上背，另一只手支撑小腿，然后把他放进澡盆里。在其头发和身体前半部涂抹沐浴乳后，把宝宝转过身来，从胸部固定，在背部涂抹肥皂。冲水时，要避免水进入眼睛，同时要轻柔地抚摸他的身体。最后，把他放在一条预先准备好的毛巾上面，把他的身体擦干。

i　• 汗疹
　　• 移到大浴缸洗澡

补充清洁 ➤ P198 ~ 199

不管发量和长度如何，从一开始就要做到洗发的工作。最好在每天全身洗澡的时候，就顺便用相同的身体沐浴乳洗头发。即便宝宝的头发在前几个星期就可以剪了，仍不建议在这个时候修剪，因为对宝宝一点好处也没有。

i　• 香水

指甲随时可以修剪到必要的长短，包括新生儿也不例外。有些孩子的指甲会长得很快，甚至长到一不小心会抓伤人。外生殖器的清洁需要若干特定的步骤，而这些步骤想当然尔是依性别的不同而有所区分的。另外也必清洁眼睛，应该手持沾有生理食盐水或淡菊花茶之湿毛巾来清洁眼睛。当有耳屎形成的时候，可以棉花棒清除，但不可探入耳道内部。

更换尿布

➤ P200 ~ 201

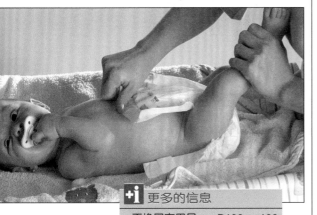

+i 更多的信息
• 更换尿布用品　　P188 ~ 189

宝宝应该尽可能长时间保持干净。所以，当发现有解尿或排便之后，就应该即刻清洁和换尿布。在前几周当中，排便的时间通常与喝奶有关，特别是母乳宝宝。所以，尿布更换的次数与用餐的次数是一样的。在前几周当中，特别是母乳宝宝，都是喝完奶马上解便的。所以，如果在喝奶前换尿布，很可能在喝奶后要再换一次。喝完奶、打完嗝再换尿布会比较实惠，但要小心移动他的身体，免得引发呕吐。

宝宝用品

➤ P202 ~ 203

虽然幼儿服饰是跟着时代潮流走的，却通常兼顾宝宝舒适的原则。在购买幼儿服饰的时候，必须遵循舒服与经济的原则，要记得小朋友的衣服只穿短短的时间，因为宝宝成长的速度是很快的。

宝宝的衣着应该要简单，穿着最少数量的衣物为佳，冬天也是一样。每次都穿少量衣服，可以让穿衣的工作方便许多。衣着要宽松为原则，闭合和固定的方式要舒适。衬衣和针织衫要是前开扣上的，才不用每次要从头绕过去。最好使用外穿式之保暖衣物，而非从内保暖的衣物。

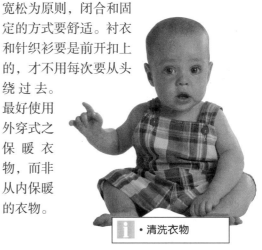

i • 清洗衣物

穿戴完成的宝宝

➤ P204 ~ 205

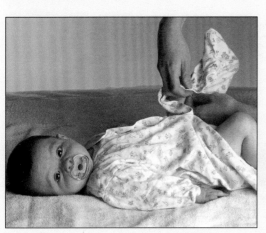

如果担心用手去碰这么脆弱的小东西，那么帮宝宝穿衣服这么一件简单的事，都可能变成一件麻烦的事。秘诀就在于动作和翻转要很小心处理，要将宝宝放在一个适合的地方，才能让人做起这件工作来放心、安心又得心应手。尿布放好之后，把上半身的衣服也放好，先由头套式的衣服开始穿着。当衣服穿过头部之后，再穿上袖子，但不要过度拉扯手臂。单件连身衣很有用，因为宝宝的背部和腹部都不会露出来，可以将他的身体保护得很好。连身衣的上面穿一件可用带子绑起来闭合的宽松睡衣。全部都穿好之后，和他小玩一下会更好！

14. 宝宝的健康

奶嘴　　　　　　　► P210 ~ 211

　　从出生后几天就开始给他奶嘴是正确的做法。如此一来，可以避免宝宝找到随手可得的另一种奶嘴，那就是大拇指。有的宝宝从来就不需要奶嘴，因为他们很安静，也很少有躁动的情形。对于这样的宝宝，不应坚持给他奶嘴。为了避免奶嘴变成污染的温床，一定要严格做好清洁的工作。前几个月建议一天清洗和煮沸两三次。如果掉到地上，当然每次都要这么做。要在不造成过度伤害的情况下戒断奶嘴；如果孩子已经满2岁了，只要把奶嘴的消失归咎于某个虚构的人物就可以了，可以说是他在宝宝睡着时候把奶嘴带走了，并留下了某个诱人的东西当礼物。

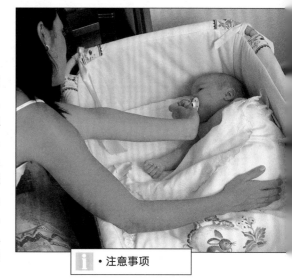

i ・注意事项

宝宝按摩和体操　► P212 ~ 213

　　即便视觉、听觉、触觉和味觉可以提供宝宝周围环境的相关信息，而常常会忘了触觉也会带来感受。所有感官都有助于宝宝的学习，可是触觉不只有助于认识形状、大小和温度，还可以教他辨识疼痛和愉快。宝宝享受肌肤相碰时所接收到的热度，以及抚摸时感觉的刺激。毫无疑问地，被接触和抚摸的宝宝比其他缺乏这类刺激的宝宝更加快乐。可以利用洗澡过后使用乳液来按摩宝宝的身体。宝宝在开始走路之前的自主性动作可能不足以强化其肌肉组织，并让关节具备延展性。从3个月开始，应该要开始进行一系列简单的强化动作。

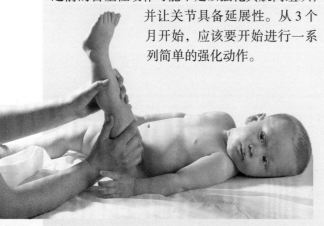

游戏和玩具　　　► P214 ~ 215

　　一开始通过单纯注视和之后把玩的游戏，孩子会学会与周围沟通，并且表达明确的感受。宝宝的第一个玩具通常是拨浪鼓或有颜色的球带，可以挂在婴儿床的一侧，让宝宝去拨动它，或是听玩具的声音。音乐盒和醒目的物体是婴儿床内最好玩的玩具。等到宝宝大一点的时候，他会开始对可以反复吸吮的东西感兴趣，包括洋娃娃、塑料或橡胶动物复制品。8个月大之后，宝宝会被能动的和有声音的玩具所吸引，也是给他玩一些可刺激能力的玩具的开始。

+i　更多的信息

・婴儿房　　　　　　P180 ~ 181

宝宝散步　　　　► P216 ~ 217

　　宝宝在出生后前几个星期与周围建立的关系非常有限。当他的保护环境不再是母亲的子宫之后，他就开始慢慢地适应外面的环境。他一开始的环境只有婴儿床，或是妈妈的臂弯。那时候，有没有带他出去散步并不重要。虽然散步并非必要，但是只要条件适当，却也对他无害。宝宝从第 5 至 6 周起，如果带他出去的方式正确，他便开始接收到每天散步的好处。应该选择一天当中环境条件最佳，且地点安静的地方散步，避开交通拥挤和环境污染的场所。

旅行和度假　　　► P218 ~ 219

　　基本上，任何一个宝宝从出生几天之后，只要采取必要的措施，不打断那个年龄特有的用餐和睡眠循环，就可以去旅游了。为避免用餐时间与火车出发或飞机起飞的时间重叠，最好改变前几次用餐时间。如果是以自己的汽车旅行，建议避免交通最拥挤的时段。宝宝一吃饱和换好尿布就可启程。最好安排在下一次停下来休息的时间，在尽可能良好的情况之下喂奶和换尿布。因为宝宝的行李是必不可少的，建议尽量精简大人的行李，不要多带没有必要的部分，例如吃的东西，可以很轻易在目的地购买得到。

> i · 旅行建议
> · 快乐的假期

如果父母都上班　　　► P220 ~ 221

　　虽然母亲直接照顾是促进新生儿与婴儿身心健康的基本要素，然而，对他来说，真正重要的却是有效率和爱的照顾。一个亲切有决断力的爷爷、敏捷有能力的保姆，以及一个愿意付出的专业照顾者，都可以担任像母亲一样重要的角色。此外，也不要忘了，有时候父亲也可以担任这样的角色，而且可以表现出和母亲一样的效率、情感与情绪的转移。第一次把宝宝送到托儿所的时间点视母亲的需要而定，所

以每个个案都不同。母亲在产后两个月就回到职场的例子并不多见，虽然每个国家立法有所不同，但是重回职场的时间点通常是在宝宝出生 4 个月之后，而宝宝 4 个月时就可以开始送托儿所了，不需要再等待更长的时间。

15. 宝宝第一年的发展

0～2个月的宝宝　　　► P226 ~ 227

由于前2个月的宝宝身体仍未成熟，所以非常脆弱。他唯一的食物是母乳或配方奶，而他沟通的方式则是啼哭。在这个阶段，父母必须对他轻柔甜美地说话、唱摇篮曲给他听，且轻摇他的身体，因为这就像是镇静剂一般，并可以让孩子通过声音和气味来分辨父母。此外，由于孩子的视线不超过20 ~ 25厘米，所以，父母在对他以夸张的表情说话或唱歌的时候，必须维持在这个距离，才能和他做视觉的接触。由于宝宝生下来就有沟通的欲望，所以宝宝的反应就是以喉咙发出的声音来表达高兴和满足。

ℹ️ · 与感官有关的发展里程碑

3～4个月的宝宝　　　► P228 ~ 229

到了第3和第4个月的时候，宝宝不只会用力拉扯，而且也明显看得出他已经开始熟悉自己的身体了。所以，他会看自己的手和动动手指头，发现其因果关系。在这个阶段，他的喉音会变成母音，也会增加哭声的种类来表达不同的精神状态和需求。所以，他会让自己的哭声听起来不同，以表示是饿了、累了、心情不好或是紧张。

他的肌肉生长可由俯卧或是被竖抱或抱在腿上时抬头的动作表现。他的社会沟通能力和感情范围也会跟着成长，但是，如果父母有适当刺激的话，那就会成长得更快。为了刺激宝宝说话，小儿科医师建议父母模仿孩子的声音，并以这样的声音回应。

❗ · 生长提示

5～6个月的宝宝　　　► P230 ~ 231

宝宝到了5个月的时候，会开始以嘴巴探索，所以会把玩具、拨浪鼓，甚至是自己的手、脚都放到嘴巴里。随着专注力的提高，宝宝会扩展他的沟通方式，例如摇动手臂和脚来吸引注意，另外也会运用某些脸部表情，甚至在自己的"口语"当中加入一些咿哑咿哑声。在这个阶段帮助他发育心智、感觉及运动能力最恰当的方式是回应宝宝的呼叫，以轻柔但夸张的动作转向他，并且看着他；在怀里摇晃他的身体，以强化他头部的稳定性；维持他身体直挺，以加强腿部的肌肉。把玩宝宝的手指，然后放到他的嘴巴里；玩给东西和接东西的游戏，接过来再放开手；让他自己抓握奶瓶；给他食物，让他用手拿着吃。

ℹ️ · "夜猫子"宝宝

7～8个月的宝宝 ➤ P232 ~ 233

这个阶段的宝宝喜欢敲打或用手指拿的东西制造声音，或者是用食指指，让别人拿东西给他。宝宝似乎叫醒了所有感官，也认得旁边的人，所以，如果他的父母走开了，让别人抱他，特别是陌生人抱他的时候，他就会哭。他不只会以哭来表达不满，甚至还会尖叫，以不同程度的哭声来表达狂怒的性质。但是，如果父母陪在一旁，或是与其他宝宝互动，他就会以笑来表达满足，他会以手来探索其他宝宝的脸。父母在这几个月当中，应该借着他把玩自己的东西和叫他的名字，来试着加强宝宝的人格。最明显也最让父母惊奇的反应是，宝宝开始很清楚地发出几个音节。

! • **本阶段末期的生长提示**

9～10个月的宝宝 ➤ P234 ~ 235

宝宝到了不用他人帮忙也能坐的时候，就会学着向前倾，尤其是在想拿到面前的玩具或其他物品的时候。这对他来说是一个特别的时刻，因为他会发现动作。他不只可以让手动，也可以让自己的身体和膝盖动来改变姿势。慢慢地，随着他对肌肉的掌控力增加，以及肌肉更强化了之后，他的动作会越来越不笨拙。就另一方面而言，孩子对父母向他说的话已经更能够理解了。父母在这个阶段的角色是帮助孩子认识每天日常生活的东西，以轻柔和有节奏的声音向他解说所有和他相关的事，从食物到洗澡，从重复他发出的声音到把每一样东西、他身体的部位和每个动作，包括帮他洗澡、擦干他的身体或抱他等动作的名称都说给他听。即便只是一再重复，仍要如此做。

i • **情感支柱物品**

11～12个月的宝宝 ➤ P236 ~ 237

爬行变成一种很好玩的事情。而在短暂的犹豫不决之后，他开始在家里快速爬行。这种对自己身体的掌握感觉也是一种刺激，可以让他试着站起来。有了父母或某种家具的帮忙，他总有一天会达成的。甚至到了将满1岁的时候，他已经可以让人牵着手、身体靠在一个家具上，或是推着某样东西跨步走路了。从宝宝的社会及情感发展来看，他已经知道自己的名字，也知道谁是他的父母和他自己是谁了。此外，他自我的发展也让他变得对自己的玩具和物品占有欲很强。到了这个年龄，他会开始模仿真的讲话声音；当他说"妈妈"或"爸爸"的时候，已经会发出第一个有意义的字了。

i • **设定界限**

后 记

　　新生命的孕育、诞生与成长，对许多新手父母来说除了喜悦也是烦恼的开始，从怀孕初期到宝宝出生后，他们心中有着许多的疑问。面对尚不会开口讲话的小宝宝，怎样才能判断宝宝的健康？怎样才能知道宝宝的需求？怎样知道宝宝是否舒服？这些不只会影响宝宝的降生，更关系着未来给予宝宝的照顾。正是出于为众多新手父母答疑解惑的目的，我们特地将本书定位为"新手父母第一本应该读的书"。

　　正如同样是年轻妈妈的译者吴秀如女士所说："这是一本内容丰富且实用的妊娠生产百科全书，作者贴心地列举了所有在怀孕及生产过程中可能出现的意外状况、父母的疑虑，以及分娩的细节。"

　　书中用了15个章节的篇幅，以深入浅出的文字、清晰直观的大量图片，给读者带来了权威的、令人信服的阅读感受。其中涉及分娩的开始、自然分娩、生产的医疗协助、生产问题、产后、新生儿、宝宝喂食、母乳喂养、婴儿配方奶喂食、婴儿常见的消化问题、3个月后的饮食、宝宝居家环境、宝宝的清洁与衣着、宝宝的健康以及宝宝第一年的发展等具体内容。本书在每个章节后加入了实际案例的介绍和分享，使内容更真实可信、亲切生动，便于新手父母轻松入门，产生阅读兴趣，进而更容易掌握科学育儿的技能。

　　最后，感谢台湾合记图书出版社的同行们给我们提供的大力协助！同时，祝读者朋友们快乐阅读，轻松育儿，家庭和睦，生活幸福！

孕育类图书特别推荐

定价 55.00元

定价 45.00元

定价 32.00元

定价 49.80元

定价 39.80元

定价 35.00元

定价 29.00元

定价 29.80元

定价 29.80元

定价 35.00元

定价 39.80元

定价 29.80元

定价 39.80元

定价 39.80元

定价 39.80元

图书在版编目（CIP）数据

亲亲小宝贝：新手父母第一本最应该读的书 / ［西］卡波拉主编；吴秀如译. —济南:山东科学技术出版社,2013

ISBN 978—7—5331—6879—7

Ⅰ．①亲... Ⅱ．①卡... ②吴... Ⅲ．①婴幼儿—哺育—基本知识 Ⅳ．①TS976.31

中国版本图书馆 CIP 数据核字（2013）第181305号

NUEVO ASESOR DE PADRES,EL BEBE
Copyright©2010 EDITORIAL OCEANO
（Barcelona,Spain）

亲亲小宝贝
新手父母第一本最应该读的书

主编 ［西］阿尔曼多·塞拉德尔·卡波拉

出版者:山东科学技术出版社
  地址:济南市玉函路16号
  邮编:250002 电话:(0531)82098088
  网址:www.lkj.com.cn
  电子邮件:sdkj@sdpress.com.cn
发行者:山东科学技术出版社
  地址:济南市玉函路16号
  邮编:250002 电话:(0531)82098071
印刷者:济南继东彩艺印刷有限公司
  地址:济南市段店南路264号
  邮编:250022 电话:(0531)87180055

开本:787mm×1092mm 1/16
印张:17.5
版次:2013年11月第1版第1次印刷

ISBN 978—7—5331—6879—7
定价:49.00元